干湿循环下云南红土的土水作用特性

黄　英　金克盛　张　丁等著

科 学 出 版 社
北　京

内 容 简 介

本书以云南红土为研究对象，以增湿、脱湿引起的干湿循环作为控制条件，室内制备干湿循环红土试样，通过宏微观的试验手段，结合理论分析和图像处理的研究方法，对比分析了增湿过程、脱湿过程以及干湿循环过程中云南红土的水分入渗、基质吸力、膨胀收缩、裂缝发展等土水作用特性。对于深入揭示库水位升降、降雨干旱引起的干湿循环作用对红土型结构的劣化影响具有重要价值。

本书可供高等学校、科研单位、工程单位等从事相关专业研究的教师、研究人员、工程师、研究生参考。

图书在版编目(CIP)数据

干湿循环下云南红土的土水作用特性/黄英等著. —北京:科学出版社,2019.5

ISBN 978-7-03-061473-5

Ⅰ.①干… Ⅱ.①黄… Ⅲ.①红土-土水体系-研究-云南 Ⅳ.①S157

中国版本图书馆CIP数据核字(2019)第114410号

责任编辑：莫永国 陈 杰/责任校对：彭 映

责任印制：罗 科/封面设计：墨创文化

科学出版社 出版

北京东黄城根北街16号

邮政编码：100717

http://www.sciencep.com

四川煤田地质制图印刷厂印刷

科学出版社发行 各地新华书店经销

*

2019年5月第 一 版 开本：787×1092 1/16

2019年5月第一次印刷 印张：13 1/2

字数：323 000

定价：129.00元

(如有印装质量问题,我社负责调换)

前　言

干湿循环就是指气候变化、环境变化、人类活动等因素引起自然环境的含水状态不断发生增湿、脱湿以及干湿交替的作用。各种岩土体结构年复一年地经历旱季和雨季的干湿交替作用，必将引起岩土体结构损伤、地质灾害发生、生态环境恶化等一系列干湿循环问题。特别是各种极端气候的频繁出现，干湿循环问题更加突出，严重影响了岩土体结构的安全以及生态环境的可持续发展。因此，开展干湿循环问题的研究，对于有效保障岩土体结构的安全、维持生态环境的可持续发展意义重大。

本书以云南红土为研究对象，以增湿、脱湿引起的干湿循环作为控制条件，室内制备干湿循环红土试样，通过宏微观试验手段，结合理论分析和图像处理的研究方法，对比分析增湿过程、脱湿过程以及干湿循环过程中云南红土的水分入渗、基质吸力、膨胀收缩、裂缝发展等土水作用特性。该研究成果为深入揭示长期库水位升降、降雨干旱引起的干湿循环作用对红土型大坝、边坡的劣化机理奠定了重要基础，对于有效防治实际红土型工程因干湿循环作用导致的病害问题具有重要的指导价值。

本书是国家自然科学基金“云南红土型大坝的干湿循环效应研究”（项目编号：51568031）项目的部分研究成果。本书的出版得到国家自然科学基金委员会和昆明理工大学的大力支持，在此表示衷心的感谢！

程富阳、赵贵刚、范本贤、孙书君参与了本书的编写工作，同时，在撰写过程中，夏家群副教授、罗康碧教授、李沪萍副教授在文字处理、图形制作、微结构图像处理以及内容编排等方面做了大量工作，在此一并致谢！

由于作者水平有限，书中不妥之处在所难免，敬请广大读者批评、指正。

作者

2019 年 2 月

目　　录

第1章　土体的干湿循环及土水作用问题

1.1　干湿循环问题的存在

干湿循环是自然界中存在的一种气候现象。自然界中，年复一年旱季和雨季的交替出现即干湿循环，人类活动引起周围环境的含水变化也是干湿循环，如水库水位的升降、地下水位的升降等。所以，干湿循环就是指气候变化、环境变化、人类活动等因素引起自然环境的含水状态不断发生增湿、脱湿以及干湿交替的作用，这种干湿交替作用对于岩土体结构的安全、生态环境的可持续发展以及老百姓的日常生产生活具有重要影响。随着社会经济的迅速发展，人类活动对自然环境的影响越来越大，为满足人类需要而建造的岩土体结构越来越多，各种岩土体结构在长期的运营过程中，必将年复一年地经历旱季和雨季的干湿交替作用，这种长期的干湿交替作用必将导致岩土体结构出现疲劳现象，产生一系列的干湿循环问题，严重影响岩土体结构及其周围环境的安全。第一，干湿循环可能引起岩土体结构的损伤；第二，干湿循环可能导致地质灾害的发生；第三，干湿循环可能引起生态环境的恶化；第四，干湿循环可能导致老百姓生产生活困难。所以，从工程角度说，干湿循环的存在威胁着岩土体结构的安全；从生态环境角度说，干湿循环的存在威胁着生态环境的可持续发展；从日常生活角度说，干湿循环的存在威胁着老百姓的生产生活甚至生命财产安全。因此，有必要对干湿循环问题进行研究。随着人类社会进程的进一步推进，人类活动加剧，各种极端气候频繁出现，干湿循环问题更加突出，引起的工程问题、环境问题和生活问题进一步加剧，对岩土体结构、生态环境以及日常生活的负面影响更加严重。因此，对干湿循环问题进行研究，对于有效保障岩土体结构的安全、维持生态环境的可持续发展以及保障老百姓的日常生活意义重大。

地处西南边陲的云南，因其广泛分布的红土资源而得名“红土高原”。红土作为一种区域性的特殊土体，大量应用于云南省的水利水电、工民建、道路桥梁、边坡挡墙等各种工程建设中，对云南地区经济的发展起着非常重要的作用。我国西部大开发的深入实施为云南经济建设的发展提供了良好机遇，红土作为一种自然资源必将对云南的经济建设发挥越来越重要的作用。而云南干湿分明的气候特征，特别是雨季降雨量丰富、旱季温和干燥的特点，导致云南红土的干湿循环问题有别于其他土体。实际工程中，越来越多的红土结构必将面临长期干湿循环引起疲劳等一系列相关问题，这些问题归根结底就是干湿循环导致云南红土的劣化。如果遇到极端气候，干湿循环引起的红土劣化问题更加突出，云南省曾连续出现的极端干旱气候，就是干湿循环问题中脱湿过程的典型事例，尤其是2010年遭遇百年一遇的全省性特大旱灾，干旱范围之广、时间之长、程度之深、损失之大，均为云南省历史上少有。这一特大干旱引起红土脱湿产生的劣化问题主要体现在：人、畜饮水困难；植被枯死；水库、坝塘干枯；大坝、边坡、挡墙、地基、路基、田地深度开裂，等等。影响严重，是典型的环境气候安全事件。从工程角度，迫切需要就云南红土地区的干湿循环问题开展相应研究。

对于具有丰富水资源的云南省，山高坡陡，经济落后，全省5000多座水利水电工程中，95%以上的水库都位于红土地区，应用红土筑坝，存在大量的红土型水库以及红土型大坝。在长期的运营过程中，半数以上的红土型水库和红土型大坝都“带病”运营，不同程度地出现了大坝开裂、变形、渗漏、失稳以及库岸坍塌、水库淤积等病害问题，造成红土型病害水库，不能正常运营，没有起到防洪抗旱的作用，既导致当地严重缺水，又威胁下游安全。其中，大坝开裂、变形、渗漏、失稳等病害最为典型，属于红土型病害大坝，而极端气候的频繁出现进一步加剧了大坝病害。为此，国家和云南省投入了大量的人力、物力和财力，开展红土型病害水库的防治工作，其中，红土型大坝病害是防治工作的重点和难点。实际上，红土型大坝病害的出现，已经表明红土型大坝在运营过程中受到了损伤，出现了劣化问题。究其原因，一方面，应归咎于当时落后的施工工艺和运营管理维护不善；另一方面，更为主要的原因还在于大坝红土的特殊性质、库水的特殊性质以及年复一年干湿循环等因素的综合影响。因此，在提高施工工艺水平和加强运营管理的前提下，更应该深入研究大坝红土的特殊性、库水的特殊性以及长期干湿循环对大坝红土的影响，尤其是极端气候引起的显著干湿循环对大坝红土的影响。这对于有效保障云南红土型水库和红土型大坝的安全运营至关重要。

1.2 土体干湿循环问题的研究

1.2.1 宏观干湿循环特性

1.2.1.1 膨胀土

目前，对于膨胀土的干湿循环特性研究较多。杨和平等[1]研究了干湿循环效应对膨胀土抗剪强度指标的影响。杨俊等[2]研究了干湿循环对风化砂改良膨胀土无侧限抗压强度的影响。吴珺华等[3]开展了干湿循环作用下膨胀土现场大型剪切试验研究。曾召田等[4]研究了干湿循环效应对膨胀土边坡稳定性的影响，研究表明干湿循环降低了膨胀土的抗剪强度，减小了边坡的安全系数。杨成斌等[5]研究了干湿循环作用下改良膨胀土的膨胀性、颗粒分布、无侧限抗压强度等特性。徐斌等[6]开展了膨胀土强度影响因素与规律的试验研究。冉龙洲[7]对干燥过程中膨胀土的抗拉强度特性进行了研究。吕海波等[8]开展了膨胀土强度的干湿循环试验研究，探讨了干湿交替环境下膨胀土的累积损伤特性。慕现杰[9]通过干湿循环作用下的直剪试验和无侧限抗压强度试验发现膨胀土的抗剪强度随循环次数的增加而降低、含水率与抗压强度呈反比。

1.2.1.2 黄土

关于黄土的干湿循环特性，王飞等[10]通过气压固结试验，研究了干湿循环条件下压实黄土的变形特性。袁志辉[11]通过室内物理力学试验和微观结构图像分析，研究了干湿循环作用下含水率对黄土的单轴抗拉强度、无侧限抗压强度、三轴抗剪强度及其微观结构的影响。程佳明等[12]开展了固化黄土的干湿循环特性研究。刘宏泰等[13]研究了重塑黄土的干湿循环效应，研究表明干湿循环引起黄土的抗剪强度、渗透系数、黏聚力和内摩擦角增大。

1.2.1.3　黏性土

关于黏性土的干湿循环特性，赵立业等[14]对比研究了干湿循环作用下高低液限黏土的防渗性能。刘文化等[15,16]研究了干湿循环条件下不同初始干密度土体的力学特性以及循环荷载作用下干湿循环对粉质黏土的临界循环动应力和动强度的影响。查甫生等[17]开展了水泥固化重金属污染土的干湿循环特性试验研究。程涛等[18]研究了干湿循环下掺砂高液限粉土和黏土的力学特性。张芳枝等[19]研究了反复干湿循环对非饱和土力学特性的影响。尹宏磊等[20]研究了抗剪强度随干湿循环变化对边坡安定性的影响。汪东林等[21]通过干湿循环作用下的非饱和土三轴试验，研究了重塑黏土的膨胀特性。周永祥等[22]研究了固化盐土经干湿循环后力学性能变化的机理。

1.2.2　微观干湿循环特性

干湿循环作用下，土体宏观特性的变化在于其微观结构特性的变化。万勇等[23]研究了干湿循环对压实黏土渗透性能的影响，获取试验后的扫描电子显微镜(scanning electron microscope，SEM)图像，把宏观裂缝和微结构图像提取的孔隙比结合分析渗透系数的变化原因。袁志辉[11]通过室内物理力学试验和微观结构图像分析，研究了干湿循环作用下含水率对黄土的单轴抗拉强度、无侧限抗压强度、三轴抗剪强度及其微观结构的影响。曾召田等[24]通过压汞法试验，研究了干湿循环过程中膨胀土的孔隙大小分布特性，表明随循环次数的增加，膨胀土的孔隙率等微结构参数均递增。曾召田[25]对膨胀土的干湿循环效应与微观机制进行了研究。叶为民等[26]研究了不同温度、不同侧限条件下干湿循环对高压实膨润土的微观结构的影响。叶为民等[27]研究了自由膨胀条件下高压实膨胀黏土的微观结构随吸力的变化特征。姚志华等[28]研究了膨胀土在干湿循环和三轴浸水过程中细观结构的变化。

1.3　土体中土水作用问题的研究

1.3.1　入渗特性

1.3.1.1　试验研究

许多学者对土壤的入渗特性开展了研究。万勇等[29]研究了干湿循环对填埋场压实黏土渗透性能的影响。王红雨等[30]研究了冻融循环作用下宽级配砾质土的渗透特性。吴军虎等[31]通过入渗试验，研究了有机质含量对土壤入渗特性的影响，研究表明容重对高有机质含量的土壤的入渗特性影响显著。樊贵盛等[32]开展了大田原生盐碱荒地入渗特性的试验研究。刘目兴等[33]研究了不同初始含水率下黏质土壤的入渗过程。郝春红等[34]研究了坡度、雨强对塿土入渗特征的影响。刘春成等[35]研究了四种入渗模型对斥水土壤入渗规律的适用性。林代杰等[36]研究了不同土地利用方式下的土壤入渗特征及其影响因素。赵景波等[37]开展了陕西洛川中更新统下部黄土的入渗规律研究。刘继龙等[38]研究了土壤入渗特性的空间变异性及土壤转换函数。张治伟等[39]研究了岩溶坡地不同利用类型土壤的入渗性能及其影响因素。白文波等[40]研究了保水剂对土壤积水入渗特征的影响。陈洪松等[41]通过人工降雨试验，研究了土壤初始含水率对坡面降雨入渗、湿润锋推进距离及土壤水分再分布规律的影响。

1.3.1.2 模型研究

关于土壤的入渗特性，除了通过入渗试验开展研究，还可通过数值模型开展研究。范严伟等[42]针对夹砂层土壤的 Green-Ampt 入渗模型开展了改进与验证研究。吴军虎等[31]通过入渗试验，研究了有机质含量对土壤入渗特性的影响，研究表明 Green-Ampt 入渗模型和 Philip 模型对不同容重及有机质含量的土壤入渗拟合良好。郭向红等[43]研究了水头高度对土壤入渗特性的影响，改进了 Green-Ampt 入渗模型。马娟娟等[44]将变水头垂直土柱入渗试验与 Green-Ampt 入渗模型结合，研究了入渗率-真实湿润峰图形和入渗率-累积入渗量间的关系，获得模型参数的求解方法。Muntohar 等[45]对暴雨引发的滑坡模型进行了研究。毛丽丽等[46]采用水平土柱入渗法测定湿润锋的推进距离，结合 Green-Ampt 模型研究了土壤的入渗性能。瞿聚云等[47]研究了干密度对非饱和膨胀土水分迁移参数的影响。Chen 等[48]研究了倾斜表面的 Green-Ampt 渗透模型。王全九等[49]对比分析了 Green-Ampt 模型与 Philip 入渗模型。汪志荣等[50]研究了温度影响下土壤的水分运动模型。王全九等[51]研究了水平一维土壤的水分入渗特性。尚松浩等[52]针对冻结条件下土壤的水热耦合迁移数值模拟进行了改进研究。岳汉森[53]分析了土壤在冻融过程中的水-热-盐耦合运移数学模型。

1.3.2 基质吸力特性

1.3.2.1 试验研究

李军等[54]研究了土水特征曲线滞回特性的影响因素。谭晓慧等[55]开展了湿胀条件下合肥膨胀土的土-水特征研究。Adefemi 等[56]研究了压实弃土场的土壤水分特征曲线。Zhao 等[57]研究了西北盐渍土的土壤水分特征。伊盼盼等[58]研究了干密度和初始含水率对非饱和重塑粉土土水特征曲线的影响。唐东旗等[59]采用滤纸法试验，研究了非饱和黄土的基质吸力特性。赵天宇等[60]、刘奉银等[61]研究了密度与干湿循环对黄土土-水特征曲线的影响。李旭等[62]研究了失水过程中孔隙结构、孔隙比、含水率的变化规律。Ye 等[63]研究了温度对压实高庙子膨润土土壤水分特征和滞后特性的影响。卢应发等[64]研究了土-水特征曲线及其相关性。文宝萍等[65]研究了颗粒级配对非饱和黏性土基质吸力的影响。卢靖等[66]研究了非饱和黄土的土水特征曲线。龚壁卫[67]等采用体积压力板仪，研究了干湿循环过程中膨胀土的吸力与强度的变化关系，研究表明在基质吸力相同时，增湿中对应的抗剪强度高于脱湿。熊承仁等[68]研究了重塑黏性土的基质吸力与土水分及密度状态的关系。叶为民等[69]开展了上海软土土水特征的室内试验研究。Vanapalli 等[70]研究了压实冰碛土的土-水特征曲线与非饱和剪切强度的关系。许淑珍等[71]利用 Matlab 拟合了压实黄土的土-水特征曲线。党进谦等[72]研究了非饱和黄土的含水量与基质吸力的关系。

1.3.2.2　模型研究

可以通过建立数学模型来预测土-水特征曲线，或者应用数学关系来拟合土-水特征曲线。许淑珍等[71]利用 Matlab 的 fminunc 函数通过 Gardner 模型拟合了压实黄土的土-水特征曲线，效果较好。陈东霞等[73]基于厦门地区残积土的土-水特征曲线，修正了 Gardner 模型。张俊然等[74]对干湿循环后的土-水特征曲线进行模拟，提出了能预测土-水特征曲线随干湿循环次数变化的数学模型。陶高梁等[75]提出了通过土-水特征曲线实测数据直接求解分维数的计算方法，建立并验证了土-水特征曲线拟合分形模型。张雪东等[76]以传统域模型的基本原理为基础，推导并验证了模拟土-水特征曲线滞后性的计算模型。周葆春等[77]利用 Fredlund-Xing 模型对湖北荆门原状、压实、石灰改良膨胀土的土-水特性试验数据进行了非线性拟合，研究了非饱和膨胀土的抗剪强度与土-水特征曲线的关系。赵丽晓[78]选用 Mlog 模型和 Fredlund 模型对土体粒径分布数据进行拟合，修正了土-水特征曲线预测模型。李志清等[79]研究了非饱和膨胀土的土-水特征曲线特性。胡波等[80]开展了土-水特征曲线的方程参数和拟合效果研究。戚国庆等[81]开展了土-水特征曲线的通用数学模型研究。刘艳华等[82]研究了非饱和土的土-水特征曲线。Zhuang 等[83]基于土体颗粒大小分布，利用非相似介质理论建立了土-水特征曲线模型。Claudia[84]研究了土-水特征曲线的不确定性及其对非饱和抗剪强度的影响。Fredlund 等[85]依据土体中孔隙的孔径分布曲线，运用统计分析理论提出了适用于任何土体的土-水特征曲线表达式。

1.3.3　胀缩特性

1.3.3.1　试验研究

干湿循环作用引起土体发生膨胀和收缩，可以通过膨胀试验和收缩试验来反映土体的胀缩特性，目前，主要集中于膨胀土的研究。薛彦瑾等[86]开展了荷载条件下原状膨胀土浸水膨胀变形试验研究。魏伟[87]通过胀缩试验，研究了不同酸性环境和不同起始干密度下广西膨胀土的膨胀率与收缩率的变化。孙德安等[88]研究了干湿循环下南阳膨胀土的变形特性。杨俊等[89]研究了干湿循环下风化砂改良膨胀土的收缩特性。李志清等[90]研究了膨胀土的胀缩变形规律与灾害机制。Nowamooz 等[91]研究了不同初始状态下压实膨胀土的体积特性。吴珺华等[92]开展了干湿循环下膨胀土胀缩性能试验的研究。唐朝生等[93]研究了干湿循环过程中膨胀土的胀缩变形特征。周葆春等[94]通过胀缩和渗透试验，研究了 5 种不同压实度下荆门弱膨胀土及其石灰改良膨胀土的胀缩与渗透特征。饶锡保等[95]通过无荷膨胀率试验，研究了初始含水率和干密度对南阳膨胀土膨胀率的影响；赵艳林等[96]研究了干湿循环对膨胀土变形指标的影响。黄传琴等[97]开展了干湿交替过程中土壤胀缩特征的实验研究。秦冰等[98]研究了高庙子膨润土的胀缩变形特性及其影响因素。杨和平等[99]研究了有荷条件下膨胀土的干湿循环胀缩变形及强度变化规律。李振等[100,101]研究了压力对膨胀土遇水膨胀的抑制作用以及浸水变形特性。韩华强等[102]研究了膨胀土的强度和变形特性。Saiyouri 等[103]开展了非饱和压实黏土膨胀的试验研究。缪林昌等[104]研究了南阳膨胀土的水分特征与膨胀特性。刘松玉等[105]研究了击实膨胀土的循环膨胀特性。Basma 等[106]研究了膨胀土的胀缩特性；AI-Homoud 等[107]研究了黏土的循环膨胀特性。

1.3.3.2 模型研究

关于土体的胀缩模型，魏星等[108]把干湿循环作用下击实膨胀土的胀缩体变分解为可逆与不可逆分量，结合低塑性非饱和土的 BBM 模型，提出了击实膨胀土的实用本构模型。李志清等[90]基于膨胀土的胀缩试验，应用 Does Response 模型，定量模拟了膨胀土的胀缩规律。黄斌等[109]基于有无荷载的膨胀试验，研究了初始含水率、干密度对邯郸强膨胀土的无荷膨胀率与有荷膨胀率的影响，建立了膨胀土 K_0 应力状态膨胀模型。李振等[110]在压缩仪上通过有无荷载分级浸水试验，研究了初始干密度对安康膨胀土膨胀变形的影响，建立并验证了增湿变形计算模型。贾景超[111]开展了膨胀土膨胀机理及细观膨胀模型研究。郑澄锋等[112]针对干湿循环下膨胀土边坡的变形发展过程进行了数值模拟研究。谭罗荣等[113]研究了蒙脱石晶体的胀缩规律及其与基质吸力的关系。杨庆等[114]开展了膨胀岩三维膨胀本构关系的研究。

1.3.4 裂缝特性

1.3.4.1 试验研究

干湿循环作用下土体的膨胀和收缩变形引起土体产生裂缝。李文杰等[115]研究了壤质黏土干缩裂缝的开闭规律，研究表明裂缝的产生与闭合是不可逆过程。唐朝生等[116]研究了膨胀土收缩开裂过程及其温度效应，研究表明高温环境下裂隙发育程度较高，裂隙发展存在明显的温度效应，并解释了温度对膨胀土裂缝扩展的影响机理。何俊等[117]研究了压实黏土的干燥裂隙及渗透性能。杨和平等[118]应用 Matlab 图像处理技术对膨胀土裂缝进行了定量统计分析，研究表明干湿循环作用加剧了裂缝宽度和深度的发展。Li 等[119]开展了地表干燥裂纹萌生与发展的研究。张家俊等[120]通过试验方法，研究了南阳膨胀土在干湿循环中裂隙的演化规律，研究表明含水率梯度是影响裂缝张开程度的主要因素，干湿循环作用下膨胀土的孔隙比增大、贯穿裂缝的产生导致了渗透特性的变化。刘华强等[121]开展了裂缝对膨胀土抗剪强度指标影响的试验研究。施斌等[122]研究了黏性土在不同温度下龟裂的发展及其机理。唐朝生等[123]研究了影响黏性土表面干缩裂缝结构形态的因素。

牛运光[124]分析总结了土石坝裂缝的形成原因及其防治处理措施。Rayhani 等[125]研究了干燥诱导裂缝及其对伊朗黏质土水力传导的影响。卢再华等[126]运用 CT 扫描方法，研究了干湿循环中膨胀土裂缝的形成过程。缪林昌等[104]研究了干湿循环对非饱和膨胀土水分特征曲线、裂隙演化和抗剪强度的影响。Omidi 等[127]研究了干燥裂纹对压实黏土衬垫导水率的影响。

1.3.4.2　数值模拟研究

唐朝生等[128]开展了土体干缩裂隙网络的定量分析研究。刘春等[129]研究了基于数字图像识别的岩土体裂隙形态参数分析方法。Rayhani 等[130]研究了干湿循环作用下黏土干燥裂缝的物理模型以及裂缝与渗透性的关系。郑澄锋等[112]开展了干湿循环下膨胀土边坡变形发展过程的数值模拟研究。Vogel 等[131]研究了黏性土干缩裂缝的形成过程，建立了裂缝发展的动力学模型。沈珠江等[132]以非饱和土的简化固结理论为基础，开展了干湿循环作用下黏土裂缝演变过程的数值模拟研究，建立了预测裂缝发展的数学模型。

1.4　红土中的干湿循环及土水作用问题研究

1.4.1　干湿循环研究

目前，对于红土的一般工程地质特性研究较多[133,134]，但针对干湿循环作用下的红土的研究则较少。朱建群等[135]研究了基于干湿循环作用的红黏土的强度特征。李子农[136]研究了不同温度下干湿循环对红黏土力学性质的影响。易亮等[137]开展了干湿循环作用下红黏土湿化特性的试验研究。曹豪荣等[138]研究了干湿循环路径对石灰改性红黏土路用性能的影响；赵颖文等[139]开展了典型红黏土与膨胀土的对比试验研究。刘之葵等[140]研究了干湿循环作用下不同 pH 对红黏土的抗剪强度、压缩模量的影响，研究表明干湿循环作用引起红土的黏聚力降低、内摩擦角增大、压缩模量减小。王亮[141]研究了干湿循环作用下红土的强度衰减特性及裂缝扩展规律，明确了干湿循环作用下红土的抗剪强度、干密度和含水率的变化规律。刘小文等[142]开展了含水率、干密度对红土强度影响的试验研究。

关于云南红土的干湿循环特性，周志伟等[143,144]通过室内模型试验，研究了库水位升降引起的干湿循环作用对红土模型坝坡的土压力、孔隙水压力等物理力学特性的影响。程富阳等[145,146]通过不固结、不排水三轴试验，研究了干湿循环作用下初始干密度、初始含水率、预固结压力、过筛粒径等因素对饱和红土应力-应变特性的影响。张浚枫等[147,148]通过浸泡和干湿循环试验，研究了酸雨作用下红土的抗剪强度特性。梁谏杰等[149]开展了干湿循环下云南加砂红土物理力学特性的研究。何金龙等[150,151]开展了库水作用下库岸边坡红土的侵蚀模型试验研究。邓欣等[152,153]研究了干湿循环条件下云南红土的强度变形特性。

1.4.2 土水作用研究

1.4.2.1 入渗特性

关于红土的入渗特性，曾健等[154]研究了土壤容重对红壤水分垂直入渗特性的影响。吴胜军等[155,156]结合郴宁高速公路路基开裂严重的实际问题，研究了红黏土路基裂缝的开展规律以及红黏土路基水分的运移规律。

关于云南红土的入渗特性，张丁等[157,158]通过变水头渗透试验和积水入渗试验，考虑初始干密度、初始含水率的影响，研究了水分入渗过程中红土的导水率、水分累积入渗量、入渗速率、湿润峰推进距离等入渗特性的变化，基于土壤的 Green-Ampt 入渗模型，改进并验证了单层土、分层土的 Green-Ampt 入渗模型。赵贵刚[159]通过土柱积水迁移试验，研究了水分迁移过程中初始干密度、初始含水率对干湿循环红土中水分的迁入量、迁出量、土柱的含水率以及干密度等迁移特性的影响。

1.4.2.2 基质吸力特性

关于红土的基质吸力特性，石振明等[160]开展了网纹红土土水特征试验及其在边坡稳定性评价中的应用研究。徐润泽[161]研究了全吸力范围内桂林红黏土的土-水特征曲线及微观结构演化规律。常红帅等[162]研究了桂林、柳州两种红黏土的土-水特征曲线。易亮[163]开展了红黏土土水特征及湿化特性的试验研究。叶云雪[164]通过 Geo-Experts 压力板仪法，研究了不同影响因素下江西红土的土水特性，给出了土-水特征曲线方程及参数的取值范围。陈伟等[165]采用滤纸法试验，研究了不同干密度下陕北重塑非饱和红土的土水特征。孙德安等[166]采用压力板仪法、滤纸法和饱和盐溶液法，对比研究了不同干密度下全吸力范围内桂林红黏土的土-水特征曲线。郝康宁[167]研究了非饱和网纹红土的土-水特征曲线。傅鑫晖等[168]开展了桂林雁山红黏土的土水特征试验研究。刘小文等[169]开展了不同影响因素下非饱和红土土-水特征曲线的试验研究。刘小文等[170]通过试验研究了非饱和红土的基质吸力与含水率及密度的关系。刘艳敏[171]通过非饱和土土水特性试验，研究了巴东组软岩残坡积红黏土的土水作用特征及其影响因素，从微观角度解释了土水作用机理。唐军等[172]研究了毕威高速公路玄武岩红土的土-水特征曲线以及模型应用。

对于云南红土的基质吸力特性，孙书君[173]考虑初始干密度、含水率的影响，通过滤纸法试验，研究了干湿循环过程中云南红土的土水作用特性。程富阳[145]、黄英等[174]考虑初始干密度、含水率、预固结压力、过筛粒径的影响，通过压力板仪试验，研究了干湿循环过程中云南红土的土水作用特性。张丁[157]考虑初始干密度、掺砂的影响，利用压力板仪法，研究了脱湿过程中掺砂红土的土-水作用特征，研究表明随初始干密度的增加、掺砂率的减小，红土的基质吸力增大。

1.4.2.3 胀缩特性

关于红土的胀缩特性，赵雄飞等[175,176]研究了干湿循环作用下红黏土的胀缩变形特性。刘之葵等[177]研究了不同 pH 对桂林改良红黏土塑性和胀缩性的影响。朱建群等[178]通过室内胀缩试验，研究发现基质吸力有助于红黏土膨胀性的发挥、降低团粒的收缩特性。朱建群等[179]通过常规收缩试验和压汞试验，研究了干湿循环作用下红黏土的收缩特性，研究表明干湿循环作用对聚集体内孔径的影响大于对微聚体内孔隙的影响。郝春红等[34]通过风干状态下的自由收缩试验和孔隙试验，研究了初始干密度对脱湿状态下压实红黏土孔隙分布特征的影响。谈云志等[180]研究了压实红黏土失水收缩过程的孔隙演化规律。黄丁俊等[181]研究了初始干密度对红黏土的胀缩特性的影响，研究表明初始干密度越大，稳定后膨胀率越大。陈开圣[182]研究了压实红黏土的收缩变形特性。褚卫军[183]开展了干湿循环作用下红黏土的胀缩变形特性及裂缝扩展规律的研究。王泽丽等[184]研究了滇东喀斯特高原红土的干湿胀缩特性。方薇等[185]研究了武广客运专线红黏土的变形特性，研究表明红黏土具有强收缩、弱膨胀的特征，主要受到矿物成分、粒度成分、交换性阳离子、气候、上覆压力等因素的影响。

关于云南红土的胀缩特性，范本贤等[186,187]考虑初始含水率、初始干密度、试样尺寸的影响，通过膨胀收缩试验，研究了云南红土的胀缩特性及其对应的微结构特性。

1.4.2.4 裂缝特性

关于红土的裂缝特性，王亮[141]研究了干湿循环作用下红土的强度衰减特性及裂缝扩展规律，明确了干湿循环作用下红土的抗剪强度、干密度和含水率的变化规律。褚卫军[183]研究了干湿循环作用下贵州红黏土的裂缝扩展规律，明确了裂隙特征参数随干湿循环次数、含水率的变化特性。吴胜军等[155]结合郴宁高速公路路基开裂严重的实际问题，研究了红黏土路基裂缝的开展规律。

关于云南红土的裂缝特性，孙书君等[173]通过增湿-脱湿试验，研究了不同初始含水率和干密度下增湿时间、脱湿时间对云南红土裂缝特性的影响。赵贵刚等[159,188]通过干湿循环试验，考虑初始含水率、初始干密度、脱湿温度的影响，研究了云南红土的裂缝发展特性及其对应的微结构特性。

第2章　增湿条件下红土的入渗特性

2.1　试 验 设 计

2.1.1　试验土料

选取昆明世博园后山红土作为试验土料，其基本性质如表2-1所示。可见，该红土以粉粒和黏粒为主，其含量为90.5%；液限小于50.0%，塑性指数为10～17，属于低液限粉质红土。

表2-1　试验红土的基本特性

颗粒组成 P/%			相对密度 G_s	液限 ω_L /%	塑限 ω_p /%	塑性指数 I_p	最优含水率 ω_{op} /%	最大干密度 ρ_{dmax} /(g·cm^{-3})
砂粒 (0.075～2.0mm)	粉粒 (0.005～0.075mm)	黏粒 (<0.005mm)						
9.5	46.6	43.9	2.73	47.6	31.2	16.4	26.9	1.50

2.1.2　试验方案

2.1.2.1　变水头渗透试验

在室温(16～22℃)下，考虑初始含水率 ω_0、初始干密度ρ_d、入渗时间 t 的影响，采用变水头渗透试验方法，测试分析不同影响因素下红土的水分入渗特性。初始含水率分别设定为16.0%、19.0%、22.0%、25.0%、28.0%，初始干密度分别设定为1.00g·cm^{-3}、1.05g·cm^{-3}、1.10g·cm^{-3}、1.25g·cm^{-3}、1.30g·cm^{-3}、1.35g·cm^{-3}、1.40g·cm^{-3}，入渗时间分别设定为0.08h、0.5h、1h、2h、4h、8h、12h、24h、36h、48h、60h、72h。

试验过程中，按照设定的初始含水率和初始干密度，先在渗透环刀内采用分层击样法制备高4cm、直径6.18cm的渗透试样；再根据《土工试验规程》，使用南55型渗透仪开展变水头渗透试验。水从试样的底部渗入，顶部渗出，观测试样出水后不同入渗时间下水头管的水位读数，计算红土的导水率，分析不同影响因素下红土的入渗特性。

2.1.2.2　积水入渗试验

在室温(16～22℃)下，考虑初始含水率 ω_0、初始干密度ρ_d、入渗时间 t 的影响，采用恒水头一维垂直积水入渗试验方法，测试分析不同影响因素下红土的水分入渗特性。初始含水率分别设定为 16.0%、19.0%、22.0%、25.0%、28.0%，初始干密度分别设定为 $1.20g\cdot cm^{-3}$、$1.25g\cdot cm^{-3}$、$1.30g\cdot cm^{-3}$、$1.35g\cdot cm^{-3}$、$1.40g\cdot cm^{-3}$，入渗时间分别设定为 5min、10min、15min、20min、25min、30min、40min、50min、60min、80min、100min、120min、150min、180min。

试验过程中，按照设定的初始含水率和初始干密度，先在有机玻璃圆筒内采用分层击样法制备高 20cm、直径 10cm 的红土土柱试样。在土柱表面覆盖一层滤纸，以减轻注水对土柱表面的扰动；土柱底部垫两块透水石以排除气相阻力对水分入渗的影响。将水注入土柱表面，积水水头恒定 2cm，水从试样顶部渗入，开展垂直向积水入渗试验，观测不同入渗时间下土柱内水分入渗后的水位读数、湿润锋位置距离土表面的距离，分析红土的累积入渗量、表面入渗速率、湿润锋推进距离、含水率等水分入渗参数的变化。

2.2　变水头增湿条件下红土的入渗特性

2.2.1　入渗时间的影响

变水头增湿条件下红土的入渗特性以导水率来衡量。

2.2.1.1　相同初始含水率

图 2-1 给出了相同初始含水率 ω_0、不同初始干密度ρ_d 下，红土的导水率 K 随入渗时间 t 的变化关系曲线。

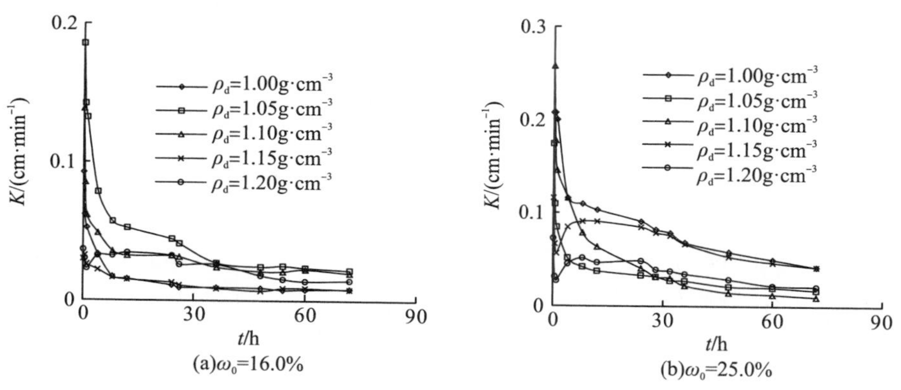

图 2-1　不同初始干密度下红土的导水率与入渗时间的关系

图 2-1 表明：变水头增湿入渗过程中，相同初始含水率、不同初始干密度下，入渗时间对红土的导水率存在明显的影响。随入渗时间的延长，红土的导水率呈“急剧减小—缓慢减小—稳定”变化的趋势。其入渗过程可以分为快速入渗、缓慢入渗、稳定入渗 3 个阶段。表 2-2 给出了不同初始干密度下红土的导水率随入渗时间的变化。可见，不同初始干密度下，随入渗时间延长，每 1h 红土导水率的下降程度降低。入渗时间较短时，红土的导水率急剧下降；入渗时间较长时，红土的导水率缓慢减小。

表 2-2　不同初始干密度下红土的导水率随入渗时间的变化(K_{t1}，%·h^{-1})

初始含水率 ω_0/%	入渗时间 t/h	初始干密度ρ_d/(g·cm^{-3})				
		1.00	1.05	1.10	1.15	1.20
16.0	0→8	−10.2	−8.7	−9.3	−5.5	−1.5
	8→36	−1.6	−1.9	−1.1	−1.7	−0.7
	36→72	−0.4	−0.5	−0.5	−0.2	−1.2
25.0	0→8	−6.0	−9.5	−8.7	−2.8	−3.7
	8→36	−1.4	−1.3	−2.6	−1.0	−1.2
	36→72	−1.1	−1.0	−1.5	−1.0	−1.1

注：K_{t1} 代表每 1h 的入渗时间下导水率的变化。“−”表示减小，即负值表示减小的百分比。后同。

图 2-2 给出了相应的初始干密度的加权平均导水率 K_{ρ_d} 随入渗时间 t 的变化关系曲线。初始干密度的加权平均导水率是指相同初始含水率下，对不同初始干密度的红土的导水率按初始干密度进行加权平均，用以衡量初始干密度对红土导水率的影响。

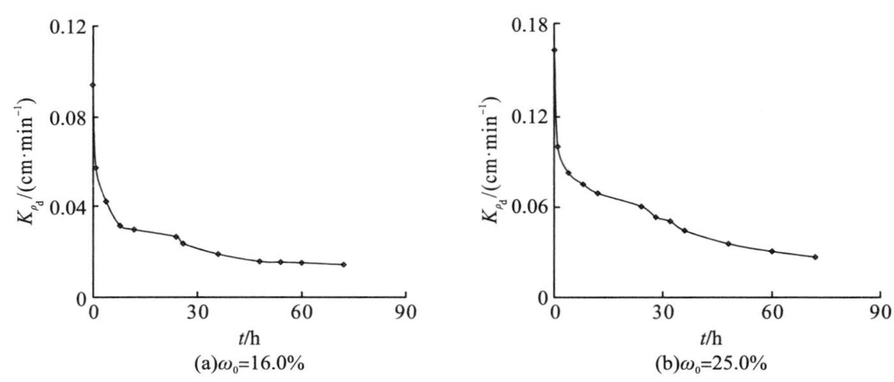

图 2-2　红土的初始干密度加权平均导水率与入渗时间的关系

图 2-2 表明：就初始干密度的加权平均导水率来看，不同初始含水率下，快速入渗段对应时间为 0～8h，缓慢入渗段对应时间为 8～36h，稳定入渗段对应时间为 36～72h。初始含水率为 16.0%、25.0%，入渗时间 0～8h，红土的初始干密度加权平均导水率分别下降了 8.3%·h^{-1}、6.8%·h^{-1}；8～36h，加权平均导水率分别下降了 1.4%·h^{-1}、1.5%·h^{-1}；36～72h，加权平均导水率分别下降了 0.7%·h^{-1}、1.1%·h^{-1}。说明入渗初期，由于红土样内外含水梯度较大，水分入渗速率较快，因而导水率较大；随入渗时间的延长，红土样内外含水梯度减小，水分入渗速率变慢，因而导水率减小；入渗时间进一步延长时，红土样的内外含水接近平衡，水分入渗速率保持不变，因而导水率逐渐趋于稳定状态。

2.2.1.2　相同初始干密度

图 2-3 给出了相同初始干密度ρ_d、不同初始含水率 ω_0 下，红土的导水率 K 随入渗时间 t 的变化关系曲线。

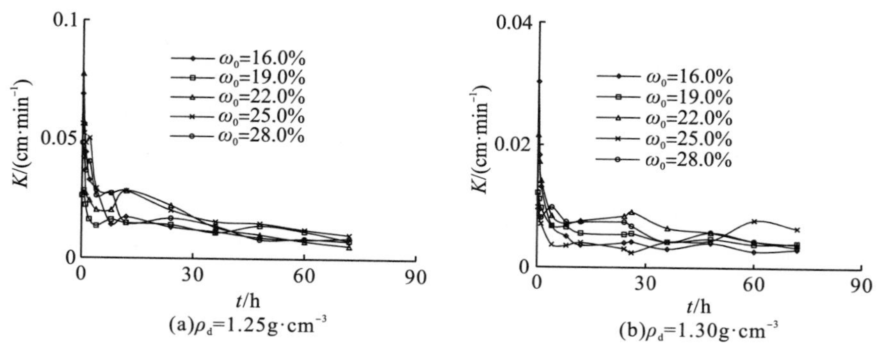

图 2-3　不同初始含水率下红土的导水率与入渗时间的关系

图 2-3 表明：变水头增湿入渗过程中，相同初始干密度、不同初始含水率下，入渗时间对红土的导水率存在明显的影响。随入渗时间的延长，红土的导水率呈“急剧减小—缓慢减小—稳定”变化的趋势。其入渗过程可以分为快速下降段、缓慢减小段、稳定段。表 2-3 给出了不同初始含水率下红土的导水率随入渗时间的变化。可见，同一初始含水率下，入渗时间越长，每经过 1h，红土导水率的下降程度越缓。入渗时间较短时，导水率下降程度较大；入渗时间较长时，导水率下降程度减缓，趋于稳定。

表 2-3　不同初始含水率下红土的导水率随入渗时间的变化(K_{t1}，%·h^{-1})

初始干密度 ρ_d/(g·cm^{-3})	入渗时间 t/h	初始含水率 ω_0/%				
		16.0	19.0	22.0	25.0	28.0
1.25	0→8	−9.9	−4.8	−9.3	−6.5	−5.5
	8→72	−0.7	−0.8	−1.1	−1.0	−1.1
1.30	0→8	−10.4	−5.8	−8.2	−8.0	−4.9
	8→72	−0.6	−0.6	−0.9	−1.3	−0.9

注：K_{t1} 代表每 1h 的入渗时间下导水率的变化。

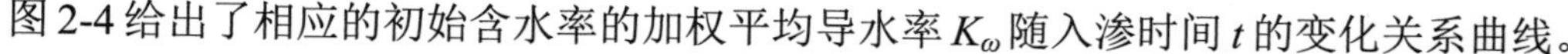
图 2-4 给出了相应的初始含水率的加权平均导水率 K_ω 随入渗时间 t 的变化关系曲线。

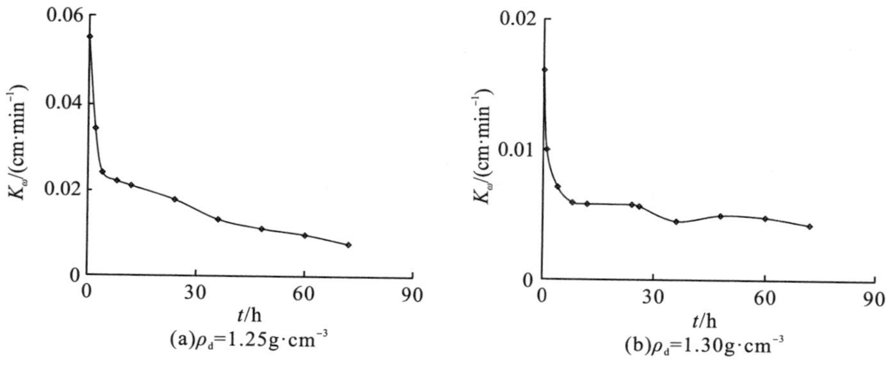

图 2-4　红土的初始含水率加权平均导水率与入渗时间的关系

此处初始含水率的加权平均导水率是指相同初始干密度下，对不同初始含水率的红土的导水率按初始含水率进行加权平均，用以衡量初始含水率对红土导水率的影响。

图 2-4 表明：就初始含水率的加权平均导水率来看，不同初始干密度下，快速入渗段对应时间为 0～8h，缓慢入渗段对应时间为 8～36h，稳定入渗段对应时间为 36～72h。初始干密度为 $1.25\text{g}\cdot\text{cm}^{-3}$、$1.30\text{g}\cdot\text{cm}^{-3}$，入渗时间 0～8h，红土的初始含水率加权平均导水率下降了 $7.5\%\cdot\text{h}^{-1}$、$7.9\%\cdot\text{h}^{-1}$；8～36h，加权平均导水率下降了 $1.4\%\cdot\text{h}^{-1}$、$0.8\%\cdot\text{h}^{-1}$；36～72h，加权平均导水率下降了 $1.2\%\cdot\text{h}^{-1}$、$0.2\%\cdot\text{h}^{-1}$。说明相同干密度、不同初始含水率时，随着入渗时间的延长，红土的导水率减小。当入渗时间较短(0～8h)时，导水率减小幅度较大；当入渗时间较长时，导水率的降低不明显，且都有趋于稳定的趋势。无论是相同干密度下还是相同初始含水率下，入渗时间越长，红土导水率越小，水分越难通过土体。

2.2.2 初始干密度的影响

2.2.2.1 相同初始含水率

图 2-5 给出了相同初始含水率 ω_0、不同入渗时间 t 下，红土的导水率 K 随初始干密度 ρ_d 的变化关系曲线。

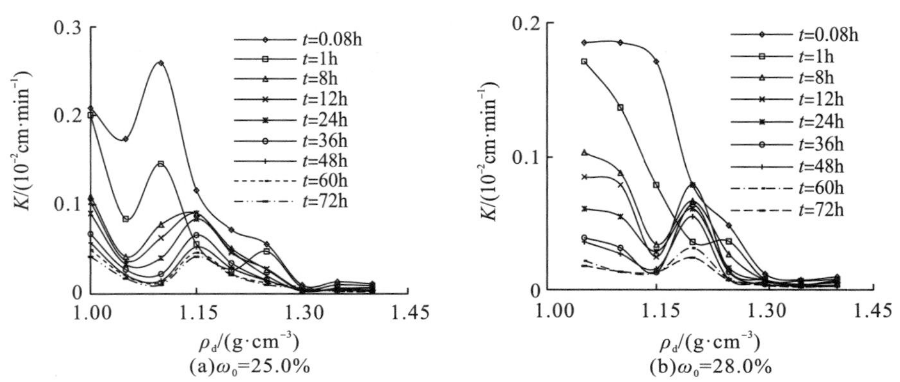

图 2-5 不同入渗时间下红土的导水率与初始干密度的关系

图 2-5 表明：相同初始含水率、不同入渗时间下，随初始干密度的增大，红土的导水率呈“减小—增大—减小”的波动变化趋势；干密度较小时，导水率存在波谷；初始干密度较大时，导水率存在波峰。初始含水率为 25.0%时，红土的导水率出现波谷对应的初始干密度为 $1.05\sim1.10\text{g}\cdot\text{cm}^{-3}$，导水率出现波峰对应的初始干密度为 $1.10\sim1.15\text{g}\cdot\text{cm}^{-3}$；初始含水率为 28.0%时，导水率出现波谷对应的初始干密度为 $1.15\text{g}\cdot\text{cm}^{-3}$，导水率出现波峰对应的初始干密度为 $1.20\text{g}\cdot\text{cm}^{-3}$。这与入渗时间加权平均导水率的波谷、波峰位置一致。

表 2-4 给出了不同入渗时间下红土的导水率随初始干密度的变化。可见，随初始干密度的增大，相同入渗时间下，红土的导水率下降程度显著。

表 2-4　不同入渗时间下红土的导水率随干密度的变化（$K_{\rho_{d1}}$，%）

初始含水率 ω_0/%	初始干密度 ρ_d/(g·cm^{-3})	入渗时间 t/min								
		0.08	1	8	12	24	36	48	60	72
25.0	1.00→1.40	−94.7	−95.4	−93.6	−93.8	−95.3	−94.6	−94.8	−93.7	−94.6
28.0	1.05→1.40	−95.6	−95.2	−92.8	−92.3	−90.9	−90.7	−92.0	−87.5	−84.8

注：$K_{\rho_{d1}}$ 代表导水率随初始干密度的变化。

图 2-6 给出了相应的入渗时间的加权平均导水率 K_t 随初始干密度 ρ_d 的变化关系曲线。此处入渗时间的加权平均导水率是指相同初始含水率下，对不同入渗时间的红土的导水率按入渗时间进行加权平均，用以衡量入渗时间对红土导水率的影响。

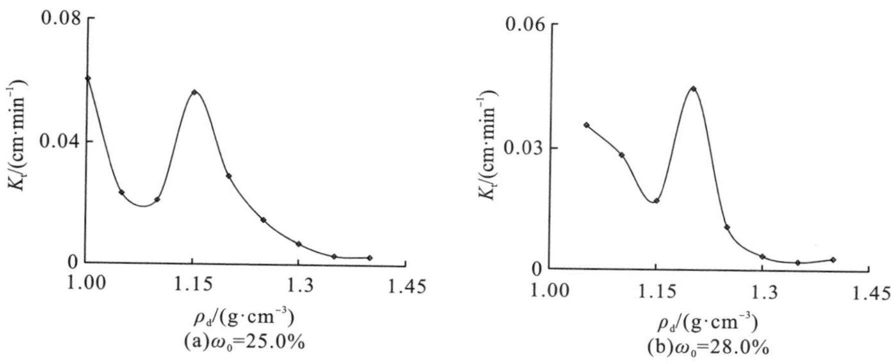

图 2-6　红土的入渗时间加权平均导水率与初始干密度的关系

图 2-6 表明：就入渗时间加权平均导水率来看，初始含水率分别为 25.0%、28.0%，初始干密度分别达到 1.10g·cm^{-3}、1.15g·cm^{-3} 时，红土的时间加权平均导水率出现波谷，相比初始干密度为 1.00g·cm^{-3}、1.05g·cm^{-3} 时，导水率分别下降了 65.1%、52.4%；初始干密度达到 1.15g·cm^{-3}、1.20g·cm^{-3} 时，时间加权平均导水率出现波峰，相比波谷，导水率分别增大了 166.8%、163.9%；初始干密度分别超过 1.15g·cm^{-3}、1.20g·cm^{-3} 后，导水率呈减小趋势，初始干密度达到 1.40g·cm^{-3} 时，相比波峰，导水率分别下降了 95.4%、93.7%。这说明红土的初始干密度越大，孔隙通道越小，透水性越弱，因而导水率呈减小的变化趋势。

2.2.2.2　相同入渗时间

图 2-7 给出了相同入渗时间 t、不同初始含水率 ω_0 下，红土的导水率 K 随初始干密度 ρ_d 的变化关系曲线。

图 2-8 给出了相应的初始含水率的加权平均导水率 K_ω 随初始干密度 ρ_d 的变化关系曲线。初始含水率的加权平均导水率是指相同入渗时间下，对不同初始含水率的红土的导水率按初始含水率进行加权平均，用以衡量初始含水率对红土导水率的影响。

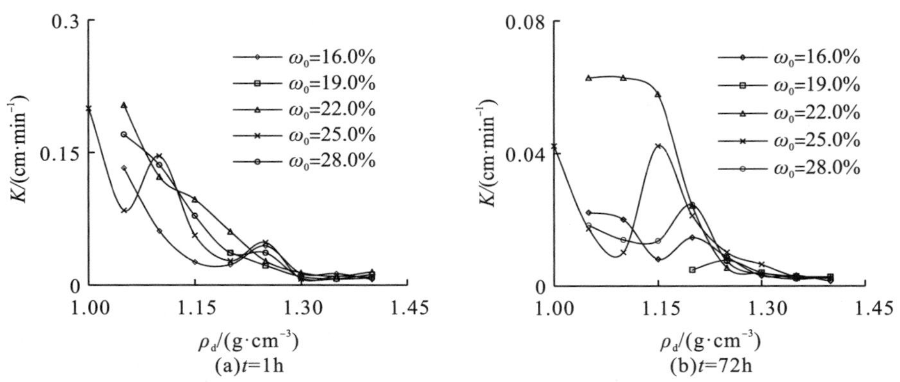

图 2-7　不同初始含水率下红土的导水率与初始干密度的关系

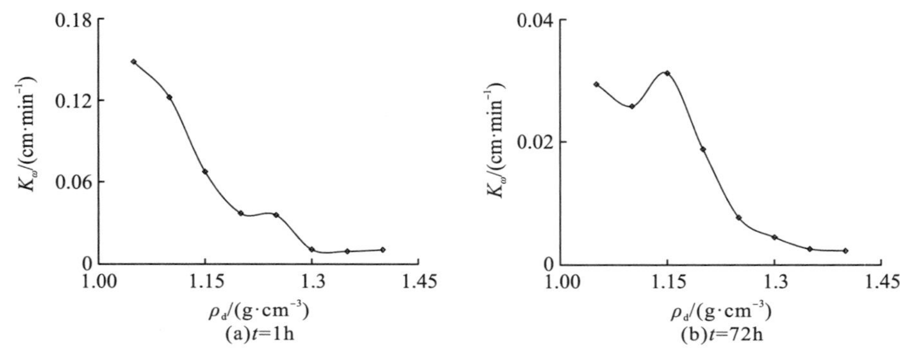

图 2-8　红土的初始含水率加权平均导水率与入渗时间的关系

图 2-7、图 2-8 表明：相同入渗时间、不同初始含水率下，随初始干密度的增大，红土的导水率呈波动减小的变化趋势。初始含水率分别为 16.0%、22.0%、25.0%、28.0%，当初始干密度由 $1.05\text{g}\cdot\text{cm}^{-3}$ 增大到 $1.40\text{g}\cdot\text{cm}^{-3}$ 时，入渗时间为 1h，红土的导水率分别减小了 95.1%、92.6%、90.3%、95.2%；入渗时间 72h，导水率分别减小了 93.5%、95.6%、83.8%、84.8%。可见，不同初始含水率下，初始干密度越大，红土的导水率下降程度越显著。就初始含水率的加权平均导水率来看，入渗时间 1h，初始干密度为 1.05～$1.30\text{g}\cdot\text{cm}^{-3}$，红土的导水率下降了 92.8%；初始干密度为 1.30～$1.40\text{g}\cdot\text{cm}^{-3}$，导水率仅下降了 1.9%。入渗时间 72h，初始干密度为 1.05～$1.35\text{g}\cdot\text{cm}^{-3}$，导水率下降了 91.2%；初始干密度为 1.35～$1.40\text{g}\cdot\text{cm}^{-3}$，导水率仅下降了 11.5%。这说明初始干密度较小时，红土的导水率下降较快；初始干密度较大时，导水率下降较慢，逐渐趋于稳定。

2.2.3　初始含水率的影响

2.2.3.1　相同初始干密度

图 2-9 给出了相同初始干密度ρ_d、不同入渗时间 t 下，红土的导水率 K 随初始含水率 ω_0 的变化关系曲线。

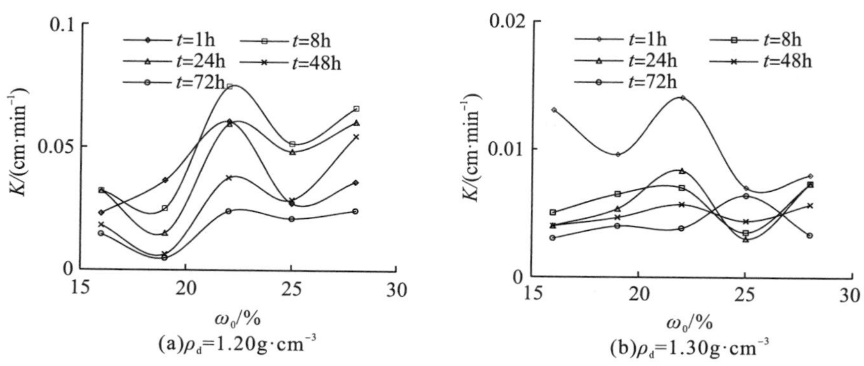

图 2-9 不同入渗时间下红土的导水率与初始含水率的关系

图 2-9 表明：总体上，相同初始干密度、不同入渗时间下，随初始含水率的增加，红土的导水率呈波动增大的变化趋势。入渗时间分别为 1h、8h、24h、48h、72h 时，初始含水率从 16.0%增大到 28.0%，当初始干密度为 $1.20g\cdot cm^{-3}$ 时，红土的导水率分别增大了 56.4%、105.0%、87.9%、200.5%、68.0%；当初始干密度为 $1.30g\cdot cm^{-3}$ 时，导水率分别增大了−38.5%、46.4%、83.6%、42.5%、10.5%。可见，除入渗时间为 1h 时的导水率减小外，其余入渗时间下的导水率都增大。

图 2-10 给出了相应的入渗时间的加权平均导水率 K_t 随初始含水率 ω_0 的变化关系曲线。此处入渗时间的加权平均导水率是指相同初始干密度下，对不同入渗时间的红土的导水率按入渗时间进行加权平均，用以衡量入渗时间对红土导水率的影响。

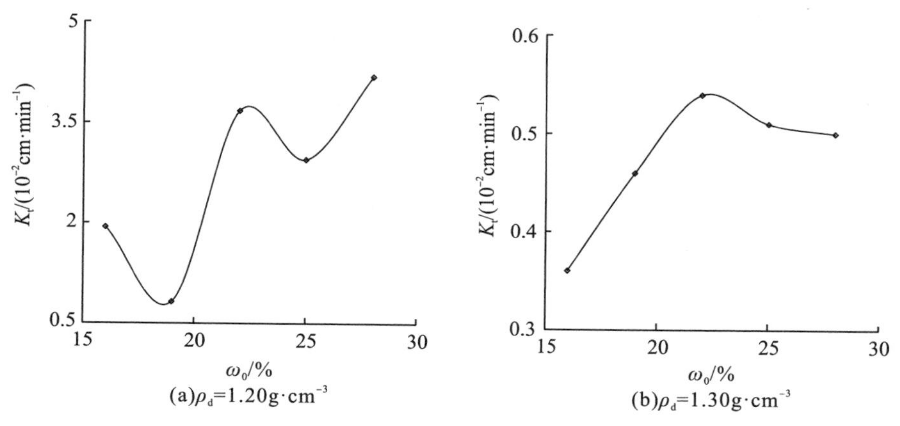

图 2-10 红土的时间加权平均导水率与初始含水率的关系

图 2-10 表明：就入渗时间加权平均导水率来看，不同初始干密度下，随初始含水率的增大，红土的导水率都呈波动增大的变化趋势。初始含水率为 16.0%～28.0%，初始干密度分别为 $1.20g\cdot cm^{-3}$、$1.30g\cdot cm^{-3}$ 时，红土的导水率分别增大了 116.0%、38.9%。这说明同一初始干密度下，初始含水率越大，土体孔隙中的水分越多，达到饱和状态的时间越短，透水性越好，因而导水率越大。

2.2.3.2 相同入渗时间

图 2-11 给出了相同入渗时间 t、不同初始干密度ρ_d下，红土的导水率 K 随初始含水率 ω_0 的变化关系曲线。

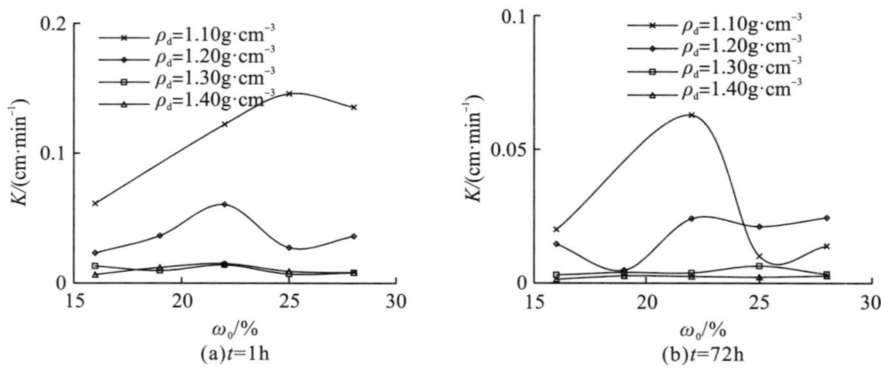

图 2-11 不同初始干密度下红土的导水率与初始含水率的关系

图 2-11 表明：相同入渗时间、不同初始干密度下，随初始含水率的增大，红土的导水率呈波动增大的变化趋势。初始干密度分别为 1.10g·cm^{-3}、1.20g·cm^{-3}、1.30g·cm^{-3}、1.40g·cm^{-3}，当初始含水率从 16.0%增大到 28.0%时，入渗时间 1h，红土的导水率分别按 121.8%、56.4%、−37.5%、25.0%的趋势变化；入渗时间 72h，导水率分别按−30.5%、67.8%、10.5%、92.3%的趋势变化。

图 2-12 给出了相应的初始干密度的加权平均导水率 K_{ρ_d} 随初始含水率 ω_0 的变化关系曲线。此处初始干密度的加权平均导水率是指相同入渗时间下，对不同初始干密度的红土的导水率按干密度进行加权平均，用以衡量初始干密度对红土导水率的影响。

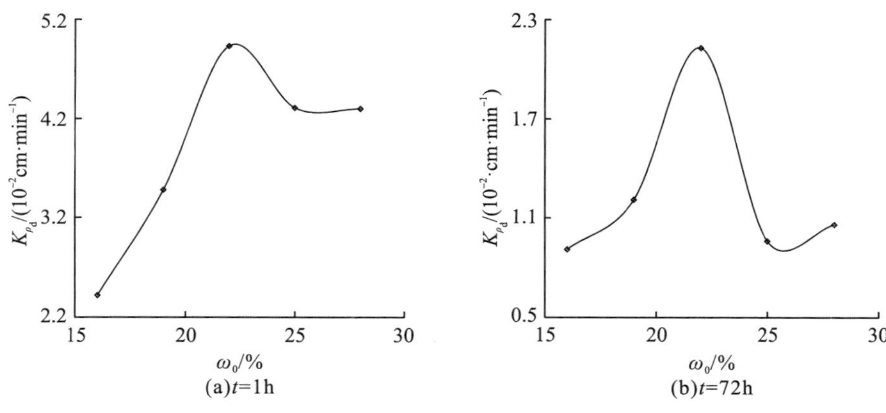

图 2-12 初始干密度加权平均导水率与初始含水率的关系

图 2-12 表明：就初始干密度的加权平均导水率来看，不同入渗时间下，随初始含水率的增大，红土的导水率呈波动增大的变化趋势，初始含水率为 22.0%左右出现明显的峰值。入渗时间 1h、72h，初始含水率为 16.0%～22.0%时，导水率增大了 103.7%、134.1%；初始含水率为 22.0%～28.0%时，导水率减小了 12.8%、50.2%；初始含水率为 16.0%～28.0%时，导水率分别总体增大了 77.7%、16.5%。这说明相同入渗时间下，初始含水率越大，较早达到饱和状态，水分越容易通过土体，因而红土的导水率增大。

2.2.4　导水率与入渗时间的拟合

2.2.4.1　拟合结果

根据变水头渗透试验的结果，表 2-5 给出了不同初始干密度、不同初始含水率下，红土的导水率与入渗时间的回归方程。

表 2-5　红土的导水率与入渗时间的拟合关系

ρ_d /(g·cm^{-3})	ω_0/%	72h 导水率 /(10^{-3}cm·min^{-1})	幂曲线拟合	相关系数 R^2	对数拟合	相关系数 R^2
1.00	16.0	8.4	$K=0.044t^{-0.42}$	0.954	$K=-0.01\ln t+0.052$	0.96
	22.0	4.8	$K=0.167t^{-0.75}$	0.839	$K=-0.03\ln t+0.139$	0.97
	25.0	42.2	$K=0.165t^{-0.28}$	0.78	$K=-0.02\ln t+0.164$	0.90
	29.0	15.1	$K=0.085t^{-0.35}$	0.823	$K=-0.01\ln t+0.092$	0.92
1.05	16.0	22.1	$K=0.107t^{-0.34}$	0.949	$K=-0.02\ln t+0.121$	0.99
	22.0	62.9	$K=0.198t^{-0.25}$	0.902	$K=-0.03\ln t+0.194$	0.94
	25.0	17.2	$K=0.083t^{-0.35}$	0.954	$K=-0.01\ln t+0.092$	0.91
	29.0	18.2	$K=0.152t^{-0.35}$	0.785	$K=-0.02\ln t+0.153$	0.91
1.10	16.0	20.0	$K=0.067t^{-0.25}$	0.982	$K=-0.01\ln t+0.075$	0.89
	22.0	62.9	$K=0.141t^{-0.15}$	0.684	$K=-0.01\ln t+0.137$	0.67
	25.0	10.1	$K=0.157t^{-0.54}$	0.872	$K=-0.03\ln t+0.158$	0.99
	29.0	13.9	$K=0.134t^{-0.39}$	0.765	$K=-0.02\ln t+0.135$	0.96
1.15	16.0	8.04	$K=0.025t^{-0.25}$	0.842	$K=-0.004\ln t+0.026$	0.90
	22.0	57.9	$K=0.103t^{-0.09}$	0.445	$K=-0.007\ln t+0.103$	0.47
	25.0	42.2	$K=0.087t^{-0.13}$	0.374	$K=-0.001\ln t+0.087$	0.41
	29.0	13.6	$K=0.075t^{-0.38}$	0.936	$K=-0.02\ln t+0.089$	0.92
1.20	16.0	14.6	$K=0.107t^{-0.34}$	0.949	$K=-0.02\ln t+0.121$	0.99
	22.0	24.1	$K=0.071t^{-0.17}$	0.522	$K=-0.009\ln t+0.072$	0.57
	25.0	21.1	$K=0.045t^{-0.13}$	0.335	$K=-0.005\ln t+0.047$	0.35
	29.0	24.5	$K=0.058t^{-0.04}$	0.057	$K=-0.002\ln t+0.061$	0.07
1.25	16.0	8.7	$K=0.038t^{-0.35}$	0.958	$K=-0.009\ln t+0.044$	0.95
	19.0	7.71	$K=0.02t^{-0.15}$	0.799	$K=-0.003\ln t+0.021$	0.83

续表

ρ_d /(g·cm^{-3})	ω_0/%	72h 导水率 /(10^{-3}cm·min^{-1})	幂曲线拟合	相关系数 R^2	对数拟合	相关系数 R^2
	22.0	2.5	K=0.037$t^{-0.33}$	0.823	K=−0.009ln$t$+0.043	0.83
	25.0	10.1	K=0.043$t^{-0.27}$	0.879	K=−0.008ln$t$+0.045	0.93
	28.0	7.4	K=0.034$t^{-0.29}$	0.857	K=−0.007ln$t$+0.037	0.94
1.30	16.0	3.0	K=0.012$t^{-0.35}$	0.951	K=−0.004ln$t$+0.015	0.87
	19.0	4.0	K=0.008$t^{-0.18}$	0.963	K=−0.001ln$t$+0.009	0.96
	22.0	3.9	K=0.013$t^{-0.24}$	0.867	K=−0.002ln$t$+0.014	0.91
	25.0	6.4	K=0.006$t^{-0.09}$	0.218	K=−0.001ln$t$+0.007	0.26
	28.0	3.4	K=0.009$t^{-0.15}$	0.696	K=−0.001ln$t$+0.010	0.78
1.35	16.0	3.1	K=0.011$t^{-0.29}$	0.858	K=−0.002ln$t$+0.012	0.90
	19.0	2.9	K=0.007$t^{-0.18}$	0.829	K=−0.001ln$t$+0.008	0.91
	22.0	2.4	K=0.008$t^{-0.19}$	0.804	K=−0.001ln$t$+0.008	0.87
	25.0	2.8	K=0.009$t^{-0.23}$	0.884	K=−0.002ln$t$+0.020	0.98
	28.0	2.0	K=0.005$t^{-0.18}$	0.863	K=−0.001ln$t$+0.006	0.93

表 2-5 表明：不同初始含水率、不同初始干密度下，红土的导水率随入渗时间的变化关系可以用幂函数方程或对数函数方程进行拟合，除少数几个点外，绝大多数拟合值与实测值之间的相关系数都在 0.8 以上，说明这两种方程对导水率与时间关系的拟合效果较好。

2.2.4.2 拟合结果比较

对数函数方程表示为

$$K = a_1 \ln(t) + b_1 \tag{2-1}$$

幂函数方程表示为

$$K = a_2 t^{b_2} \tag{2-2}$$

式中，a_1、b_1、a_2、b_2——拟合系数。

对比表 2-5 和式(2-1)可以看出，$a_1<0$，$b_1>0$。当时间 t 较小时，$a_1\ln(t)<b_1$，此时，随着 t 的延长，导水率 K 逐渐减小，符合试验结果；但是如果入渗时间无限延长，$|a_1 \ln(t)| > b_1$，使用式(2-1)得到的导水率值小于 0，这显然不符合实际结果，而实际入渗较长时间时，导水率趋于一个稳定的值。使用幂函数曲线拟合红土的导水率值仅适用于入渗时间较短的情况。

对比表 2-5 和式(2-2)可以看出，$a_2>0$，$b_2<0$。当入渗时间无限长时，$\lim_{t\to\infty} t^{b_2} = 0$，使用式(2-2)计算入渗时间无限长时，得到的导水率值等于 0，这也不符合实际情况。

2.2.4.3 回归关系

基于以上幂函数方程和对数函数方程的导水率随入渗时间的变化，红土的导水率与入渗时间之间的关系可用以下式子表示:

$$K = \lambda t^{-f} + K_\infty \tag{2-3}$$

式中，λ、f——拟合系数，λ、$f>0$；

K_∞——当 $t\to\infty$ 时的导水率。

对比式(2-1)和式(2-2)，式(2-3)的优势在于不仅能较准确地拟合入渗时间较短的情况下红土的导水率与时间的关系，且当入渗时间较长时，导水率的计算值是一个定值，符合实际情况。一般来说 K_∞ 取值为 $t=\infty$ 时的导水率值，本书中 K_∞ 取值为 t=72h 时的导水率值。

表 2-6 给出了利用 SPSS 统计分析软件根据式(2-3)对红土的导水率和入渗时间关系进行分析的回归结果。

表 2-6　红土的导水率和入渗时间的回归关系

ρ_d/(g·cm^{-3})	ω_0/%	K_0 /(10^{-3}cm·min^{-1})	K_∞ /(10^{-3}cm·min^{-1})	式(2-3)	R^2
1.30	16.0	30.2	3.0	$K=(8.931t^{-0.475}+3.04)\times10^{-3}$	0.96
	19.0	12.1	4.0	$K=(4.328t^{-0.329}+4.02)\times10^{-3}$	0.88
	22.0	21.5	3.9	$K=(8.759t^{-0.327}+3.85)\times10^{-3}$	0.91
	25.0	9.7	2.4	$K=(4.234t^{-0.213}+2.40)\times10^{-3}$	0.37
	28.0	12.2	3.4	$K=(5.751t^{-0.199}+3.36)\times10^{-3}$	0.68

注：K_0 为初始导水率。

从表 2-6 可以看出，使用式(2-3)拟合的红土的导水率与入渗时间关系，除个别点外，其相关系数 R^2 都在 0.68～0.96 之间，说明具有一定的合理性和较高的精度。

2.2.5　饱和导水率与初始干密度的拟合

土体饱和导水率是土体达到饱和含水率时其入渗性能的大小，它是土体质地、容重、孔隙分布特征的函数，其中孔隙分布特征对土体饱和导水率的影响最大。在变水头渗透试验的过程中，随着入渗时间的延长，红土的含水率不断增大，土体饱和度升高，不断接近饱和含水率，因此，式(2-3)中的 $t\to\infty$ 时的导水率 K_∞ 实际上就是饱和导水率 K_s，采用相同初始干密度、不同初始含水率下 K_∞ 的加权平均值表示：

$$K_s = \frac{\int_{\beta=1}^{n} \omega_{0\beta} K_{\infty\beta} \mathrm{d}\beta}{\int_{\beta=1}^{n} \omega_{0\beta} \mathrm{d}\beta} \tag{2-4}$$

式中，K_s——饱和导水率，cm·min^{-1}；

n——不同含水率下的试验次数，次；

$\omega_{0\beta}$——第 β 次试验的初始含水率，%；

$K_{\infty\beta}$——第 β 次试验 $t\to\infty$ 时的导水率，cm·min^{-1}。

图 2-13 给出了云南红土的饱和导水率 K_s 与初始干密度 ρ_d 的关系。图 2-13 表明：云南红土的饱和导水率随着初始干密度的增加而降低。这是由于不同干密度的土体孔隙率

大小不同，初始干密度越小，土体的孔隙率越大，水分越容易通过土体，变水头渗透仪水头下降越快，计算得到的导水率越大。通过分析后发现，无论是用直线或者幂曲线对数据进行拟合，都可以得到较为满意的结果，但是假设使用直线拟合则必定在横坐标有交点，即饱和导水率为 0 的点，这显然不合理，所以使用幂函数对数据进行拟合，既可以得到满意的拟合结果，也比较符合实际。其拟合方程为

$$K_s = 78.446\rho_d^{-10.4} \times 10^{-3} \tag{2-5}$$

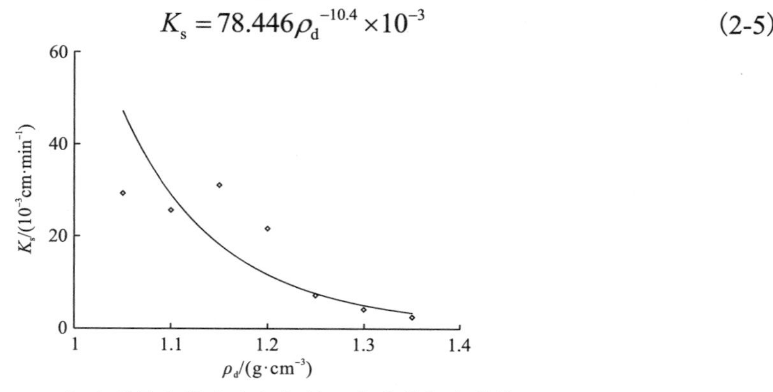

图 2-13 红土的饱和导水率与初始干密度的拟合曲线

2.3 积水增湿条件下红土的入渗特性

2.3.1 入渗时间的影响

积水入渗条件下土柱的入渗特性主要包括：累积入渗量、表面入渗速率、湿润锋推进距离、入渗结束时土柱的含水率。

2.3.1.1 入渗时间对累积入渗量的影响

1. 相同初始含水率

图 2-14 给出了相同初始含水率 ω_0、不同初始干密度ρ_d下，红土的累积入渗量 I 随入渗时间 t 的变化关系曲线。

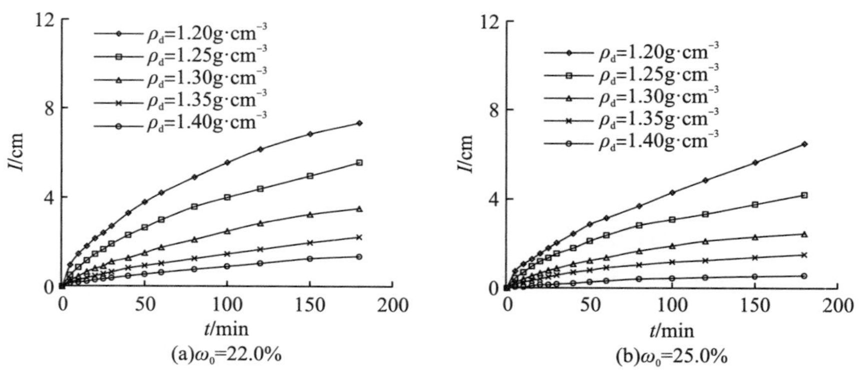

图 2-14 不同初始干密度下红土的累积入渗量与入渗时间的关系

图 2-14 表明：相同初始含水率、不同初始干密度下，随入渗时间的延长，红土的累积入渗量呈逐渐增大的变化趋势。表 2-7 给出了相应的变化。

表 2-7　不同初始干密度下红土的累积入渗量随入渗时间的变化

初始含水率 ω_0/%	入渗时间 t/min	累积入渗量及变化	干密度 ρ_d/(g·cm^{-3})				
			1.20	1.25	1.30	1.35	1.40
22.0	0→180	I/cm	7.35	5.57	3.52	2.24	1.36
	5→50	I_t/(%·min^{-1})	6.62	9.51	10.1	8.65	5.93
	50→180		0.73	0.85	1.04	1.08	1.13
25.0	0→180	I/cm	6.5	4.21	2.27	1.53	0.58
	5→50	I_t/(%·min^{-1})	6.28	8.48	11.6	7.65	10.22
	50→180		0.97	0.76	0.76	0.70	0.82

注：I_t 代表每 1min 入渗时间下累积入渗量的变化。I_t 为正值，表示增加的百分比。后文中涉及相关量的变化值均表示增加(减少)的百分比。

可见，随入渗时间的延长，红土的累积入渗量增大，但每 1min 累积入渗量的增长程度越小。入渗时间较短时(<50min)，累积入渗量增长较快；入渗时间较长时(>50min)，累积入渗量接近均匀增长。

2. 相同初始干密度

图 2-15 给出了相同初始干密度 ρ_d、不同初始含水率 ω_0 下，红土的累积入渗量 I 与入渗时间 t 的变化关系曲线。

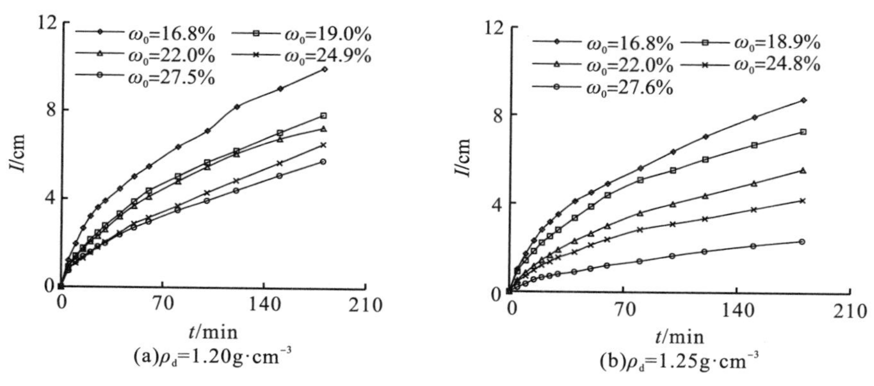

图 2-15　不同初始含水率下红土的累积入渗量与入渗时间的关系

图 2-15 表明：相同初始干密度、不同初始含水率下，随入渗时间的延长，红土的累积入渗量呈逐渐增大的变化趋势。表 2-8 给出了相应的变化。可见，入渗时间越长，红土累积入渗量越大，但每 1min 累积入渗量的增长程度越小。入渗时间较短时，累积入渗量增长较快；入渗时间较长时，累积入渗量接近均匀增长。

表 2-8 不同初始含水率下红土的累积入渗量随入渗时间的变化

初始干密度 $\rho_d/(g\cdot cm^{-3})$	入渗时间 t/min	累计入渗量及变化	初始含水率 ω_0/%				
			16.8	19.0	22.0	24.9	27.5
1.20	0→180	I/cm	9.95	7.84	7.25	6.5	5.74
	5→50	$I_t/(\%\cdot min^{-1})$	7.04	7.33	7.40	6.28	5.97
	50→180		0.76	0.79	0.75	0.97	0.87
1.25	0→180	I/cm	8.75	7.31	5.57	4.21	2.35
	5→50	$I_t/(\%\cdot min^{-1})$	7.78	7.31	9.51	8.48	9.44
	50→180		0.73	0.69	0.85	0.76	0.95

2.3.1.2 入渗时间对表面入渗速率的影响

1. 相同初始含水率

图 2-16 给出了积水入渗过程中，相同初始含水率 ω_0、不同初始干密度ρ_d下，红土的表面入渗速率 i 与入渗时间 t 的变化关系曲线。

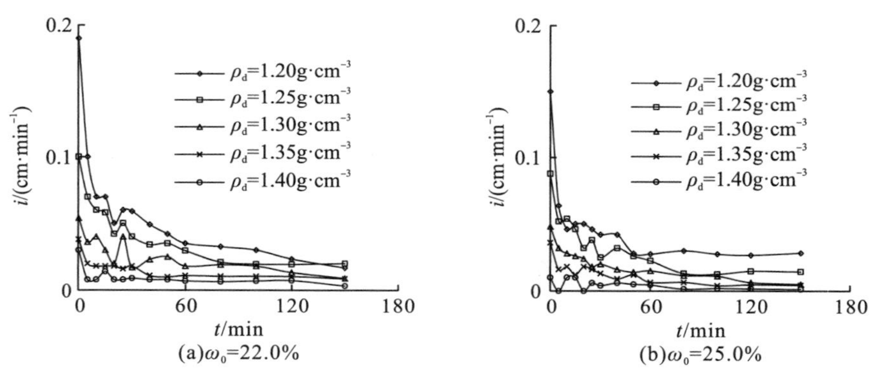

图 2-16 不同初始干密度下红土的表面入渗速率与入渗时间的关系

图 2-16 表明：相同初始含水率、不同初始干密度下，随入渗时间的延长，红土的表面入渗速率呈“急剧减小—缓慢减小—趋于稳定”的波动变化趋势。入渗 20min 以前，表面入渗速率明显下降；入渗 20min 以后，表面入渗速率下降缓慢。表 2-9 给出了相应的变化。可见，入渗时间为 0→150min 时，红土的表面入渗速率下降了 80%以上；入渗时间较短时，每 1min 表面入渗速率下降程度较大；入渗时间较长时，每 1min 表面入渗速率下降程度减缓。

表 2-9　不同初始干密度下红土的表面入渗速率随入渗时间的变化

初始含水率 ω_0/%	入渗时间 t/min	入渗速率变化	初始干密度ρ_d/(g·cm^{-3})				
			1.20	1.25	1.30	1.35	1.40
22.0	0→150	i_{tc}/%	−91.2	−80.0	−83.9	−77.1	−89.0
	0→20	i_t/(%·min^{-1})	−3.7	−2.9	−3.1	−2.6	−3.7
	20→150		−0.5	−0.4	−0.4	−0.4	−0.5
25.0	0→150	i_{tc}/%	−81.1	−83.8	−89.6	−88.1	−87.0
	0→20	i_t/(%·min^{-1})	−3.3	−3.2	−2.5	−2.5	−4.4
	20→150		−0.3	−0.4	−0.6	−0.6	0.0

注：i_{tc}代表表面入渗速率随入渗时间的变化程度；i_t代表每 1min 入渗时间下表面入渗速率的变化。

尽管不同初始干密度下，红土的表面入渗速率不同，但变化趋势一致。图 2-17 给出了相应的初始干密度的加权平均表面入渗速率i_{ρ_d}随入渗时间 t 的变化关系曲线。初始干密度的加权平均表面入渗速率(干密度加权平均入渗速率)是指相同初始含水率下，对不同初始干密度的红土的表面入渗速率按初始干密度进行加权平均，用以衡量积水入渗过程中初始干密度对红土表面入渗速率的影响。

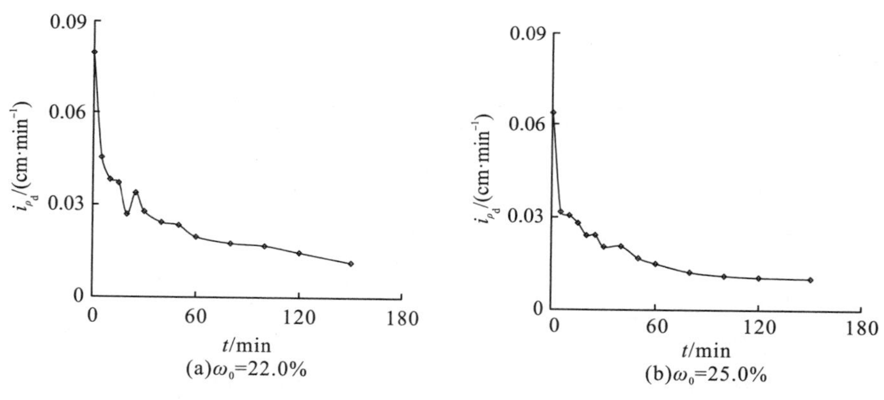

图 2-17　红土的初始干密度加权平均入渗速率与入渗时间的关系

图 2-17 表明：当初始含水率为 22.0%、25.0%，入渗时间为 0～150min 时，红土的初始干密度加权平均入渗速率总体上分别减小了 85.9%、84.2%；入渗时间为 0～20min 时，初始干密度加权平均入渗速率分别减小了 3.3%·min^{-1}、3.1%·min^{-1}；入渗时间为 20～150min 时，加权平均入渗速率减小了 0.45%·min^{-1}、0.44%·min^{-1}。总体上表明了红土的表面入渗速率随入渗时间的延长而快速下降的变化趋势。

2. 相同初始干密度

图 2-18 给出了相同初始干密度ρ_d、不同初始含水率 ω_0 下，红土的表面入渗速率 i 与入渗时间 t 的变化关系曲线。

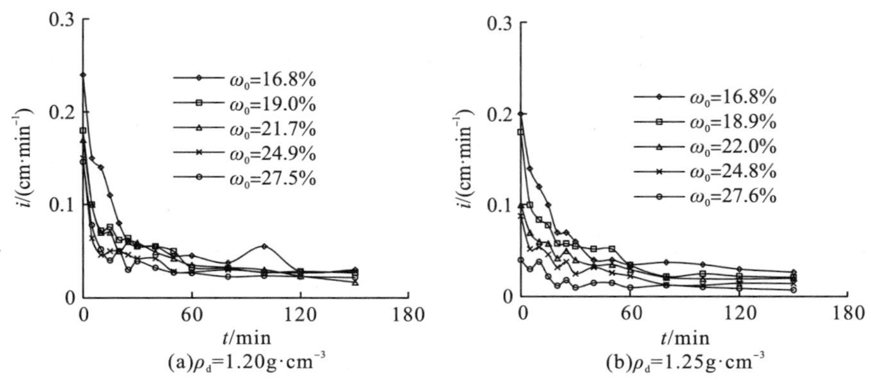

图 2-18 不同初始含水率下红土的表面入渗速率与入渗时间的关系

图 2-18 表明：相同初始干密度、不同初始含水率下，随入渗时间的延长，红土的表面入渗速率呈"急剧减小—缓慢减小—趋于稳定"的波动变化趋势。

表 2-10 给出了不同初始含水率下红土的表面入渗速率随入渗时间的变化。可见，入渗时间为 0→150min 时，红土的表面入渗速率下降了 80.0%以上；入渗 20min 以前，每入渗 1min 表面入渗速率明显下降；入渗 20min 以后，每入渗 1min 表面入渗速率下降缓慢。这说明同一初始含水率下，入渗时间越长，红土的表面入渗速率越小，土体表面水分入渗越困难。

表 2-10 不同初始含水率下红土的表面入渗速率随入渗时间的变化

初始干密度 ρ_d/(g·cm^{-3})	入渗时间 t/min	入渗速率变化	初始含水率 ω_0/%				
			16.8	19.0	22.0	24.9	27.5
1.20	0→150	i_{tc}/%	-87.5	-84.3	-90.2	-81.1	-85.1
	0→20	i_t/(%·min^{-1})	-3.3	-3.35	-3.5	-3.3	-3.3
	20→150		-0.5	-0.4	-0.5	-0.3	-0.4
1.25	0→150	i_{tc}/%	-86.7	-88.3	-80.0	-83.8	-81.8
	0→20	i_t/(%·min^{-1})	-3.3	-3.4	-2.9	-3.2	-3.5
	20→150		-0.5	-0.5	-0.4	-0.4	-0.3

尽管不同初始含水率下，红土的表面入渗速率不同，但变化趋势一致。图 2-19 给出了相应的初始含水率的加权平均表面入渗速率 i_ω 随入渗时间 t 的变化关系曲线。初始含水率的加权平均表面入渗速率是指相同初始干密度下，对不同初始含水率的红土的表面入渗速率按初始含水率进行加权平均，用以衡量积水入渗过程中初始含水率对红土表面入渗速率的影响。

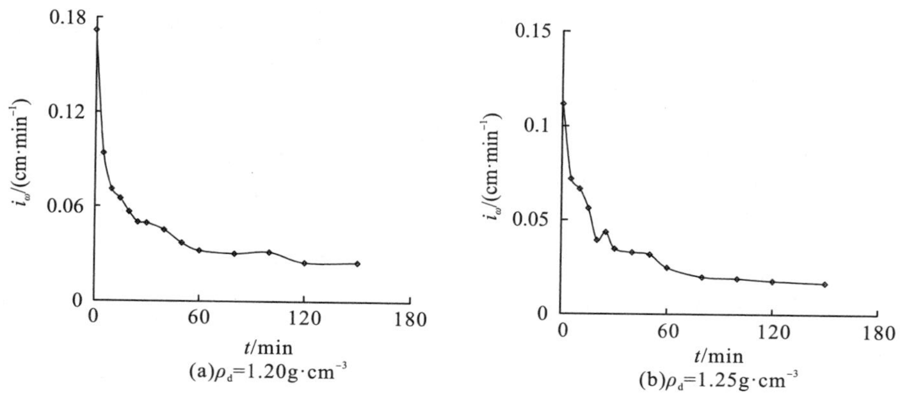

(a)ρ_d=1.20g·cm^{-3}　(b)ρ_d=1.25g·cm^{-3}

图 2-19　红土的初始含水率加权平均表面入渗速率与入渗时间的关系

可见，就初始含水率的加权平均表面入渗速率来看，当初始干密度为 1.20g·cm^{-3}、1.25g·cm^{-3}，入渗时间为 0～150min 时，红土的表面入渗速率总体上分别减小了 85.7%、85.0%；而入渗时间为 0～20min 时，表面入渗速率分别减小了 3.4%·min^{-1}、3.2%·min^{-1}；入渗时间为 20～150min 时，表面入渗速率分别减小了 0.43%·min^{-1}、0.44%·min^{-1}。这说明入渗时间越长，红土的表面入渗速率越小。

2.3.1.3　入渗时间对湿润锋推进距离的影响

图 2-20 给出了积水入渗过程中，不同初始含水率 ω_0、不同初始干密度ρ_d下，红土的湿润锋推进距离 L 随入渗时间 t 的变化关系曲线。

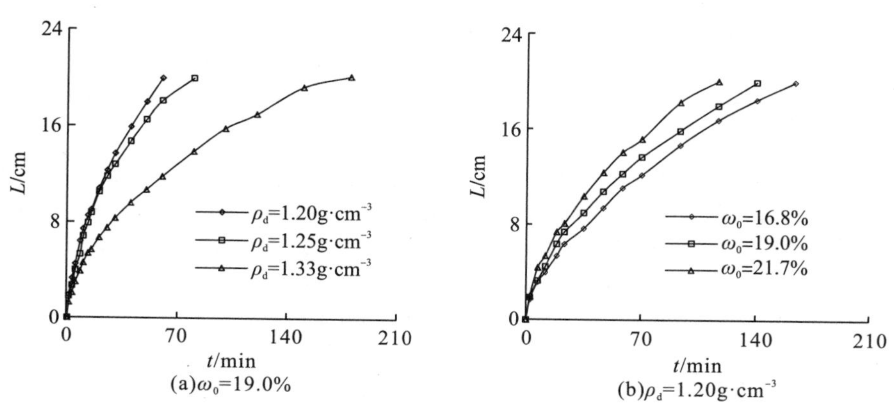

(a)ω_0=19.0%　(b)ρ_d=1.20g·cm^{-3}

图 2-20　红土的湿润锋推进距离与入渗时间的变化关系

图 2-20 表明：

(1)初始含水率为 19.0%，不同初始干密度下，红土的湿润锋推进距离随入渗时间延长呈增大的变化趋势。表 2-11 给出了相应的变化。可见，干密度为 1.20～1.33g·cm^{-3}，入渗时间为 0→60min 时，红土的湿润锋推进距离为 11.8～20.0cm；入渗 10min 以前，每 1min 的湿润锋推进距离明显增大；入渗 10min 以后，每 1min 的湿润锋推进距离显著减小。这说明同一含水率下，入渗时间越长，水分沿土体中的孔隙通道渗入越远，因而湿润峰推进距离越大，但增长程度减缓。

表 2-11 不同初始干密度下红土的湿润锋推进距离随入渗时间的变化

初始含水率 ω_0/%	入渗时间 t/min	湿润锋推进距离及变化	初始干密度ρ_d/(g·cm^{-3})		
			1.20	1.25	1.33
19.0%	0→60	L/cm	20.0	18.1	11.8
	1→10	L_t/(%·min^{-1})	34.6	30.9	28.2
	10→60		3.4	3.3	3.1
	60→180				0.6

注：L_t代表湿润锋推进距离随入渗时间的变化。

(2)初始干密度为 1.20g·cm^{-3}，不同初始含水率下，红土的湿润锋推进距离随入渗时间延长呈增大的变化趋势。表 2-12 给出了相应的变化。

表 2-12 不同初始含水率下红土的湿润锋推进距离随入渗时间的变化

初始干密度 ρ_d/(g·cm^{-3})	入渗时间 t/min	湿润锋推进距离及变化	初始含水率 ω_0/%		
			16.8	19.0	21.7
1.20	0→50	L/cm	16.8	18.0	20.1
	1→10	L_t/(%·min^{-1})	24.4	32.2	33.9
	10→50		4.1	3.6	3.7
	50→70		1.0		

可见，初始含水率为 16.8%～21.7%，入渗时间为 0→50min 时，红土的湿润锋推进距离为 16.8～20.1cm；入渗 10min 以前，每入渗 1min 的湿润锋推进距离显著大于入渗 10min 后的变化。这说明同一初始干密度下，入渗时间越长，红土的湿润锋推进距离越大，水分入渗土体深度越远，但湿润锋推进距离的增长程度减缓。

2.3.2 初始干密度的影响

2.3.2.1 初始干密度对累积入渗量的影响

图 2-21 给出了不同入渗时间 t、不同初始含水率 ω_0 下，红土的累积入渗量 I 随初始干密度ρ_d的变化关系曲线。

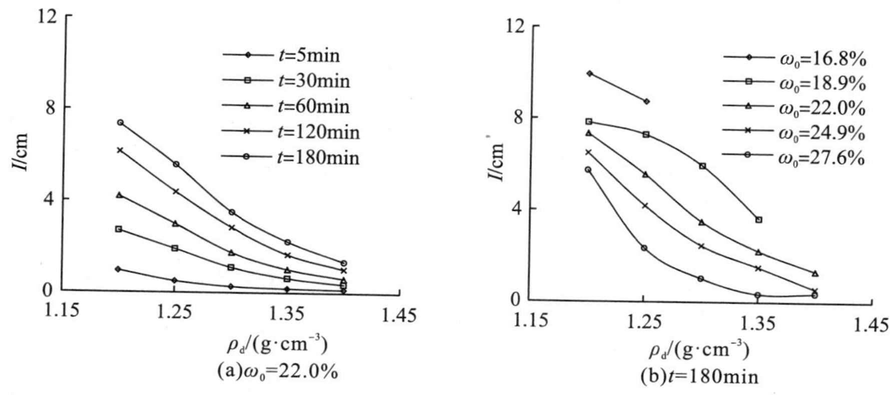

图 2-21　红土的累积入渗量与初始干密度的变化关系

图 2-21 表明：

(1) 初始含水率为 22.0%，不同入渗时间下，随初始干密度的增大，红土的累积入渗量呈减小变化的趋势。初始干密度较小时，累积入渗量减小较快；初始干密度较大时，累积入渗量减小缓慢。当初始干密度从 $1.20g\cdot cm^{-3}$ 增大到 $1.40g\cdot cm^{-3}$，入渗时间分别为 5min、30min、60min、120min、180min 时，红土的累积入渗量分别减小了 84.2%、85.9%、85.0%、83.1%、81.5%。说明积水入渗过程中，相同初始含水率下，初始干密度越大，红土中的孔隙通道越小，水分入渗困难，因而累积入渗量越小。

(2) 入渗时间为 180min，不同初始含水率下，随初始干密度的增大，红土的累积入渗量减小。当初始干密度从 $1.20g\cdot cm^{-3}$ 增大到 $1.40g\cdot cm^{-3}$，初始含水率分别为 22.0%、24.9%、27.6%时，红土的累积入渗量分别减小了 81.5%、91.1%、93.4%。这说明相同入渗时间下，初始干密度越大，红土体越紧密，渗入土体内部的水分越少，因而累积入渗量越小。

2.3.2.2　初始干密度对表面入渗速率的影响

图 2-22 给出了积水入渗过程中，不同入渗时间 t、不同初始含水率 ω_0 下，红土的表面入渗速率 i 随初始干密度ρ_d的变化关系曲线。

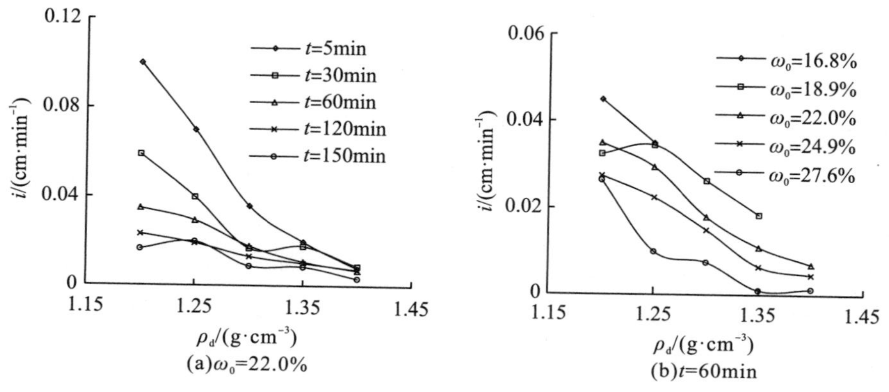

图 2-22　红土的表面入渗速率与初始干密度的变化关系

图 2-22 表明：

(1)初始含水率为 22.0%的积水增湿入渗过程中，不同入渗时间下，随初始干密度的增大，红土的表面入渗速率呈减小的变化趋势。初始干密度较小时，曲线较陡，表面入渗速率减小较快；初始干密度较大时，曲线变缓，表面入渗速率减小缓慢。当初始干密度由 $1.20\text{g}\cdot\text{cm}^{-3}$ 增大到 $1.40\text{g}\cdot\text{cm}^{-3}$，入渗时间分别为 5min、30min、60min、120min、150min 时，红土的表面入渗速率分别减小了 92.0%、84.7%、80.0%、68.6%、80.0%。这说明初始干密度越小、土体越松散、孔隙通道越大，水分越易于入渗，因而红土的表面入渗速率较大；而初始干密度越大、土体越密实、孔隙通道越小，水分越难入渗，因而红土的表面入渗速率减小。

(2) 入渗时间为 60min、不同初始含水率下，随初始干密度的增大，红土的表面入渗速率呈减小的变化趋势。当初始干密度从 $1.20\text{g}\cdot\text{cm}^{-3}$ 增大到 $1.40\text{g}\cdot\text{cm}^{-3}$，入渗时间为 60min，初始含水率分别为 22.0%、24.9%、27.6%时，红土表面入渗速率分别减小了 85.7%、83.6%、94.3%。这说明积水入渗过程中，相同入渗时间下，初始干密度越大，水分在红土中入渗越困难，红土的表面入渗速率越小。

2.3.2.3 初始干密度对湿润锋推进距离的影响

图 2-23 给出了积水入渗过程中，不同初始含水率 ω_0、不同入渗时间 t 下，红土的湿润锋推进距离 L 随初始干密度 ρ_d 的变化关系曲线。

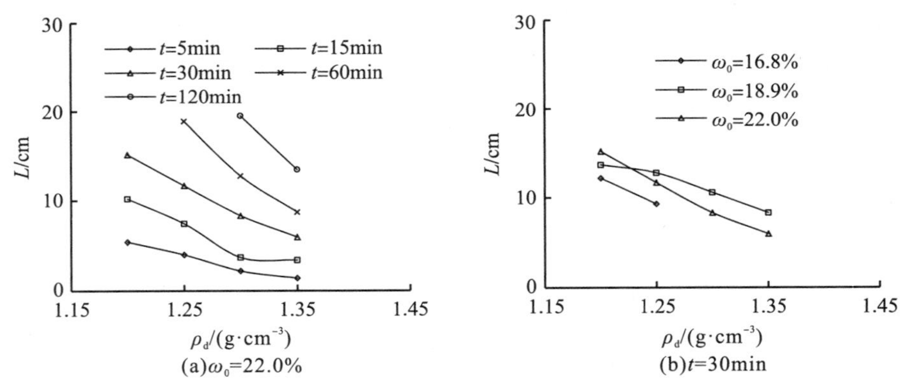

图 2-23 红土的湿润锋推进距离与初始干密度的关系

图 2-23 表明：

(1)初始含水率为 22.0%，不同入渗时间下，随初始干密度的增大，红土的湿润锋推进距离呈减小的变化趋势。当初始干密度从 $1.20\text{g}\cdot\text{cm}^{-3}$ 增大到 $1.35\text{g}\cdot\text{cm}^{-3}$，入渗时间分别为 5min、15min、30min 时，红土的湿润锋推进距离分别减小了 74.1%、66.7%、61.2%。这说明积水入渗过程中，相同初始含水率下，初始干密度越大，水分入渗红土体中越困难，入渗不远，因而湿润峰推进距离越小。

(2)入渗时间为 30min，不同初始含水率下，随初始干密度的增大，红土的湿润锋推进距离呈减小的变化趋势。当初始干密度从 $1.20\text{g}\cdot\text{cm}^{-3}$ 增大到 $1.35\text{g}\cdot\text{cm}^{-3}$，初始含水率为 18.9%、22.0%时，红土的湿润锋推进距离分别减小了 39.4%、61.2%。说明相同入渗时间下，初始干密度越大，水分入渗红土体的深度越浅，因而红土湿润锋推进距离越小。

2.3.2.4　初始干密度对土柱含水率的影响

图 2-24 给出了积水入渗过程结束(入渗时间 t=180min)时，不同初始含水率 ω_0、不同土柱深度 z 下，红土土柱的含水率 ω 随初始干密度ρ_d的变化关系曲线。

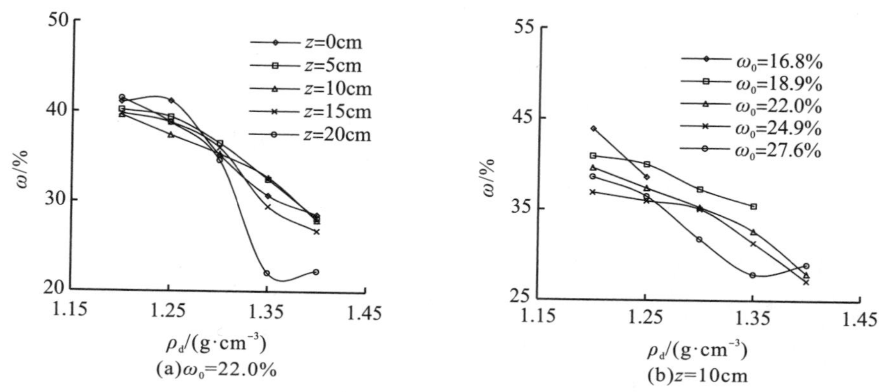

图 2-24　积水入渗结束时红土土柱的含水率随初始干密度的变化

图 2-24 表明：

(1) 初始含水率为 22.0%，不同土柱深度位置处，随初始干密度的增大，红土土柱的含水率呈减小的变化趋势。当初始干密度从 $1.20\text{g}\cdot\text{cm}^{-3}$ 增大到 $1.40\text{g}\cdot\text{cm}^{-3}$，土柱深度分别为 0cm、5cm、10cm、15cm、20cm 时，红土土柱的含水率分别减小了 30.4%、30.0%、29.3%、32.7%、46.3%。这说明积水入渗过程结束时，相同初始含水率下，初始干密度越大，水分在红土土柱中入渗越困难，因而土柱不同深度位置处的含水率越小。

(2) 土柱深度为 10cm 的位置处，不同初始含水率下，随初始干密度的增大，红土土柱的含水率呈减小的变化趋势。当初始干密度从 $1.20\text{g}\cdot\text{cm}^{-3}$ 增大到 $1.35\text{g}\cdot\text{cm}^{-3}$，初始含水率分别为 22.0%、24.9%、27.6%时，红土土柱的含水率分别减小了 29.3%、24.5%、24.9%。这说明积水入渗过程结束时，相同土柱深度位置处，初始干密度越大，水分入渗困难，因而试验结束时土柱相应位置处的含水率越低。

2.3.3　初始含水率的影响

2.3.3.1　初始含水率对累计入渗量的影响

图 2-25 给出了不同初始干密度ρ_d、不同入渗时间 t 下，红土的累积入渗量 I 随初始含水率 ω_0 的变化关系曲线。

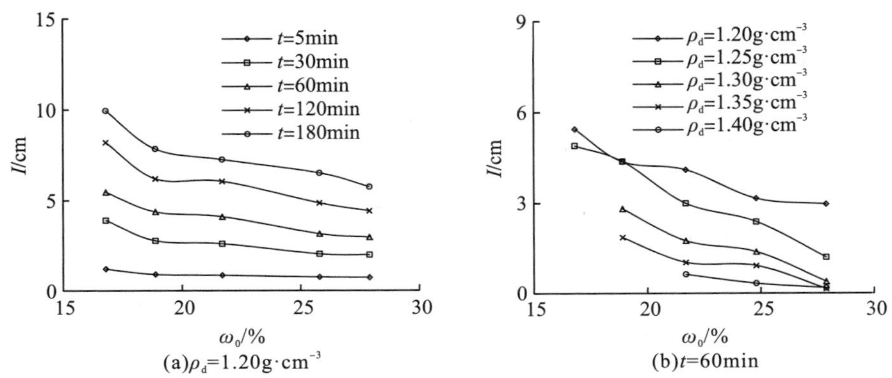

图 2-25 红土的累积入渗量随初始含水率的变化

图 2-25 表明：

(1) 初始干密度为 $1.20\mathrm{g\cdot cm^{-3}}$，不同入渗时间下，随初始含水率的增大，红土的累积入渗量呈减小的变化趋势。当初始含水率从 16.8%增大到 27.9%，入渗时间分别为 5min、30min、60min、120min、180min，累积入渗量分别减小了 39.2%、49.2%、45.7%、46.2%、42.3%。这说明积水入渗过程中，相同初始干密度下，初始含水率越大，入渗红土体中的水分越少，因而红土的累积入渗量越小。

(2) 入渗时间为 60min，不同初始干密度下，随初始含水率的增大，红土的累积入渗量呈减小的变化趋势。当初始含水率从 18.9%增大到 27.9%，初始干密度分别为 $1.20\mathrm{g\cdot cm^{-3}}$、$1.25\mathrm{g\cdot cm^{-3}}$、$1.30\mathrm{g\cdot cm^{-3}}$、$1.35\mathrm{g\cdot cm^{-3}}$ 时，红土的累积入渗量分别减小了 32.4%、72.6%、86.1%、91.9%。这说明积水入渗过程中，相同入渗时间下，初始含水率越大，水分入渗红土体中越少，因而累积入渗量越小。

2.3.3.2 初始含水率对表面入渗速率的影响

图 2-26 给出了不同初始干密度 ρ_d、不同入渗时间 t 下，红土的表面入渗速率 i 随初始含水率 ω_0 的变化关系曲线。

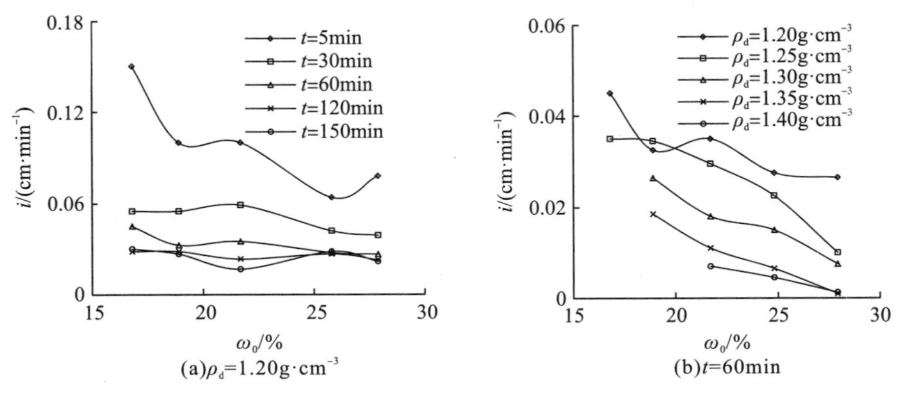

图 2-26 红土的表面入渗速率与初始含水率的关系

图 2-26 表明：

(1) 初始干密度为 1.20g·cm^{-3}、不同入渗时间下，随初始含水率的增大，红土的表面入渗速率呈降低的变化趋势。当初始含水率从 16.8%增大到 27.9%，入渗时间分别为 5min、30min、60min、120min、150min 时，表面入渗速率分别减小了 48.8%、29.1%、41.1%、19.9%、27.8%。这说明积水入渗过程中，相同初始干密度下，初始含水率越大，红土表面水分入渗越缓慢，因而表面入渗速率越小。

(2) 入渗时间 60min、不同初始干密度下，随初始含水率的增大，红土的表面入渗速率呈降低的变化趋势。当初始含水率从 18.9%增大到 27.9%，初始干密度分别为 1.20g·cm^{-3}、1.25g·cm^{-3}、1.30g·cm^{-3}、1.35g·cm^{-3} 时，红土的表面入渗速率分别减小了 18.5%、71.0%、71.6%、94.6%。这说明积水入渗过程中，相同入渗时间下，初始含水率越大，水分入渗红土体中越缓慢，因而表面入渗速率越小。

2.3.3.3　初始含水率对湿润锋推进距离的影响

图 2-27 给出了不同初始干密度ρ_d、不同入渗时间 t 下，红土的湿润锋推进距离 L 与初始含水率 ω_0 的关系曲线。

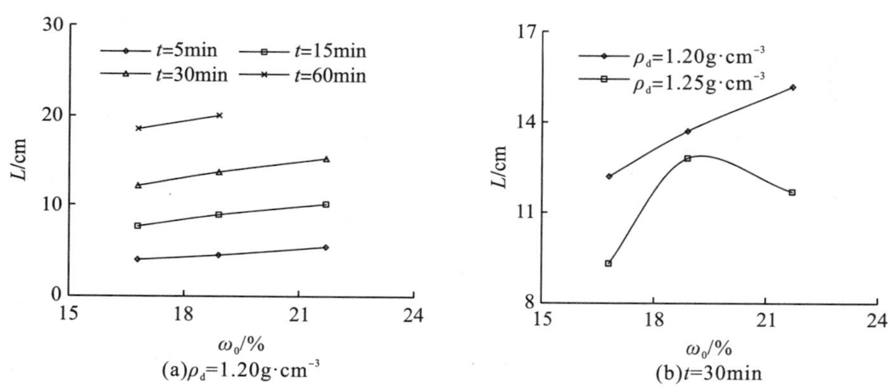

图 2-27　红土的湿润锋推进距离与初始含水率的关系

图 2-27 表明：

(1) 初始干密度为 1.20g·cm^{-3}，不同入渗时间下，随初始含水率的增大，红土的湿润锋推进距离呈增大的变化趋势。当初始含水率从 16.8%增大到 21.7%，入渗时间分别为 5min、15min、30min 时，湿润锋推进距离分别增大了 35.0%、32.5%、24.6%。这说明积水入渗过程中，相同初始干密度下，初始含水率越大，水分入渗红土体中越深，因而湿润锋推进距离越大。

(2) 入渗时间 30min，不同初始干密度下，随初始含水率的增大，红土的湿润锋推进距离呈增大的变化趋势。当初始含水率从 16.8%增大到 21.7%，初始干密度分别为 1.20g·cm^{-3}、1.25g·cm^{-3} 时，湿润锋推进距离分别增大了 24.6%、25.8%。这说明积水入渗过程中，相同入渗时间下，初始含水率越大，水分入渗红土体中越远，因而湿润锋推进距离越大。

2.3.3.4 初始含水率对入渗结束时土柱含水率的影响

图 2-28 给出了不同初始干密度ρ_d、不同土柱深度 z 下，积水入渗结束时红土土柱的含水率 ω 随初始含水率 ω_0 的变化关系曲线。

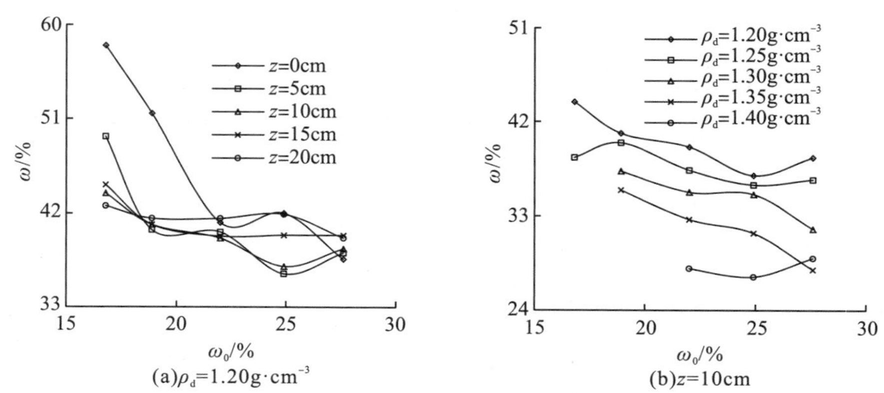

图 2-28 积水入渗结束时红土土柱的含水率与初始含水率的关系

图 2-28 表明：

(1) 初始干密度为 $1.20\text{g}\cdot\text{cm}^{-3}$，不同土柱深度处，随初始含水率的增大，入渗结束时红土土柱的含水率呈减小的变化趋势。当初始含水率从 16.8%增大到 27.6%，土柱深度分别为 0cm、5cm、10cm、15cm、20cm 时，对应的含水率分别减小了 35.2%、22.3%、12.1%、10.7%、7.3%。这说明相同初始干密度下，初始含水率越大，入渗结束时红土土柱的含水率越低。

(2) 土柱深度为 10cm，不同初始干密度下，随初始含水率的增大，入渗结束时红土土柱的含水率呈减小的变化趋势。当初始含水率从 18.9%增大到 27.6%时，初始干密度分别为 $1.20\text{g}\cdot\text{cm}^{-3}$、$1.25\text{g}\cdot\text{cm}^{-3}$、$1.30\text{g}\cdot\text{cm}^{-3}$、$1.35\text{g}\cdot\text{cm}^{-3}$ 时，对应的含水率分别减小了 5.6%、8.8%、14.7%、21.4%。说明相同土柱深度处，初始含水率越大，入渗结束时红土体的含水率越低。

2.3.4 土柱尺寸的影响

图 2-29 给出了积水入渗过程中，初始干密度ρ_d为 $1.20\text{g}\cdot\text{cm}^{-3}$、初始含水率 ω_0 为 25.0%时，不同土柱直径 D、不同土柱高度 H 下，红土土柱的累积入渗量 I 以及表面入渗速率 i 随入渗时间 t 的变化关系曲线。

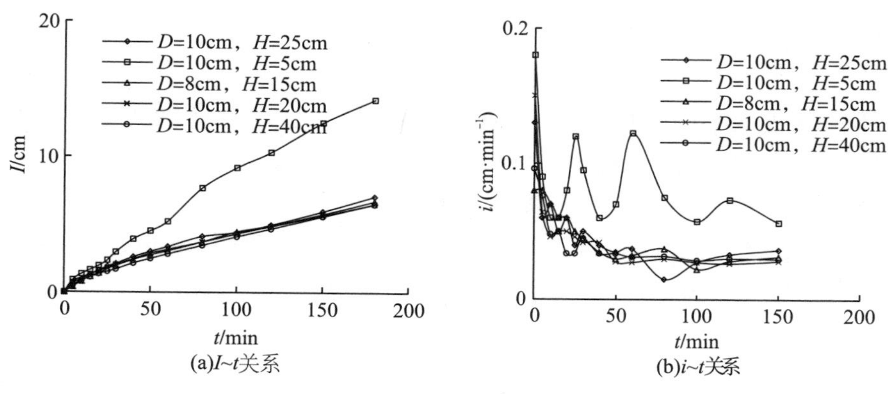

图 2-29　土柱尺寸对红土入渗特性的影响

图 2-29 表明：

(1) 不同土柱尺寸下，随入渗时间的延长，红土的累积入渗量增大，表面入渗速率波动减小。土柱直径为 10cm 而高度分别为 5cm、20cm、25cm、40cm 和土柱直径为 8cm 而高度为 15cm 时，红土的累积入渗量增大的趋势比较接近，而表面入渗速率减小的变化趋势也基本重合。入渗 180min 时，累计入渗量增大至均值 6.68cm，不同土柱尺寸下的累积入渗量与均值之差为 0.3%～5.5%；表面入渗速率波动减小至均值 3.2×10^{-2}cm·min^{-1}，不同土柱尺寸下的表面入渗速率与均值差为 0～15.6%。但土柱直径为 10cm 而高度为 5cm 时，累积入渗量和表面入渗速率随入渗时间的变化与其他土柱尺寸相比差别较大，入渗 180min 时，累积入渗量增大到 14.2cm，表面入渗速率波动减小到 5.7×10^{-2}cm·min^{-1}，相比其他土柱尺寸，累积入渗量明显增大了 112.6%，表面入渗速率增大了 78.1%。

(2) 积水入渗过程中，初始含水率和初始干密度一定时，土柱的高径比不同，水分入渗过程不同，相应的累积入渗量和表面入渗速率也不同。土柱尺寸高度越大，对累计入渗量和表面入渗速率的影响越小；土柱尺寸高度越小，对累积入渗量和表面入渗速率的影响越大。这是因为相同土柱直径下，高度越大，高径比越大，试样越呈瘦高状，水分入渗穿过土体的距离越远，水分只能缓慢入渗，所以，相同入渗时间下，累积入渗量越小。而土柱的高度越小，高径比越小，试样越呈扁平状，水分入渗穿过土体的距离越近，水分向下迁移的过程中很快就流到土柱底部，更有利于水分的快速入渗，所以，相同入渗时间下，累积入渗量大。

2.4　红土的 Green-Ampt 入渗模型

2.4.1　单层土体的 Green-Ampt 入渗模型

Green-Ampt 入渗模型于 1911 年由 Green 和 Ampt 提出[189]，后来不同学者对 Green-Ampt 入渗模型进行了改进[42,43,48,190-192]。

2.4.1.1 计算假定及计算简图

Green-Ampt 入渗模型是求解土体水分入渗问题的半理论、半经验公式，用以计算土体表面水分入渗过程中的累积入渗量 I 以及入渗速率 i。该模型假定入渗过程存在明显的湿润锋，湿润锋面保持一稳定的基质吸力，湿润锋以上称为湿润区，以下称为未湿润区，湿润区均达到饱和含水率 ω_s，未湿润区保持初始含水率 ω_0。Green-Ampt 入渗模型土体剖面含水率示意图如图 2-30 所示，其中横坐标代表土体的含水率，纵坐标代表土体的深度。

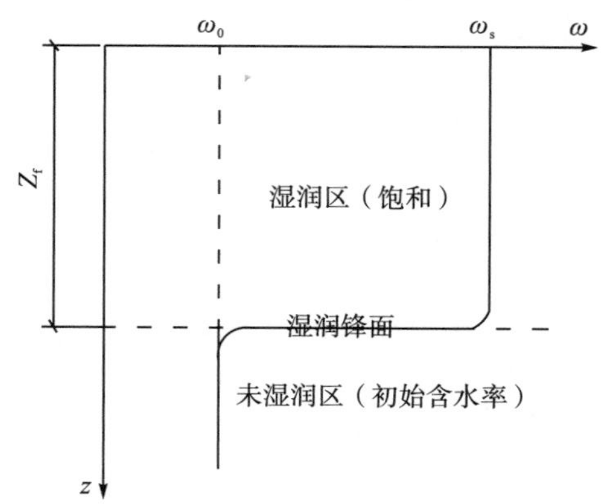

图 2-30　土体的 Green-Ampt 入渗模型计算简图

2.4.1.2 累积入渗量和入渗速率的计算

因为假设湿润锋以上土体饱和，根据水量平衡原理，可以得到累积入渗量 I（即湿润区的面积）为

$$I=\left(\omega_s-\omega_0\right)Z_f \tag{2-6}$$

根据假定，对土体表面和湿润锋面应用达西定律，可以得到表面入渗速率 i 为

$$i=K_s\left[1+\frac{h_f+h_0}{Z_f}\right] \tag{2-7}$$

式中，i——表面入渗速率，$cm\cdot min^{-1}$；

K_s——饱和导水率，$cm\cdot min^{-1}$；

h_f——湿润锋面基质吸力，cm；

h_0——土体表面积水深度，cm；

Z_f——湿润锋距离土表面深度，cm。

将式(2-6)代入式(2-7)中，可得表面入渗速率 i 与累积入渗量 I 之间的关系：

$$i=K_s\left[1+\frac{\left(h_f+h_0\right)\left(\omega_s-\omega_0\right)}{I}\right] \tag{2-8}$$

根据累积入渗量 I 和表面入渗速率 i 之间的导数关系进行积分，可以得到入渗时间 t 与累积入渗量 I 之间的关系：

$$t=\frac{\omega_s-\omega_0}{K_s}\left[\frac{I}{(\omega_s-\omega_0)}-(h_f+h_0)\ln\frac{\frac{I}{(\omega_s-\omega_0)}+h_f+h_0}{h_f+h_0}\right] \tag{2-9}$$

式(2-8)、式(2-9)就是用来计算入渗时间和累积入渗量、表面入渗速率关系的 Green-Ampt 模型，该模型根据达西定律推出，没有经验系数，物理意义明确。

2.4.1.3 Green-Ampt 入渗模型

在应用中，式(2-9)的累积入渗量隐函数给使用造成不便，可以将其显化。其中，饱和含水率按下式计算：

$$\omega_s=\frac{\rho_w}{\rho_d}-\frac{1}{G_s} \tag{2-10}$$

式中，ρ_w——水的密度，$g\cdot cm^{-3}$。

将式(2-10)代入式(2-9)，可以得到：

$$I=K_st+(h_f+h_0)(\frac{\rho_w}{\rho_d}-\frac{1}{G_s}-\omega_0)\ln\left[1+\frac{I}{(h_f+h_0)(\frac{\rho_w}{\rho_d}-\frac{1}{G_s}-\omega_0)}\right] \tag{2-11}$$

在时间较短的情况下，入渗量也必定很小，可以对式(2-11)中的自然对数函数做幂级数展开：

$$\ln\left[1+\frac{I}{(h_f+h_0)(\frac{\rho_w}{\rho_d}-\frac{1}{G_s}-\omega_0)}\right]=\frac{I}{(h_f+h_0)(\frac{\rho_w}{\rho_d}-\frac{1}{G_s}-\omega_0)}-\frac{1}{2}\left[\frac{I}{(h_f+h_0)(\frac{\rho_w}{\rho_d}-\frac{1}{G_s}-\omega_0)}\right]^2+\cdots \tag{2-12}$$

取式(2-12)前两项作近似，并带入式(2-11)中，可以得到：

$$I^2=2K_st(h_f+h_0)(\frac{\rho_w}{\rho_d}-\frac{1}{G_s}-\omega_0) \tag{2-13}$$

当积水较浅时，h_0 忽略不计，因而，式(2-13)可以化简为

$$I=\left[2K_sth_f(\frac{\rho_w}{\rho_d}-\frac{1}{G_s}-\omega_0)\right]^{0.5} \tag{2-14}$$

式(2-14)就是经过简化的 Green-Ampt 入渗模型，它包含土体的初始含水率 ω_0、初始干密度 ρ_d、相对密度 G_s、饱和导水率 K_s、土体湿润锋面基质吸力 h_f、水密度 ρ_w 等 6 个模型参数。实际应用时，只要确定了这 6 个模型参数，就可以确定土体的累积入渗量 I 与入渗时间 t 之间的变化关系。

2.4.2 单层红土的 Green-Ampt 入渗模型参数

土体的 Green-Ampt 入渗模型式(2-14)的 6 个参数中，初始干密度、初始含水率、相

对密度、水密度等 4 个参数可以通过常规土工试验确定；饱和导水率通过变水头渗透试验确定或根据式(2-5)确定；而湿润峰的基质吸力不易直接测量，且受干密度和含水率的影响，可以根据式(2-14)来确定。先确定红土的饱和导水率 K_s、相对密度 G_s、水密度 ρ_w、初始干密度 ρ_d、初始含水率 ω_0，再假定湿润峰的吸力值，代入 Green-Ampt 入渗模型(式2-14)中计算出累积入渗量与入渗时间的关系，再与实测的累积入渗量与入渗时间关系进行比较，就可以求出 Green-Ampt 入渗模型中的参数湿润锋面基质吸力 h_f。使用 SPSS 软件进行回归分析，拟合得到不同初始干密度、不同初始含水率下红土湿润锋面基质吸力 h_f 的最佳估算值，见表 2-12。

表 2-12　红土的湿润锋面基质吸力 h_f 值　　(单位：cm)

初始干密度 ρ_d/(g·cm^{-3})	初始含水率 ω_0/%				
	16.0	19.0	22.0	25.0	28.0
1.20	73.38	48.27	49.12	37.32	36.87
1.25	98.19	79.56	47.17	33.13	11.46
1.30	—	52.48	31.56	21.68	3.26
1.35	—	—	20.52	15.33	0.80
1.40	—	—	13.78	28.69	2.29

2.4.3　单层红土的入渗经验公式

Green-Ampt 入渗模型中包含土体的初始含水率、初始干密度、相对密度、饱和导水率、湿润锋面基质吸力、水密度等 6 个参数，确定红土的入渗模型参数之后，将各个参数代入 Green-Ampt 入渗模型中，就可以得到不同条件下红土的 Green-Ampt 入渗模型。但由于湿润峰基质吸力受干密度和含水率的影响，因而，先拟合湿润峰面基质吸力与初始干密度和初始含水率之间的关系，再代入 Green-Ampt 入渗模型中，就可以得到红土的入渗经验公式。

1. 湿润锋吸力与初始干密度-初始含水率的相关性

图 2-31 给出了不同初始含水率 ω_0、不同初始干密度 ρ_d 下，红土的湿润锋面基质吸力 h_f 值的变化。

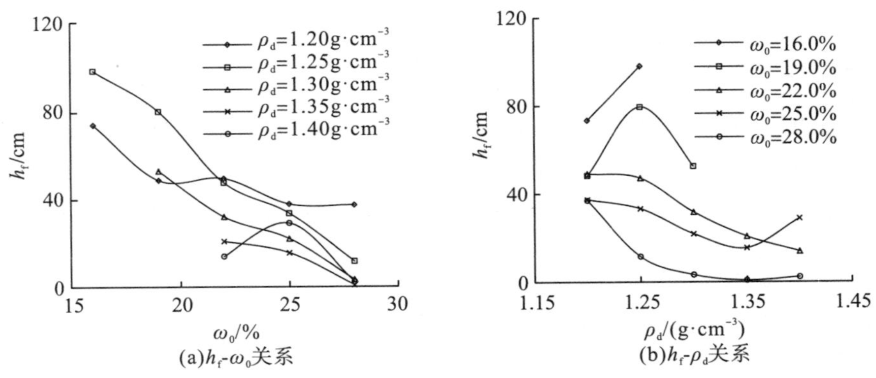

图 2-31　红土的湿润锋吸力值与初始干密度-初始含水率的关系

图 2-31 表明：相同初始干密度下，随初始含水率的增大，红土的湿润锋面基质吸力呈减小的变化趋势。如干密度为 1.20g·cm^{-3}，初始含水率从 16.0%增大到 28.0%时，湿润锋面基质吸力从 73.4cm 减小到 36.9cm，减小了 49.8%。因为初始含水率越大，湿润锋处的含水率越高，因而湿润锋面基质吸力越小。而随初始干密度的增大，初始含水率较低时，湿润锋面基质吸力呈增大的趋势；初始含水率较高时，湿润锋面基质吸力呈减小的趋势。如初始含水率分别为 16.0%和 19.0%，干密度从 1.20g·cm^{-3} 增大到 1.25g·cm^{-3} 时，湿润锋面基质吸力分别增大了 33.8%、64.8%；初始含水率分别为 22.0%、25.0%、28.0%，干密度从 1.20g·cm^{-3} 增大到 1.40g·cm^{-3} 时，湿润锋面基质吸力分别减小了 71.9%、23.1%、93.7%。

2. 湿润锋面基质吸力与初始干密度-初始含水率的回归分析

在进行湿润锋面基质吸力 h_f 值同干密度 ρ_d、初始含水率 ω_0 回归分析之前，对不同自变量与因变量的关系进行关联趋势的考察，湿润锋吸力值同初始干密度、初始含水率都存在较强的趋势关系，所以考虑将初始干密度和初始含水率作为拟合变量进行回归分析。由于 SPSS 软件多重回归功能仅可以进行线性回归，仅把初始干密度 ρ_d、初始含水率 ω_0 作为自变量，湿润锋面基质吸力 h_f 值作为因变量拟合出的函数计算值与表 2-12 中的湿润锋面基质吸力 h_f 值差异显著，所以考虑将干密度、含水率两个变量做一些初等变换后，再将这些变换后的变量也作为自变量与因变量 h_f 进行拟合。本书使用软件中内置的向后回归算法，得到拟合函数为

$$h_f = -288.28\rho_d + 15.25\frac{\rho_d^2}{\omega_0} + 294.29 \tag{2-15}$$

式(2-15)综合反映了红土的湿润峰面基质吸力与初始干密度和初始含水率之间的变化关系，其相关系数达到 0.85，说明拟合度较高。

3. 云南红土的入渗经验公式

将拟合函数式(2-15)、饱和导水率式(2-5)代入简化 Green-Ampt 入渗模型式(2-14)中，就可以得到云南红土的入渗经验公式：

$$I = \left| 10^{-3} \times \left(156.89\rho_d^{-10.4}\right)\left(-288.28\rho_d + 15.25\frac{\rho_d^2}{\omega_0} + 294.29\right)\left(\frac{\rho_w}{\rho_d} - \frac{1}{G_s} - \omega_0\right)t \right|^{0.5} \tag{2-16}$$

式(2-16)综合反映了不同影响因素下红土的累积入渗量 I 与入渗时间 t 之间的变化关系。因此，只要确定了红土的初始干密度ρ_d、初始含水率 ω_0、水密度ρ_w、土粒相对密度 G_s 等 4 个参数，就可以确定红土的累积入渗量随入渗时间的变化。

2.4.4 单层红土入渗经验公式的验证

图 2-32 给出了初始干密度为 1.20g·cm^{-3}、初始含水率为 25.0%的条件下，式(2-16)计算的累积入渗量值 I_j 与实测值 I 的关系曲线。图 2-32 表明：使用式(2-16)计算的累积入渗量基本在实测累积入渗量附近，说明经验公式具有一定的意义，在累积入渗量较小时，计算值较实测值偏大；而累积入渗量较大时，计算值偏小。

为了定量说明式(2-16)的计算精度，使用 SPSS 软件，采用下式拟合计算累积入渗量值与实测值：

$$I_{\mathrm{j}} = \alpha I \tag{2-17}$$

式中：I——累积入渗量实测值，cm；

α——拟合系数；

I_{j}——使用式(2-16)计算的累积入渗量，cm。

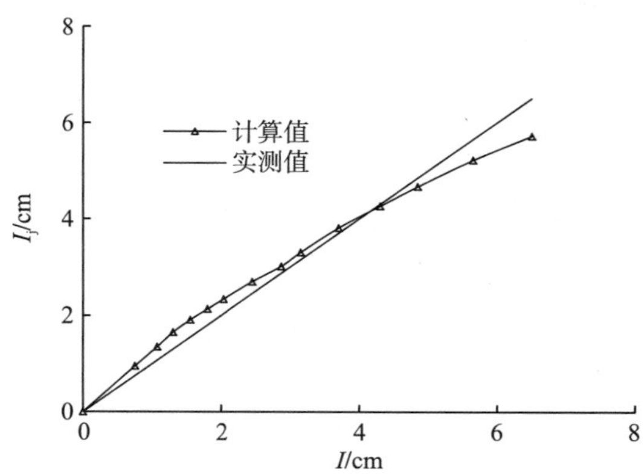

图 2-32 红土累积入渗量的计算值与实测值比较

拟合系数$\alpha \geqslant 0$。$\alpha=0$，表示I_{j}与I无关，I_{j}基本不能代表I；$0<\alpha<1$，表示I_{j}整体来说小于I，且越接近 1，I_{j}的拟合程度越好；$\alpha=1$，表示I_{j}与I重合，拟合效果达到最佳；$\alpha>1$，表示I_{j}整体来说大于I，且与 1 相差越多，即I_{j}的拟合程度越差。

表 2-13 给出了不同初始干密度、不同初始含水率下式(2-17)的拟合系数α值。

表 2-13 式(2-17)拟合系数α值

初始干密度 ρ_d/(g·cm^{-3})	初始含水率 ω_0/%				
	16.0	19.0	22.0	25.0	28.0
1.20	1.114	1.185	1.040	1.162	0.913
1.25	0.955	0.897	0.978	0.974	1.331
1.30	—	1.084	1.112	1.063	1.887
1.35	—	1.047	1.284	1.082	2.410
1.40	—	—	1.446	1.685	1.119

从表 2-13 可以得出，拟合系数α基本都接近 1，说明式(2-16)在计算红土累积入渗量与入渗时间关系方面具有一定的价值。但表中总共有 21 种不同情况下的α值，其中$\alpha>1$有 16 种情况，$\alpha<1$有 5 种情况，说明经验式(2-16)在计算红土的累积入渗量方面整体有偏大的趋势。21 种情况下，拟合效果最差的是干密度为 1.30g·cm^{-3}和 1.35g·cm^{-3}、含水率为 28.0%的情况，其α值分别为 1.887 和 2.410；拟合效果最好的是干密度 1.25g·cm^{-3}、含水率为 22.0%和 25.0%的情况，其α值分别为 0.978 和 0.974。

从整体来看，式(2-16)在计算红土的累积入渗量方面具有一定的精度，但计算偏差(α值与 1 的偏差程度)最大的情况都发生在含水率 28.0%和干密度 $1.35\text{g}\cdot\text{cm}^{-3}$，说明在较大含水率和较大干密度下，式(2-16)计算红土累积入渗量的精度比干密度较低、含水率较小时低。

2.4.5　分层土的 Green-Ampt 入渗模型

单层 Green-Ampt 入渗模型是基于相同质地、相同含水状态的条件下提出的。在实际工程中，随着距离地面深度的增加，土体的质地、含水不同，入渗情况不同，应分层建立入渗模型[193-198]。

2.4.5.1　计算简图与假定

如图 2-33 所示，以两层土体为例，土层 I 的厚度为 h_1，土层 II 的厚度为 h_2，积水深度为 h_0，水分的入渗深度即湿润锋深度为 Z_f。两层土土体性质不同，其饱和导水率、湿润锋面基质吸力、饱和含水率必然不同。土层 I 与土层 II 的饱和导水率、湿润锋面基质吸力、饱和含水率分别为 K_{s1}、h_{f1}、ω_{s1} 和 K_{s2}、h_{f2}、ω_{s2}，分层土 Green-Ampt 模型的计算简图如图 2-33(a)所示，剖面含水率如图 2-33(b)所示。

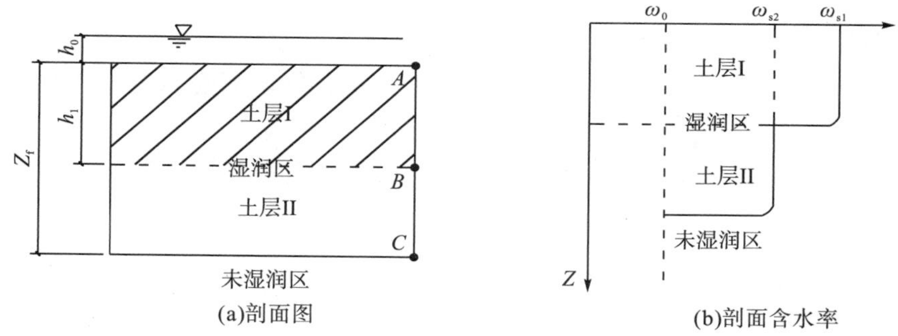

图 2-33　分层土的 Green-Ampt 入渗模型计算简图

图 2-33 中，当 $Z_f < h_1$ 时，表明水分的入渗过程发生在土层 I 中，这时，相当于单层土的入渗，其累积入渗量仍然符合单层 Green-Ampt 入渗模型，即式(2-14)；当 $Z_f > h_1$ 时，表明水分的入渗过程经过了土层 I 并进入土层 II 中，这实际上就属于分层入渗，应根据分层土的 Green-Ampt 入渗模型计算。

2.4.5.2　入渗速率及累积入渗量的表示

对于单层土，当入渗时间无限长时，湿润锋距离土表面深度无限大，此时土体的入渗速率为土体的饱和导水率 K_s。可以想象，对于图 2-33 所示的分层土，当入渗时间较长时，土层的最终入渗速率 K_z 必然取决于两个土层中饱和导水率较小的土层，可表示为

$$K_z = \min\left\{K_{s1}, K_{s2}\right\} \tag{2-18}$$

所以，根据势能原理及达西定律，当 $Z_f>h_1$ 时，水分的入渗速率应按下式计算：

$$i=K_z\left[1+\frac{h_{f2}+h_0}{Z_f}\right] \tag{2-19}$$

根据水量平衡原理，结合图 2-33(b)土体剖面的含水率，可以得到，当 $Z_f>h_1$ 时，土体的累积入渗量(即湿润区面积)为

$$I=(\omega_{s1}-\omega_0)h_1+(\omega_{s2}-\omega_0)(Z_f-h_1) \tag{2-20}$$

根据式(2-18)、式(2-19)，可得到整个入渗过程中土体的表面入渗速率为

$$i(Z_f)=\begin{cases}K_{s1}\left[1+\dfrac{h_{f1}+h_0}{Z_f}\right], & Z_f\leqslant h_1\\ K_z\left[1+\dfrac{h_{f2}+h_0}{Z_f}\right], & Z_f>h_1\end{cases} \tag{2-21}$$

相应地，可以得到整个入渗过程中土体的累积入渗量为

$$I(Z_f)=\begin{cases}(\omega_{s1}-\omega_0)Z_f, & Z_f\leqslant h_1\\ (\omega_{s1}-\omega_0)h_1+(\omega_{s2}-\omega_0)(Z_f-h_1), & Z_f>h_1\end{cases} \tag{2-22}$$

2.4.5.3 湿润锋深度与入渗时间的关系

土体的累积入渗量和入渗速率之间的关系可表示为

$$i=\frac{\mathrm{d}I}{\mathrm{d}t} \tag{2-23}$$

将式(2-21)和式(2-22)代入式(2-23)中，可以得到湿润峰深度 Z_f 与入渗时间 t 之间的微分关系：

$$K_{s1}\left[1+\frac{h_{f1}+h_0}{Z_f}\right]=(\omega_{s1}-\omega_0)\frac{\mathrm{d}Z_f}{\mathrm{d}t} \tag{2-24}$$

$$K_z\left[1+\frac{h_{f2}+h_0}{Z_f}\right]=(\omega_{s2}-\omega_0)\frac{\mathrm{d}Z_f}{\mathrm{d}t} \tag{2-25}$$

对式(2-24)和式(2-25)进行变形，结合边界条件(t=0 时，Z_f=0；$t=t_0$ 时，$Z_f=h_1$)，对 Z_f 和 t 进行积分，可以得到湿润峰深度 Z_f 与入渗时间 t 的关系：

$$t=\begin{cases}\dfrac{\omega_{s1}-\omega_0}{K_{s1}}\left[Z_f-(h_{f1}+h_0)\ln\dfrac{Z_f+h_{f1}+h_0}{h_{f1}+h_0}\right], & Z_f\leqslant h_1\\ \dfrac{\omega_{s2}-\omega_0}{K_m}\left[Z_f-h_1-(h_{f2}+h_0)\ln\dfrac{Z_f-h_1+h_{f2}+h_0}{h_{f2}+h_0}\right]+t_0, & Z_f>h_1\end{cases} \tag{2-26}$$

式中，t_0 代表湿润峰深度 Z_f 到达土层 I 的厚度 h_1 时的入渗时间，用下式表示：

$$t_0=\frac{\omega_{s1}-\omega_0}{K_{s1}}\left[h_1-(h_{f1}+h_0)\ln\frac{h_1+h_{f1}+h_0}{h_{f1}+h_0}\right] \tag{2-27}$$

2.4.5.4　分层土的 Green-Ampt 入渗模型

将式(2-22)变形，用 I 来表示 Z_{f}，并代入式(2-26)，得到累积入渗量 I 与入渗时间 t 的关系：

$$t=\begin{cases}\dfrac{\omega_{\mathrm{s1}}-\omega_0}{K_{\mathrm{s1}}}\left[\dfrac{I}{\omega_{\mathrm{s1}}-\omega_0}-\left(h_{\mathrm{f1}}+h_0\right)\ln\dfrac{\dfrac{I}{\omega_{\mathrm{s1}}-\omega_0}+h_{\mathrm{f1}}+h_0}{h_{\mathrm{f1}}+h_0}\right], & t\leqslant t_0\\[2ex] \dfrac{\omega_{\mathrm{s2}}-\omega_0}{K_{\mathrm{z}}}\left[\dfrac{I-h_1\left(\omega_{\mathrm{s1}}-\omega_0\right)}{\omega_{\mathrm{s2}}-\omega_0}-\left(h_{\mathrm{f2}}+h_0\right)\ln\dfrac{\dfrac{I-h_1\left(\omega_{\mathrm{s1}}-\omega_0\right)}{\omega_{\mathrm{s2}}-\omega_{\mathrm{i}}}+h_{\mathrm{f2}}+h_0}{h_{\mathrm{f2}}+h_0}\right]+t_0, & t>\mathrm{t}_0\end{cases}\tag{2-27}$$

式(2-27)综合反映了分层土体的情况下土体的累积入渗量与入渗时间之间的关系，即为分层土的 Green-Ampt 入渗模型。只要确定了模型参数(土体的初始含水率 ω_0、饱和含水率 ω_{s1} 和 ω_{s2}、饱和导水率 K_{s1} 与 K_{z}、湿润锋面基质吸力 h_{f1} 与 h_{f2}、土层厚度 h_1 以及土体的表面积水深度 h_0)，就可以根据式(2-27)确定分层土体的累积入渗量随入渗时间的变化规律。其中，初始含水率、土层厚度、表面积水深度根据实际情况确定；饱和含水率 ω_{s1} 和 ω_{s2} 可以根据式(2-10)确定；饱和导水率可以通过渗透试验确定或根据式(2-5)确定；湿润锋面基质吸力可以根据实测各个单层土的累积入渗量与入渗时间的关系，分别按照单层土 Green-Ampt 入渗模型式(2-14)进行拟合确定。

2.4.5.5　分层土 Green-Ampt 入渗模型的求解

按照上述方法，只要确定了分层土的 Green-Ampt 入渗模型参数，就可以求解分层土的 Green-Ampt 入渗模型。

2.4.6　分层红土 Green-Ampt 入渗模型的验证

2.4.6.1　试验设计

为了验证分层土 Green-Ampt 入渗模型的合理性和适用性，在有机玻璃筒内制作红土土柱模型，开展垂直向积水入渗试验。土柱高度 40cm，直径 10cm，积水水头 2cm。按照设定干密度，采用击实方法，分 8 层，每层高度为 5cm，到 40cm 高度为止。试验共用到两种质地的土体，即土样Ⅰ与土样Ⅱ，土样Ⅰ为含砂率 0%的红土，土样Ⅱ为含砂率 30%的红土，红土的颗粒组成见表 2-1。

试验共分四组进行：第一组试验只装土样Ⅰ；第二组试验只装土样Ⅱ；第三组试验，土柱上部装 20cm 高度的土样Ⅰ，下部装 20cm 高度的土样Ⅱ；第四组试验，土柱上部装 20cm 高度的土样Ⅱ，下部装 20cm 高度的土样Ⅰ。每组试验的干密度均为 $1.20\mathrm{g\cdot cm^{-3}}$，初始含水率 25.0%，每组试验进行 180min。第一、二、三、四组试验分别称为试验一、试验二、试验三、试验四。

试验一和试验二的目的是实测未分层土(单层土)的累积入渗量和入渗时间的关系，用单层 Green-Ampt 入渗模型[式(2-14)]拟合数据，用以确定土样Ⅰ和土样Ⅱ的湿润锋面基质吸力。试验三和试验四的目的是实测分层土的累积入渗量和入渗时间的关系，用以验证分层土 Green-Ampt 入渗模型[式(2-27)]的合理性和适用性。四组试验的土体入渗剖面如图 2-34 所示。

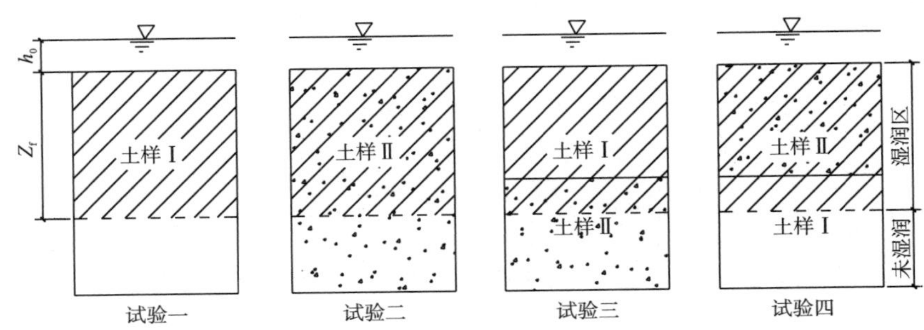

图 2-34 分层红土入渗试验剖面图

2.4.6.2 模型参数的确定

根据 2.4.5.4 节中模型参数的确定方法，结合试验一和试验二的积水入渗试验结果，应用单层土 Green-Ampt 入渗模型分别进行拟合，可以得到符合土样Ⅰ与土样Ⅱ入渗规律的分层土 Green-Ampt 模型参数，见表 2-14。可见，相比不掺砂红土，掺砂 30%时，红土的饱和含水率减小，饱和导水率增大，湿润峰基质吸力增大。

表 2-14 分层土 Green-Ampt 入渗模型参数

土样编号	试验参数			拟合参数	
	饱和含水率 ω_s/%	初始含水率 ω_0/%	积水高度 h_0/cm	饱和导水率 K_s/(cm·min^{-1})	湿润锋面基质吸力 h_f/cm
Ⅰ	42.0	25.0	2	0.025	3.413
Ⅱ	33.4			0.153	29.942

将模型参数分别代入式(2-14)、式(2-27)中，就可以计算单层土、分层土的累积入渗量随入渗时间的变化规律，并将计算结果与试验一、试验二和试验三、试验四的实测结果进行对比分析。

2.4.6.3 模型验证

图 2-35 给出了在试验一、试验二的条件下，根据表 2-14 的模型参数，运用式(2-14)计算出的单层红土的累积入渗量与入渗时间的关系，以及与实测值的对比。从图 2-35 可以看出，对于土层Ⅰ和土层Ⅱ的单层土情况，应用单层土 Green-Ampt 模型拟合红土的累积入渗量与入渗时间的变化关系，拟合结果良好，相关系数均在 0.95 以上。

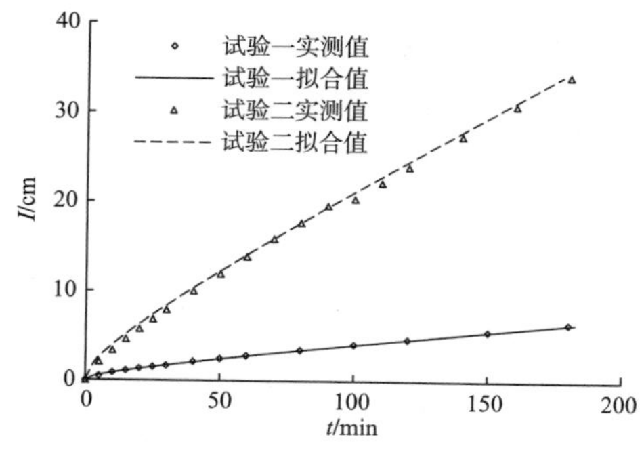

图 2-35　单层红土的累积入渗量与入渗时间拟合关系曲线

图 2-36 给出了在试验三、试验四的条件下，运用式(2-27)计算出的分层红土的累积入渗量与入渗时间的关系，以及与实测值的对比；同时给出了式(2-14)只用单层土的入渗模型参数计算分层土的结果对比。

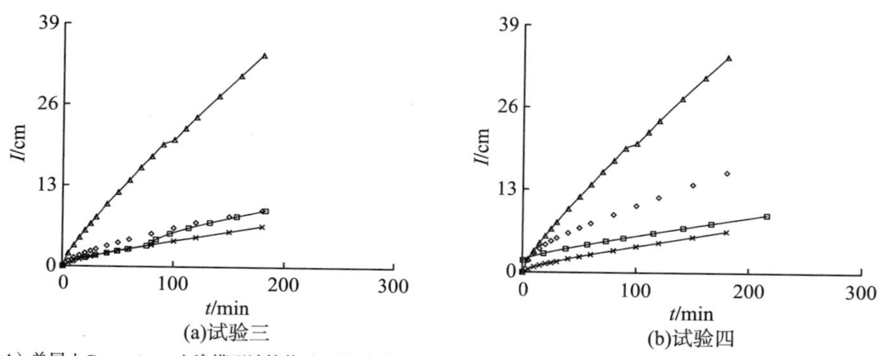

—Δ—式（2-14）单层土Green-Ampt入渗模型计算值（土样I参数）；—×—式（2-14）单层土Green-Ampt入渗模型计算值（土样II参数）；—□—式（2-27）分层土Green-Ampt入渗模型计算值（土样I、II参数）；◊试验三、试验四实测值

图 2-36　分层红土的 Green-Ampt 模型验证

从图 2-36(a)的结果来看，上部 20cm 高度为含砂率 0%红土，下部 20cm 高度为 30%含砂率红土，上部土样饱和导水率较小。就单层土、分层土的拟合结果看，只用土层 I 参数拟合的结果偏离试验三实测值较大，只用土层 II 参数拟合的结果偏离试验三实测值较小，而用分层土参数拟合的结果与试验三实测值吻合较好。入渗 180min 时，实测累积入渗量为 9.04cm，使用分层土的 Green-Ampt 入渗模型计算的累积入渗量为 8.92cm，仅比实测累积入渗量低 1.3%；使用土样Ⅰ、土样Ⅱ参数代入单层 Green-Ampt 入渗模型得到的累积入渗量分别为 6.48cm、34.15cm，相比实测值，分别变化了−28.3%、277.8%。这说明分层土的 Green-Ampt 入渗模型拟合误差小于单层土的相应误差。

从图 2-36(b)的结果来看，上部 20cm 高度为含砂率 30%的红土，下部 20cm 高度为含砂率 0%的红土，上部土样饱和导水率较大。就单层土、分层土的拟合结果看，不论是只用土层 I 参数或土层 II 参数还是分层土参数，拟合结果与试验四的实测值相差较大，但只用土层 I 参数或土层 II 参数的单层土拟合结果与试验四实测结果的偏离程度仍大于用分层土参数的偏离程度。如：入渗 180min 时，相比试验四的实测值，对于分层土的 Green-Ampt 入渗模型与土层Ⅰ、土层Ⅱ的单层 Green-Ampt 入渗模型，累积入渗量分别变化了 49.0%、59.1%、−115.6%。这说明分层土的 Green-Ampt 入渗模型拟合误差还是小于单层土 Green-Ampt 入渗模型的相应误差，但精度较低。

从以上分析可知：分层土的 Green-Ampt 入渗模型[式(2-27)]在计算分层土的累积入渗量方面优于单层土 Green-Ampt 入渗模型[式(2-14)]。总体来说，分层土的 Green-Ampt 入渗模型计算的累积入渗量值较实测值小，且对于上部饱和导水率较小的分层土[图 2-36(a)]，计算精度较高；对于上部饱和导水率较大的分层土[图 2-36(b)]，计算精度较低。

第 3 章　干湿循环下红土的基质吸力特性

3.1 试 验 设 计

3.1.1 试验土料

试验用土选取昆明世博园地区的典型红土，其基本特性见表 3-1，矿化成分见表 3-2。可见，该红土颗粒的相对密度较大，最大干密度较大，最优含水率较小；液限小于 50%，塑性指数介于 10～17，颗粒组成以粉粒和黏粒为主；主要矿物成分为石英、三水铝石、赤铁矿等，主要化学成分为 SiO_2、$Al(OH)_3$、Fe_2O_3 等，分类属于低液限粉质红黏土。

表 3-1　红土的基本性质

相对密度 G_s	最大干密度 ρ_{dmax} /(g·cm^{-3})	最优含水率 ω_{op}/%	液限 ω_L/%	塑限 ω_p/%	塑性指数 I_p	颗粒组成 P/%		
						砂粒 (0.075～2.0mm)	粉粒 (0.005～0.075mm)	黏粒 (<0.005mm)
2.77	1.49	27.4	47.2	31.9	15.3	9.4	45.7	44.9

表 3-2　红土的矿物成分

矿物名称	石英	三水铝石	赤铁矿	钛铁矿	白云母	其他
化学成分	SiO_2	$Al(OH)_3$	Fe_2O_3	$FeTiO_3$	$KAl_2Si_3AlO_{10}(OH)_2$	—
含量/%	54.81	26.96	7.14	2.43	5.66	3.00

3.1.2 土-水特性试验方案

3.1.2.1 压力板仪法

1. 试验方案

以云南红土为研究对象，以干湿循环作为控制条件，考虑初始干密度ρ_d、初始含水率ω_0、预固结压力 p、过筛粒径 d、干湿循环次数 N_g、含砂率 Δ 的影响，制备不同影响因素下的红土试样，采用英国生产的 GEO-Experts 土-水特征曲线压力板仪，开展干湿循环红土的土-水特性试验，测试分析干湿循环下云南非饱和红土和含砂红土中的含水率与基质吸力之间的变化关系以及基质吸力与抗剪强度之间的变化关系。具体试验方案见表 3-3、表 3-4。

表 3-3 红土土-水特性试验方案

试验条件	影响因素	初始干密度 $\rho_d/(g\cdot cm^{-3})$	初始含水率 $\omega_0/\%$	预固结压力 p/kPa	过筛粒径 d/mm
脱湿	初始干密度	1.20,1.25,1.30,1.50	27.0,30.0	0	2.0
	初始含水率	1.25	30.0,33.0,36.0	0	2.0
	预固结压力	1.30	27.0	0,50,100,200	2.0
	过筛粒径	1.25	27.0	0	2.0,1.0,0.5
增湿	初始干密度	1.20,1.25,1.30,1.50	27.0,30.0	0	2.0
	过筛粒径	1.25	27.0	0	2.0,1.0,0.5
干湿循环	初始干密度	1.20,1.25,1.30,1.50	27.0,30.0	0	2.0
	过筛粒径	1.25	27.0	0	2.0,1.0,0.5

表 3-4 含砂红土试验方案

试验方法	试验目的	影响因素			
		含砂率 $\Delta/\%$	初始干密度 $\rho_d/(g\cdot cm^{-3})$	干湿循环	初始含水率 $\omega_0/\%$
土-水特性试验	基质吸力与含水率关系	0,15,25	1.21,1.30	脱湿-增湿 1 次	25.0
直剪试验	基质吸力与抗剪强度关系	0,15,25	1.21,1.30		20.9,22.9,23.6,24.7,27.0

2. 试验的开展

按照拟定的试验方案，采用击实法一次制样，试样直径 70mm、高度 190mm。利用 GEO-Experts 压力板仪，开展红土的土-水特性试验，测定干湿循环过程中红土的基质吸力与含水率之间的变化关系。基质吸力 S 是指土体内部的孔隙气压力 u_a 和孔隙水压力 u_w 的差值($S=u_a-u_w$)。

试验过程如下：

(1)饱和陶土板：试验前，需要先使陶土板饱和，即利用高水力梯度赶走陶土板内的空气，利用高水压使陶土板内的气泡溶解于无气水中，并检查陶土板的进气值和密封情况。

(2)检查水体积测量系统的排水和密封情况：试验开始前，整个水体积测量系统需要充满无气水，排除气泡；并给集气瓶、水平细管和两支竖直量管标记一个刻度，作为参考值，且在试验前均需调到标好的刻度位置。

(3)饱和试样：将制备好的试样放入真空饱和器中使之饱和，备用(初始含水率组除外)，并计算出试样的饱和含水率ω_{sat}。

(4)装样：将饱和的试样连同模具转移到擦干的饱和陶土板表面，对中，并确保试样与陶土板接触良好，将饱和好的透水石和顶盖置于饱和试样的上方，装配好仪器。

(5)预固结过程(预固结压力组)：打开气源，施加竖向应力并保持竖向应力不变，定时冲刷系统直至预固结过程达到稳定，即竖向位移和水体积不再显著变化为止，测量土样的水体积变化。

(6) 脱湿过程(预固结压力组需保持预固结过程中的竖向应力不变)：重新调整集气瓶、水平细管和两支竖直量管至标好的刻度，记录初始读数；顺时针慢慢拧调节器，增加气压至拟定的基质吸力值，不时冲刷系统排除气泡，定时记录位移传感器读数和左、右竖直量管读数，直至竖向位移和水体积不再明显变化，土样即达到吸力平衡状态；再增加气压到下一个拟定的基质吸力值；重复上述过程至基质吸力值增加到 4bar(1bar=100kPa)。

(7) 增湿过程(干湿循环组)：逆时针慢慢拧调节器，降低气压至所需的基质吸力值，定时排除气泡并记录读数，直至达到吸力平衡状态；再降低气压到下一个拟定的基质吸力值；重复上述过程至基质吸力值减小到零。

(8) 仪器的拆卸及试样的后处理：逆时针慢慢拧调节器使气压降为零，拆卸仪器，立即称量试样和模具的总质量；将试样放在 105～110℃的烘箱内烘 8h，称烘干红土试样的质量。

(9) 按下式计算每一级基质吸力平衡后的含水率变化值ω:

$$\omega = \omega_{i-1} - \omega_i = \frac{m_{i\omega}}{m_s} \tag{3-1}$$

式中，ω_{i-1}——i-1 级基质吸力 S_{i-1} 平衡末试样的含水率，%；

ω_i——i 级基质吸力 S_i 平衡末试样的含水率，%；

$m_{i\omega}$——基质吸力 S_{i-1} 平衡末至基质吸力 S_i 平衡末过程中的水体积变化质量，g；

m_s——试验结束后试样烘干后的质量，g。

(10) 试验中每一级平衡后的基质吸力值 S_i 可以直接在压力控制面板上读出。根据每一级基质吸力平衡后的含水率变化值ω和每一级平衡后的基质吸力值 S，即可绘制土-水特征曲线，曲线初始点就是初始饱和含水率。

3.1.2.2 滤纸法

1. 试验方案

选取云南红土为研究对象，以脱湿、增湿引起的干湿循环作为控制条件，考虑初始含水率、初始干密度、干湿循环次数的影响，通过滤纸法的土-水特性试验，测试分析不同影响因素下干湿循环红土样的基质吸力与含水率的变化关系。初始含水率控制为 30.0%，初始干密度分别控制为 $1.30\mathrm{g\cdot cm^{-3}}$、$1.50\mathrm{g\cdot cm^{-3}}$。

试验用定性滤纸为普通滤纸，试验所用定量滤纸为杭州新华造纸厂生产的“双圈”牌 No.203 型慢速定量滤纸，其直径为 70mm，灰分为 0.000035g/张。该型滤纸的含水率 ω_q 与基质吸力 S 的关系为[199-201]

当$\omega_q \leqslant 47\%$时：

$$\lg S = -0.076\omega_q + 5.493 \tag{3-2}$$

当$\omega_q > 47\%$时：

$$\lg S = -0.012\omega_q + 2.470 \tag{3-3}$$

2. 试验的开展

选取昆明红土，根据拟定的含水率 30.0%，先采用击样法制备初始干密度分别为 $1.30\mathrm{g\cdot cm^{-3}}$、$1.50\mathrm{g\cdot cm^{-3}}$ 的环刀试样，试样高 20 mm、直径 61.8 mm。再进行先脱湿后增湿的干湿循环控制，脱湿过程中，在试样底部放置滤纸，将试样放置在平底托盘中并置于40℃恒温干燥箱内低温脱湿，不定时测量土样的质量并计算含水率，直至含水率为5.0%时即完成一次脱湿过程；增湿过程中，针对脱湿结束后的试样，用喷水器均匀缓慢在试样表面上洒水，控制试样的整体含水率达到33.0%，用塑料薄膜密封静置24h，待试样内水分均匀，即完成一次增湿过程；重复上述过程，即完成反复的干湿循环。然后用滤纸法分别测试脱湿过程和吸湿过程中红土样的基质吸力与含水率的变化关系，即可获得干湿循环下红土样的土-水特征曲线。

试验过程如下：

(1)将“双圈”定量滤纸和普通定性滤纸的直径分别裁剪为55cm和58cm，放在烘箱中烘干，备用。每组试样需要定量滤纸1张、定性滤纸2张。

(2)取两个含水率相同的环刀样作为一组试样。

(3)用镊子将定量滤纸置于两张定性滤纸之间，以确保定量滤纸不受污染，再将叠放好的滤纸放置于两试样中间。为确保滤纸与试样能够紧密接触以保证测量精度，将两试样捏紧后用电工胶带缠绕接口处数圈。

(4)将缠绕好的试样先用保鲜膜包好，再用透明胶带密封置于自封袋中，做好标记。

(5)将包装好的试样置于恒温恒湿养护箱中密封静置10d，以使土样与滤纸达到吸力平衡状态。

(6)先称量出带盖铝盒的质量 m_L，然后用镊子迅速从试样中取出稳定后的定量滤纸并置于铝盒中，盖好盖子，称量铝盒和滤纸的质量为 m_1。

(7)打开盒盖，将装有滤纸的铝盒放在烘箱内烘干10h，烘干后盖上盒盖，放置在干燥箱内冷却1min，称量铝盒和烘干土的质量为 m_2。

(8)测量定量滤纸含水率的同时，在稳定土样中心处用小刀取样若干，用烘干法测出此时土样的含水率。

(9)按下式计算滤纸的含水率：

$$\omega_q = \frac{m_{q\omega}}{m_q} = \frac{m_2 - m_1}{m_2 - m_L} \tag{3-4}$$

式中，ω_q——滤纸的含水率，%；

$m_{q\omega}$——滤纸中水的质量，g；

m_q——干滤纸的质量，g；

m_L——带盖铝盒的质量，g；

m_1——铝盒和滤纸的质量，g；

m_2——铝盒和烘干土的质量，g。

(10)将式(3-4)代入式(3-2)、式(3-3)中，即可求出对应的基质吸力。

3.1.3 微观结构特性试验方案

红土的微观结构特性包括电导率特性和微结构特性两个方面。与红土的土-水特性试样相对应，完成土-水特性试验后，在红土样的中心部分取样，制备不同影响因素下的电导率试样和微结构试样，开展红土的电导率特性试验和扫描电镜试验，测试分析不同影响因素下干湿循环红土的电导率特性和微结构特性。试验方案见表 3-5。

表 3-5　红土的微观结构特性试验方案

影响因素	初始干密度 $\rho_d/(g\cdot cm^{-3})$	初始含水率 $\omega_0/\%$	预固结压力 p/kPa	过筛粒径 d/mm
初始干密度	1.20,1.25,1.30	27.0	0	2.0
初始含水率	1.25	30.0,33.0,36.0	0	2.0
预固结压力	1.30	27.0	0,50,100,200	2.0
过筛粒径	1.25	27.0	0	2.0,1.0,0.5

3.2　土-水特征曲线

3.2.1　土-水特征曲线的特点

土-水特征曲线是指非饱和土的基质吸力 S 与含水率ω之间的变化关系曲线，它是非饱和土的一个重要基本性质，表征土体在不同吸力下的持水能力。图 3-1 给出了土体典型的土-水特征曲线。

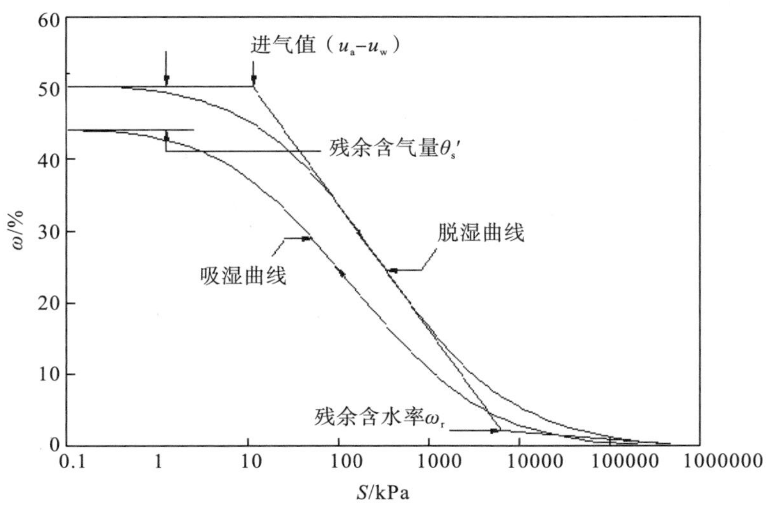

图 3-1　典型的土-水特征曲线

图 3-1 表明：

(1) 土水特征曲线包括脱湿曲线和吸湿（增湿）曲线，脱湿曲线反映了脱湿过程中土体的脱湿含水率与基质吸力之间的变化关系，吸湿曲线反映了增湿过程中土体的增湿含水率与基质吸力之间的变化关系。不论是脱湿曲线还是吸湿曲线，完整的土-水特征曲线都呈“倒 S”形变化，含水率随基质吸力的增大而减小；当基质吸力偏小时，曲线变化平缓；当基质吸力偏大时，曲线变化也比较平缓。这说明含水率的微小变化，就引起基质吸力的显著变化。一般可用土-水特征曲线拐点处的特征值(进气值、残余含水率、残余含气量)来描述。

(2)根据脱湿曲线上脱湿含水率的减小变化趋势，脱湿过程可以分为初始脱湿、快速脱湿、缓慢脱湿、稳定脱湿四个阶段；同样，根据吸湿曲线上增湿含水率的增大变化趋势，增湿过程可以分为初始增湿、快速增湿、缓慢增湿、稳定增湿四个阶段。这四个阶段分别对应于土体中不同的含水、含气状态。脱湿过程的四个阶段与增湿过程的四个阶段正好相反。

3.2.2 土-水特征参数

根据土-水特征曲线的特点，可以提取土-水特征参数来反映土体的土-水特征曲线的变化。脱湿过程中的土-水特征参数包括初始脱水斜率 K_0、最大脱水斜率 K_m、最大脱水斜率吸力 S_m、平均脱水斜率 K_v、残余含水率 ω_r。增湿过程的土-水特征参数包括初始吸水斜率 K_0'、最大吸水斜率 K_m'、残余含气量 θ_s'。

脱湿过程中，初始脱水斜率指土-水特征曲线上初始脱湿段的斜率，反映了土体的进气值大小。本试验中，由于仪器限制，不能精确测量 0～10kPa 甚至 0～100kPa 范围内的基质吸力，因而无法直接获取曲线的进气值，而红土样的进气值极有可能就在这个范围内，所以借助土-水特征曲线的初始斜率来间接分析，初始斜率为负值，本书中取其绝对值。最大脱水斜率指土-水特征曲线上快速脱湿段的斜率，反映了土体的脱水速率和持水性能，最大斜率为负值，取其绝对值。与最大脱水斜率对应的基质吸力值就是最大脱水斜率吸力。平均脱水斜率指土-水特征曲线上除初始脱湿外的平均斜率，取其绝对值。残余含水率指土-水特征曲线上缓慢脱湿段与稳定脱湿段交点处所对应的含水率值。

增湿过程中，初始吸水斜率指土-水特征曲线上初始增湿段的斜率。最大吸水斜率指土-水特征曲线上快速增湿段的斜率。残余含气量指土-水特征曲线上初始脱湿段的含水率(初始脱湿含水率)与稳定增湿段的含水率(基质吸力减小至零时的含水率)之差。

3.3 脱湿过程中红土的基质吸力特性

3.3.1 脱湿次数的影响

图 3-2 给出了滤纸法测试条件下，脱湿过程中，不同脱湿次数 T 下红土的基质吸力 S 随脱湿含水率 ω_t 变化的土-水特征曲线。其中 $T1$、$T2$、$T3$ 分别代表第 1 次、第 2 次、第 3 次脱湿。

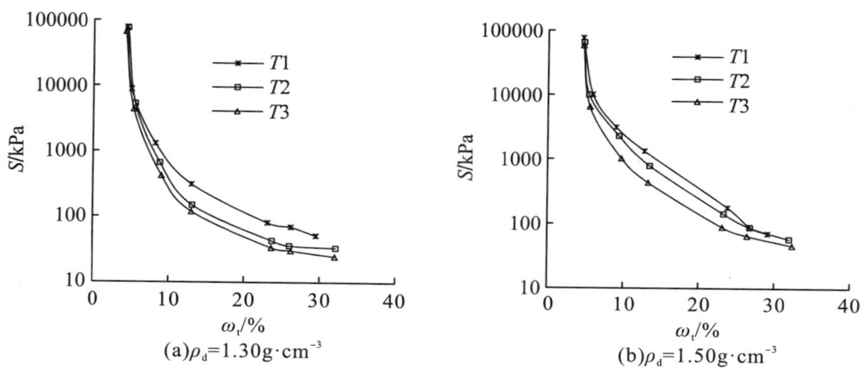

(a)ρ_d=1.30g·cm^{-3} (b)ρ_d=1.50g·cm^{-3}

图 3-2 不同脱湿次数下脱湿红土的土-水特征曲线

图 3-2 表明：同一脱湿过程中，相同初始干密度、不同脱湿次数下，红土的土-水特征曲线的脱湿曲线的变化趋势一致，均表现为随脱湿含水率的降低，红土的基质吸力先缓慢增大后迅速增大；根据脱湿曲线上基质吸力的变化趋势，可将红土的脱湿曲线分为快速脱湿段、缓慢脱湿段、稳定脱湿段。

表 3-6 给出了相同初始干密度、不同脱湿次数下，脱湿红土的基质吸力随脱湿含水率的变化程度。

表 3-6 不同脱湿次数下红土的基质吸力随脱湿含水率的变化(S_{ω_t}，%)

脱湿含水率ω_t/%	$\rho_d=1.30\text{g}\cdot\text{cm}^{-3}$			$\rho_d=1.50\text{g}\cdot\text{cm}^{-3}$		
	T=1	T=2	T=3	T=1	T=2	T=3
30.0→4.5	1.5×10^5	2.3×10^5	2.7×10^5	1.1×10^5	1.1×10^5	1.3×10^5
30.0→23.0	57.1	28.5	37.0	153.3	145.7	93.7
23.0→13.0	284.8	247.0	251.9	651.9	454.2	387.0
13.0→4.5	2.4×10^4	5.1×104	5.6×10^4	5.6×10^3	8.1×10^3	1.3×10^4

注：S_{ω_t} 代表基质吸力随脱湿含水率的变化。

可见，脱湿过程中，相同初始干密度、相同脱湿次数下，红土的基质吸力随脱湿含水率的减小而增大。脱湿初期，含水率较大时，基质吸力增加缓慢；随着脱湿过程的进行，含水率较小时，基质吸力显著增大。其主要原因在于含水率较大时，水分多次从土样中脱出会大大提升粒间孔隙的连通性，土的保水性则越差，水分越容易排出。含水率较小时，土体中基本不存在自由水层，只存在部分弱结合水层，强结合水层起主要作用，土颗粒对水分有较强的吸附作用力，土体在常温试验条件下很难使强结合水层变化，因此，含水率较低时土-水特征曲线稳定性较好。

表 3-7 给出了不同脱湿含水率ω_t下，红土的基质吸力 S 随脱湿次数 T 的变化。结合图 3-2 可见，相同初始干密度、相同脱湿含水率下，1 次脱湿曲线高于 2 次脱湿曲线，2 次脱湿曲线高于 3 次脱湿曲线，表明随脱湿次数的增加，红土的基质吸力减小。

表 3-7　不同脱湿含水率下红土的基质吸力随脱湿次数的变化(S_T，%)

初始干密度 ρ_d/(g・cm^{-3})	脱湿次数 T/次	脱湿含水率 ω_t/%		
		9.0	13.0	23.0
1.30	1→2	−49.3	−52.3	−47.1
	1→3	−67.8	−61.9	−58.3
1.50	1→2	−27.4	−41.2	−20.2
	1→3	−67.3	−67.8	−50.3

注：S_T代表基质吸力随脱湿次数的变化。

3.3.2　初始干密度的影响

3.3.2.1　压力板仪法下的基质吸力特性

1. 土-水特征曲线的变化

图 3-3 给出了压力板仪法测试条件下，不同初始干密度ρ_d时，脱湿过程中红土的基质吸力 S 随脱湿含水率ω_t变化的土-水特征曲线。

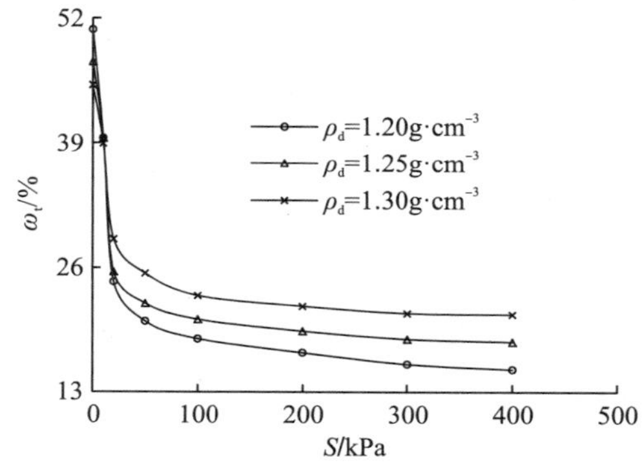

图 3-3　不同初始干密度下脱湿红土的土-水特征曲线

图 3-3 表明：脱湿过程中，无论初始干密度大或小，红土的基质吸力随脱湿含水率的增大而减小；土-水特征曲线呈现出“倒 J”形，其变化过程可以分为快速脱湿、缓慢脱湿、稳定脱湿 3 个阶段。土-水特征曲线的快速脱湿阶段，基质吸力很小范围的变化引起对应含水率的极大变化，这时，初始干密度对基质吸力的影响很小，对含水率的影响很大。缓慢脱湿阶段，随基质吸力即气压的增加，基质吸力较大的变化范围引起对应含水率的变化范围较小，这时，初始干密度对基质吸力的影响大于对含水率的影响。稳定脱湿阶段，随基质吸力的进一步增大，基质吸力更大的变化范围引起对应含水率的变化范围进一步减小，这时，初始干密度对基质吸力的影响远大于对含水率的影响。

当脱湿含水率大于 29.0%时，不同初始干密度下红土的脱湿曲线基本重合，基质吸力小于 20kPa。当脱湿含水率小于 29.0%时，基质吸力明显增大。表 3-8 给出了不同初始干密度下，红土的脱湿含水率随基质吸力的变化程度。

表 3-8　不同干密度下红土的脱湿含水率随基质吸力的变化（$\omega_{t\text{-}S}$，%）

土-水特征曲线对应阶段	基质吸力 S/kPa	干密度ρ_d/(g·cm^{-3})		
		1.20	1.25	1.30
快速脱湿阶段	<20	−49.6	−46.1	−35.7
缓慢脱湿阶段	20→100	−27.6	−19.8	−20.4
稳定脱湿阶段	100→400	−17.2	−11.3	−8.6

注：$\omega_{t\text{-}S}$代表脱湿含水率随基质吸力的变化。

可见，相同干密度下，红土的脱湿含水率随基质吸力的增大而减小。基质吸力越小，脱湿含水率的减小程度越大。这说明各个初始干密度下，脱湿过程的三个阶段所对应的脱湿含水率的减小程度不同。脱湿初期，红土的含水率大，包裹红土颗粒的水膜较厚，红土颗粒对水的吸附作用较弱，脱湿速度快，脱湿含水率的减小程度高，对应的基质吸力小；脱湿中期，红土的含水减少，包裹红土颗粒的水膜变薄，红土颗粒对水的吸附作用增强，脱湿速度减缓，脱湿含水率的减小程度降低，对应的基质吸力增大；脱湿后期，随着含水的进一步减少，红土颗粒对水的吸附作用进一步增强，在试验温度下(40℃)不能继续脱湿，脱湿速度趋于稳定。

表 3-9 给出了不同基质吸力下，红土的脱湿含水率随初始干密度的变化。可见，相同基质吸力下，随干密度的增大，红土的脱湿含水率增大；初始干密度越大，脱湿含水率的增大程度越高，对应红土的脱湿含水率越大。

表 3-9　不同基质吸力下红土的脱湿含水率随初始干密度的变化（$\omega_{t\text{-}\rho_d}$，%）

初始干密度 ρ_d/(g·cm^{-3})	基质吸力 S/kPa				
	50	100	200	300	400
1.20→1.25	9.3	10.9	13.1	16.4	18.6
1.20→1.30	25.1	24.5	28.4	33.4	37.4

注：$\omega_{t\text{-}\rho_d}$ 代表脱湿含水率随干密度的变化。

表 3-10 给出了不同脱湿含水率下，红土的基质吸力随初始干密度的变化程度。可见，相同脱湿含水率下，随初始干密度的增大，红土的基质吸力增大。初始干密度较小时，基质吸力增长缓慢；初始干密度较大时，基质吸力增长较快。

表 3-10　不同脱湿含水率下红土的基质吸力随初始干密度的变化（S_{ρ_d}，%）

初始干密度 ρ_d/(g·cm^{-3})	脱湿含水率ω_t/%	
	29.0	26.0
1.20→1.25	2.9	5.3
1.20→1.30	17.6	163.2

注：S_{ρ_d} 代表基质吸力随干密度的变化。

2. 土-水特征参数的变化

图 3-4 给出了脱湿过程中，红土的土-水特征参数随初始干密度ρ_d的变化。

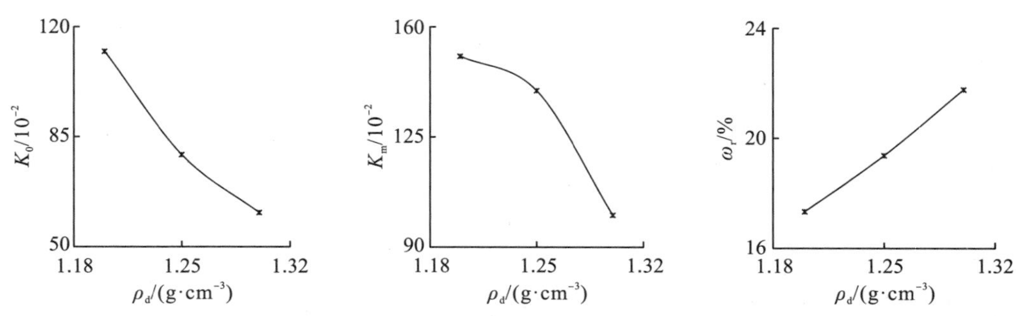

图 3-4 不同初始干密度下脱湿红土的土-水特征参数

图 3-4 表明：随初始干密度的增大，脱湿时红土土-水特征曲线的初始脱水斜率和快速下降段的最大脱水斜率都减小，残余含水率增大。这说明初始干密度越大，红土试样的进气值越高，下降段的脱水速率越小，与张丁[157]、张雪东等[76]的研究结果类似。这是因为，土的初始干密度较小时，土颗粒排列较松散，土样内部结构的孔隙空间较大且连通性较好，对水分的束缚能力较弱，在受到吸力的作用下脱水时土样中水分排出较容易，在较小吸力的驱动下水分即被排出，因而进气值较小，在饱和度降低过程中的脱水速率也较快，进而也就导致了当基质吸力较高时残余含水率较低；而相对应的初始干密度较大时，土样内部孔隙较小，并存在一定的微孔隙，微孔隙中的孔隙水不易排出，需要较大的吸力才能使其被挤出。

3.3.2.2 滤纸法下的基质吸力特性

图 3-5 给出了滤纸法测试条件下，脱湿过程中，不同初始干密度ρ_d时红土的基质吸力 S 随脱湿含水率ω_t变化的土-水特征曲线。图中，$T1$、$T2$、$T3$ 分别代表脱湿 1 次、2 次、3 次。

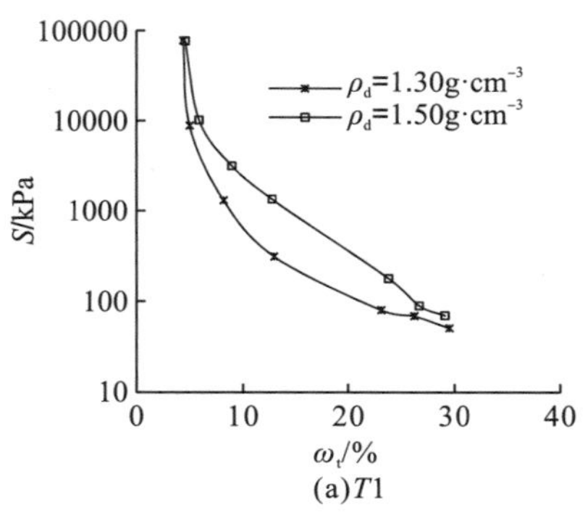

(a)$T1$

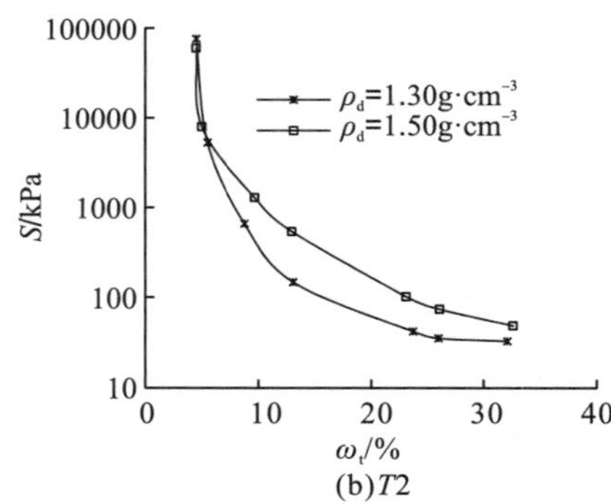

(b)$T2$

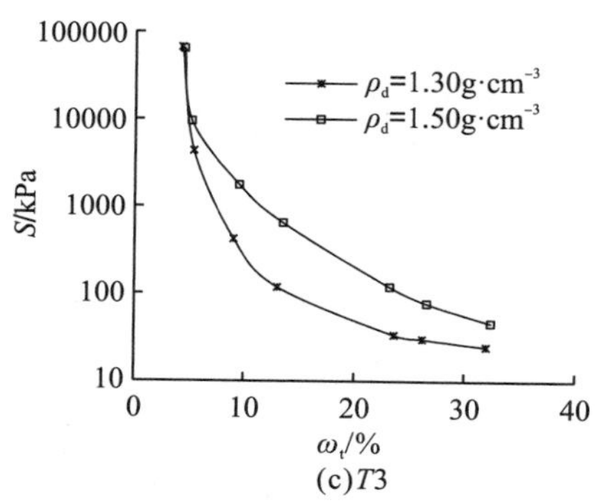

(c)T3

图 3-5　不同干密度下脱湿红土的土-水特征曲线

图 3-5 表明：不同初始干密度、不同脱湿次数下，红土土-水特征曲线的脱湿曲线的变化趋势一致。随脱湿含水率的减小，基质吸力先缓慢增大后急剧增大，可分为快速脱湿、稳定脱湿、缓慢脱湿 3 个阶段。含水率较大时，基质吸力随含水率变化的敏感度不高；含水率减小到一定值时，基质吸力随含水率变化的敏感度增加。这说明脱湿含水率越小，红土的持水性能越强。因为含水率越高，土颗粒间孔隙水越多，包裹土颗粒的水膜越厚，土颗粒间的润滑作用越强，持水性能越差，基质吸力越小；而随着含水率的降低，粒间孔隙逐步失水，包裹土颗粒的水膜厚度变薄，土体中的含水向自由水→弱结合水→强结合水变化，土颗粒对水的吸附作用力增大，颗粒间的连接作用增强，体现出持水性能增强，基质吸力增大。

表 3-11 给出了不同脱湿次数、不同脱湿含水率下，红土的基质吸力随初始干密度的变化。可见，脱湿过程中，相同脱湿含水率、相同脱湿次数下，随初始干密度的增大，红土的基质吸力显著增大。如脱湿 3 次，含水率为 23.0%，干密度由 1.30g·cm^{-3} 增大到 1.50g·cm^{-3} 时，红土的基质吸力显著增大了 255.2%。

表 3-11　不同脱湿含水率下红土的基质吸力随初始干密度的变化（S_{ρ_d}，%）

初始干密度 ρ_d/(g·cm^{-3})	脱湿次数 T/次	脱湿含水率 ω_t/%		
		23.0	13.0	9.0
1.30→1.50	1	121.4	332.6	141.2
	2	140.7	265.5	95.1
	3	255.2	444.0	317.9

注：S_{ρ_d} 代表基质吸力随干密度的变化。

3.3.3　初始含水率的影响

3.3.3.1　土-水特征曲线的变化

图 3-6 给出了压力板仪法的测试条件下，不同初始含水率 ω_0 时，脱湿过程中，红土的基质吸力 S 随脱湿含水率 ω_t 变化的土-水特征曲线。

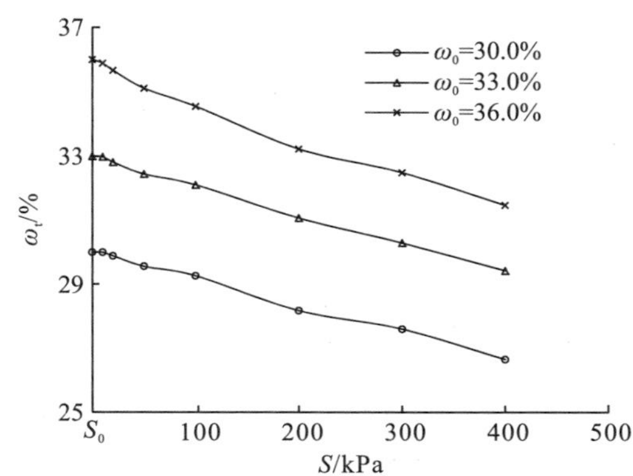

图 3-6 不同初始含水率下脱湿红土的土-水特征曲线

图 3-6 表明：脱湿过程中，不同初始含水率下，红土的基质吸力随脱湿含水率的增加逐渐减小；土-水特征曲线基本呈现出直线型的变化趋势，3 条脱湿曲线接近平行。

由图 3-6 还可知，相同脱湿含水率下，随初始含水率的增大，对应红土的基质吸力增大。如脱湿含水率分别为 31.5%、32.5%，初始含水率由 33.0%增大到 36.0%时，红土的基质吸力分别增大了 100.0%、400.0%。相同初始含水率下，随基质吸力的增大，红土的脱湿含水率减小。当初始含水率分别为 30.0%、33.0%、36.0%，基质吸力由 20kPa 增大到 400kPa 时，红土的脱湿含水率分别减小了 10.8%、10.3%、11.8%。可见，不论初始含水率大或小，脱湿含水率的减小程度基本一致。

表 3-12 给出了不同基质吸力下，红土的脱湿含水率随初始含水率的变化程度。可见，相同基质吸力下，随初始含水率的增大，对应红土的脱湿含水率增大，各个基质吸力下脱湿含水率的增大程度基本一致；初始含水率越大，脱湿含水率的增大程度越高，脱湿含水率越大。

表 3-12 不同基质吸力下红土的脱湿含水率随初始含水率的变化（$\omega_{t-\omega_0}$，%）

初始含水率 ω_0/%	基质吸力 S/kPa				
	20	100	200	300	400
30.0→33.0	9.8	9.7	10.3	9.7	10.4
30.0→36.0	19.3	18.0	17.9	17.7	18.0

注：$\omega_{t-\omega_0}$ 代表脱湿含水率随初始含水率的变化。

3.3.3.2 土-水特征参数的变化

图 3-7 给出了脱湿过程中，红土的土-水特征参数随初始含水率ω_0的变化曲线。

图 3-7 表明：随初始含水率的增大，脱湿时红土土-水特征曲线的初始脱水斜率和平均脱水斜率都增大，最大脱水斜率吸力减小。这说明初始含水率越大，红土试样的进气值越低，脱水速率越大，最大脱水速率对应的基质吸力区段越小，土样的持水能力越弱。这与胡波[80]、刘小文等[169]的研究结论类似，但与伊盼盼等[58]的结论相反，这是因为文献[58]拟定的两组初始含水率位于最优含水率的两侧，当初始击实含水率低于最优含水率

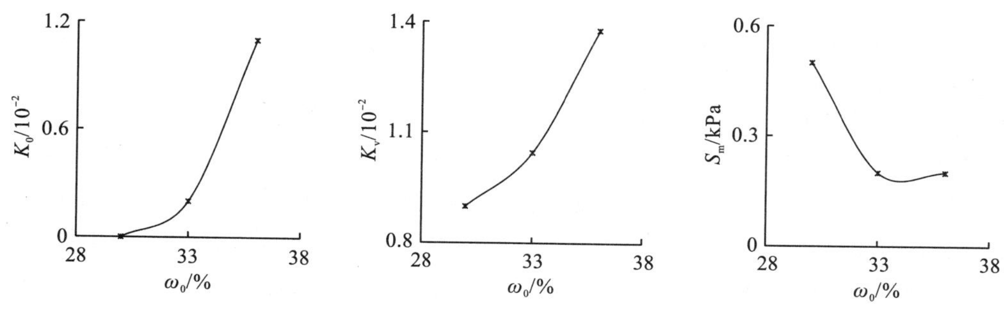

图 3-7　不同初始含水率下脱湿红土的土-水特征参数

时，土体中存在大孔隙，可塑性较差，使得进气值较小，容易脱水；当初始击实含水率高于最优含水率时，土体可塑性较好，孔隙尺寸小且分布较均匀，因而进气值较高，不容易脱水。而在本试验中，试验红土样的初始含水率均大于最优含水率，土样可塑性好，当初始干密度相同时，红土样中的孔隙大小一定，在较高的初始含水率下压实制样，使得土样中包裹颗粒的水膜较厚，孔隙中含水较多，在较低的基质吸力下就能很容易排水，所以初始含水率越大，进气值越低。

由于开展初始含水率影响的试验时，土样试验前未进行饱和，土样中原本就存在气体，也就存在小范围的基质吸力，因而在试验过程中随吸力的逐渐施加，排出的水分总量不大，土-水特征曲线的斜率变化也不大，即脱水速率变化不大，没有明显的快速下降段，所以此处用曲线平均斜率分析，残余含水率也无法获取。

3.3.4　预固结压力的影响

3.3.4.1　土-水特征曲线的变化

图 3-8 给出了压力板仪法的测试条件下，不同预固结压力 p 时，脱湿过程中红土的基质吸力 S 随脱湿含水率 ω_t 变化的土-水特征曲线。

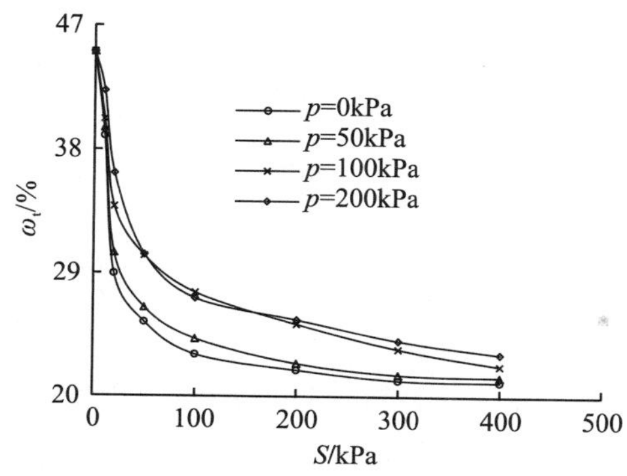

图 3-8　不同预固结压力下脱湿红土的土-水特征曲线

图 3-8 表明：脱湿过程中，当脱湿含水率大于 34.0%时，不同预固结压力下红土的脱湿曲线基本重合，基质吸力小于 20kPa。当脱湿含水率小于 34.0%时，无论预固结压力大或小，红土的基质吸力随含水率的增大而减小；土-水特征曲线呈现出“倒 J”形，其变化过程可以分为快速脱湿、缓慢脱湿、稳定脱湿 3 个阶段。土-水特征曲线的快速脱湿阶段指随基质吸力的增大引起对应含水率快速减小，这时，预固结压力对基质吸力的影响很小，对含水率的影响很大。缓慢脱湿阶段指随基质吸力的增大引起对应含水率的缓慢减小。稳定脱湿阶段指随基质吸力的进一步增大引起含水率的减小趋势趋于稳定。

表 3-14 给出了不同预固结压力下，红土的脱湿含水率随基质吸力的变化。

表 3-14 不同预固结压力下红土的脱湿含水率随基质吸力的变化（$\omega_{t\text{-}S}$，%）

脱湿阶段	基质吸力 S/kPa	预固结压力 p/kPa			
		0	50	100	200
快速脱湿	10→50	−34.8	−33.0	−24.5	−28.1
缓慢脱湿	50→200	−13.7	−15.4	−16.8	−15.7
稳定脱湿	200→400	−3.9	−4.4	−11.9	−9.7

注：$\omega_{t\text{-}S}$ 代表脱湿含水率随基质吸力的变化。

可见，相同预固结压力下，随基质吸力的增大，红土的脱湿含水率减小。脱湿初期，脱湿速度较快，脱湿含水率减小程度较大，基质吸力较小；脱湿中期，脱湿速度减缓，脱湿含水率的减小程度降低，基质吸力增大；脱湿后期，脱湿速度进一步减缓趋于稳定，脱湿含水率的减小程度较小，基质吸力较大。

表 3-15 给出了不同基质吸力下，红土的脱湿含水率随预固结压力的变化。可见，相同基质吸力下，随预固结压力的增大，红土的脱湿含水率增大；预固结压力越高，脱湿含水率越大，脱湿程度越高。

表 3-15 不同基质吸力下红土的脱湿含水率随预固结压力的变化（$\omega_{t\text{-}p}$，%）

预固结压力 p/kPa	基质吸力 S/kPa				
	50	100	200	300	400
0→50	4.2	4.9	2.2	2.0	1.8
0→100	19.1	19.7	15.3	10.8	5.6
0→200	19.5	17.9	16.7	13.7	9.7

注：$\omega_{t\text{-}p}$ 代表脱湿含水率随预固结压力的变化。

表 3-16 给出了不同脱湿含水率下，红土的基质吸力随预固结压力的变化。可见，相同脱湿含水率下，随预固结压力的增大，红土的基质吸力增大；预固结压力越大，基质吸力的增大程度越高，基质压力越大。

表 3-16　不同脱湿含水率下红土的基质吸力随预固结压力的变化(S_p，%)

预固结压力 p/kPa	脱湿含水率 ω_l/%	
	23.1	24.1
0→50	50.0	42.9
0→100	180.0	257.1
0→200	300.0	328.6

注：S_p 代表基质吸力随预固结压力的变化。

3.3.4.2　土-水特征参数的变化

图 3-9 给出了脱湿过程中，红土的土-水特征参数随预固结压力 p 的变化。

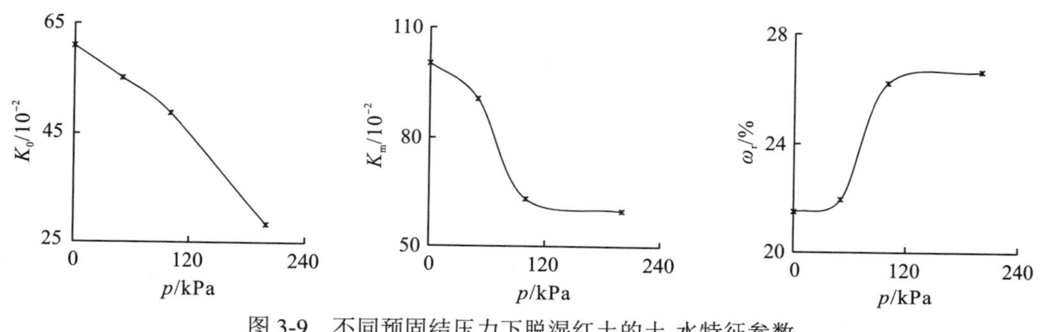

图 3-9　不同预固结压力下脱湿红土的土-水特征参数

图 3-9 表明：随预固结压力的增大，脱湿时红土土-水特征曲线的初始脱水斜率和快速下降段的最大脱水斜率都明显减小，残余含水率增大。这说明预固结压力越大，红土试样的进气值越高，下降段的脱水速率越小，这与孟长江[202]、刘艳华等[82]的结论类似。试样在不同压力下进行固结时，试样中孔隙的大小不同，高固结压力下土颗粒更容易发生移动、错位，重新排列使土样更容易被压密，进而使孔隙尺寸更小，影响水在土中的运移，排水更困难，因此进气值更高，脱水速率更慢，土-水特征曲线更平缓，相应的残余含水率也更大。但与刘艳华等[82]试验结果的不同之处在于，本次试验中不同预固结压力下的土-水特征曲线并没有重合的趋势。这是因为预固结的方法和仪器测量范围不同。刘艳华等[82]为了探讨外力对土-水特征曲线的影响，进行了有压和无压条件下的对比试验。有压是指饱和及试验的过程中土体受到约束不产生膨胀，孔隙比保持不变；无压是指土体自由膨胀饱和，变形不受外界约束。因此两组试样饱和后的含水率已经不同，无压条件下的含水率大于有压条件下的含水率，但在施加吸力时无压条件下土样的脱水速率却大于有压条件下的脱水速率，进而排出水量较多，以致高吸力时其含水率接近于有压条件下土样的含水率；另外，高吸力条件下应力状态的影响明显小于低吸力的影响，因此在基质吸力施加至很高(＞600kPa)时，无论两组试样的初始含水率大或小，残余含水率都很接近，两条曲线趋于重合。而在本次试验中，饱和过程都是在受到约束状态下进行，饱和后几组试样的含水率相同，预固结时受到的压力不同，土样内部的孔隙结构就会不同，之后随基质吸力的增加排水量也就不同，残余含水率出现差异；再加上基质

吸力最大只增加至 400 kPa，因此高吸力的影响并未占据主导，几组土-水特征曲线定然不会趋于重合。

3.3.5 过筛粒径的影响

3.3.5.1 土-水特征曲线的变化

图 3-10 给出了压力板仪法的测试条件下，不同过筛粒径 d 时，脱湿过程中红土的基质吸力 S 随脱湿含水率 ω_t 变化的土-水特征曲线。

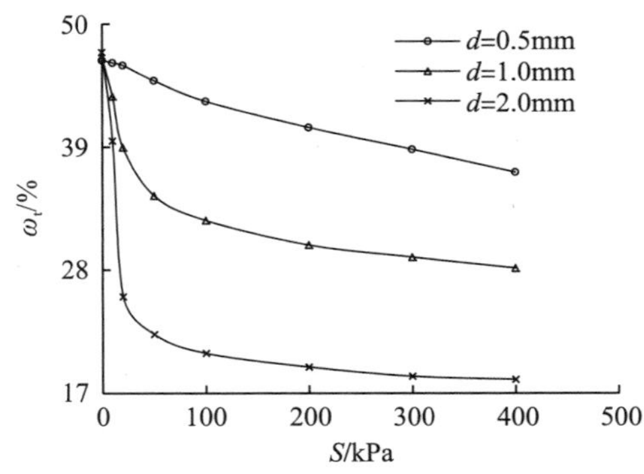

图 3-10 不同过筛粒径下脱湿红土的土-水特征曲线

图 3-10 表明：脱湿过程中，不论粒径大或小，红土的基质吸力随脱湿含水率的增大而减小。但粒径不同，土-水特征曲线形状差异明显，粒径为 0.5mm 时，红土的土-水特征曲线近似于直线型，基质吸力为 20～400kPa，含水率接近均匀减小，其减小程度为 20.8%。粒径为 1.0mm、2.0mm 时，土-水特征曲线呈“倒 J”形，其变化过程可以分为快速脱湿、缓慢脱湿、稳定脱湿 3 个阶段。

表 3-17 给出了不同过筛粒径下，红土的脱湿含水率随基质吸力的变化。可见，相同粒径下，随基质吸力的增大，红土的脱湿含水率减小，但粒径为 0.5mm、1.0mm、2.0mm 对应的脱湿含水率的减小下降程度相反。粒径为 0.5mm 时，脱湿含水率的下降程度增大，初期的脱湿速度小于后期脱湿速度；粒径为 1.0mm、2.0mm 时，脱湿含水率的下降程度减小，初期的脱湿速度显著快于脱湿中后期。

表 3-17 不同粒径下红土的脱湿含水率随基质吸力的变化（$\omega_{t\text{-}S}$，%）

脱湿阶段	基质吸力 S/kPa	粒径 d/mm		
		0.5	1.0	2.0
快速脱湿	<20	−1.5	−18.0	−46.1
缓慢脱湿	20→100	−7.0	−16.8	−19.8
稳定脱湿	100→400	−14.8	−13.2	−11.3
整个阶段	0→400	−21.9	−40.2	−61.7

注：$\omega_{t\text{-}S}$ 代表脱湿含水率随基质吸力的变化。

表 3-18 给出了不同基质吸力下红土的脱湿含水率随粒径的变化。可见，相同基质吸力下，随粒径的增大，红土的脱湿含水率减小；粒径越大，脱湿含水率的下降程度越大，脱湿含水率越小。

表 3-18　不同基质吸力下红土的脱湿含水率随粒径的变化（$\omega_{t\text{-}d}$，%）

粒径 d/mm	基质吸力 S/kPa				
	50	100	200	300	400
0.5→1.0	−23.0	−24.8	−25.9	−24.9	−23.4
0.5→2.0	−50.6	−52.4	−52.6	−52.3	−50.4

注：$\omega_{t\text{-}d}$ 代表脱湿含水率随过筛粒径的变化。

相同脱湿含水率下，随粒径的增大，红土的基质吸力减小；粒径越大，基质吸力的下降程度越大，基质吸力越小。如脱湿含水率为 36.7%，粒径从 0.5mm 增大至 1.0mm 时，基质吸力减小了 91.3%；粒径从 0.5mm 增大至 2.0mm 时，基质吸力减小了 97.5%。

3.3.5.2　土-水特征参数的变化

图 3-11 给出了脱湿过程中，红土的土-水特征参数随过筛粒径 d 的变化曲线。

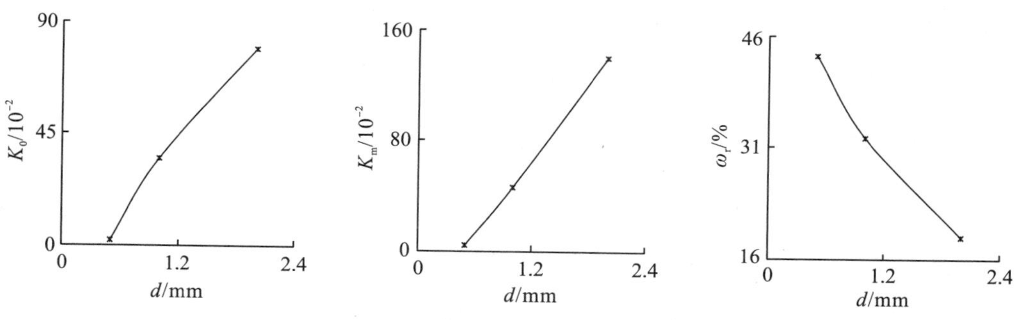

图 3-11　不同过筛粒径下脱湿红土的土-水特征参数

图 3-11 表明：脱湿时，随粒径的增大，红土土-水特征曲线的初始脱水斜率和快速下降段的最大脱水斜率都明显增大，残余含水率减小。这说明粒径越大，红土样的进气值越低，下降段的脱水速率越大，这与胡波[80]、刘小文等[169]的结论类似。这是因为，一方面，粒径较小时，土样中细颗粒含量较多，孔隙较小，孔隙连通性差。脱湿时，气体进入土体中的孔隙较难，只有在较大的进气值下才能排出孔隙水，脱水速率较小，持水能力较强，最终只能缓慢排出较少的孔隙水，残余含水率较大，因而不存在含水率迅速下降的阶段，曲线总体呈直线型。另一方面，粒径较大，制样过程中易于形成大孔隙和连通孔隙。脱湿时，气体先进入连通大孔隙中快速排除孔隙水，因此土-水特征曲线出现快速下降；随吸力的增大，连通大孔隙中的水分明显减少，气体逐渐进入小孔隙中缓慢排出孔隙水，因此土-水特征曲线出现缓慢下降并趋于稳定的阶段。曲线总体上呈现“倒 J”形。

3.4 增湿过程中红土的基质吸力特性

3.4.1 增湿次数的影响

图 3-12 给出了滤纸法的测试条件下，增湿过程中，不同增湿次数 Z 时，红土的基质吸力 S 随增湿含水率 ω_z 变化的土-水特征曲线。图中，$Z1$、$Z2$、$Z3$ 分别代表增湿 1 次、2 次、3 次。

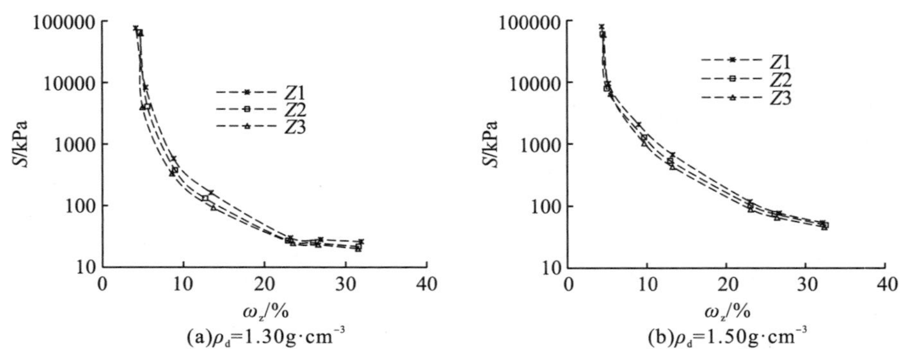

(a)ρ_d=1.30g·cm^{-3} (b)ρ_d=1.50g·cm^{-3}

图 3-12 不同增湿次数下增湿红土的土-水特征曲线

图 3-12 表明：同一增湿过程中，不同初始干密度、不同增湿次数下，红土的土-水特征曲线的增湿曲线的变化趋势一致，均表现为随增湿含水率的增大，红土的基质吸力先快速减小后缓慢减小；根据增湿曲线的变化趋势，可将红土的增湿曲线分为快速增湿段、缓慢增湿段、稳定增湿段。

表 3-19 给出了不同增湿次数下，红土的基质吸力随增湿含水率的变化。可见，增湿过程中，相同增湿次数下，随增湿含水率的增大，红土的基质吸力减小。当增湿含水率由 4.2%增大至 32.0%时，不论增湿多少次，不论干密度大小，红土的基质吸力总体上减小了 99.9%。增湿含水率较小时，基质吸力的下降程度较快；增湿含水率较大时，基质吸力的下降程度减缓。这说明增湿初期含水率的微小增大，能够引起红土基质吸力的显著下降；增湿中后期的含水率增大，引起基质吸力的缓慢下降，趋于稳定。

表 3-19 不同增湿次数下红土的基质吸力随增湿含水率的变化（S_{ω_z}，%）

增湿含水率 ω_z/%	ρ_d=1.30g·cm^{-3}			ρ_d=1.50g·cm^{-3}		
	Z=1	Z=2	Z=3	Z=1	Z=2	Z=3
4.2→32.0	−99.9	−99.9	−99.9	−99.9	−99.9	−99.9
4.2→9.0	−99.2	−99.4	−99.5	−97.4	−97.8	−98.2
9.0→23.0	−94.9	−92.9	−92.6	−94.3	−92.1	−91.4
23.0→32.0	−12.8	−19.4	−18.8	−54.4	−52.0	−48.4

注：S_{ω_z} 代表基质吸力随增湿含水率的变化。

表 3-20 给出了不同增湿含水率下，红土的基质吸力随增湿次数的变化。可见，相同增湿含水率下，随增湿次数的增多，红土的基质吸力减小；增湿次数越多，基质吸力的下降程度越大，基质吸力越小。

表 3-20　不同增湿含水率下红土的基质吸力随增湿次数的变化(S_Z，%)

增湿次数 Z/次	ρ_d=1.30g·cm^{-3}				ρ_d=1.50g·cm^{-3}			
	$\omega_z=9.0\%$	$\omega_z=13.0\%$	$\omega_z=23.0\%$	$\omega_z=32.0\%$	$\omega_z=9.0\%$	$\omega_z=13.0\%$	$\omega_z=23.0\%$	$\omega_z=32.0\%$
1→2	−35.3	−19.2	−10.1	−16.9	−38.0	−20.4	−13.2	−8.7
1→3	−43.0	−43.2	−17.8	−23.5	−50.6	−36.4	−24.9	−15.0

注：S_Z 代表基质吸力随增湿次数的变化。

3.4.2　初始干密度的影响

3.4.2.1　压力板仪法

1. 土-水特征曲线的变化

图 3-13 给出了压力板仪法的测试条件下，不同初始干密度ρ_d时，增湿过程中红土的基质吸力 S 随增湿含水率ω_z变化的土-水特征曲线。

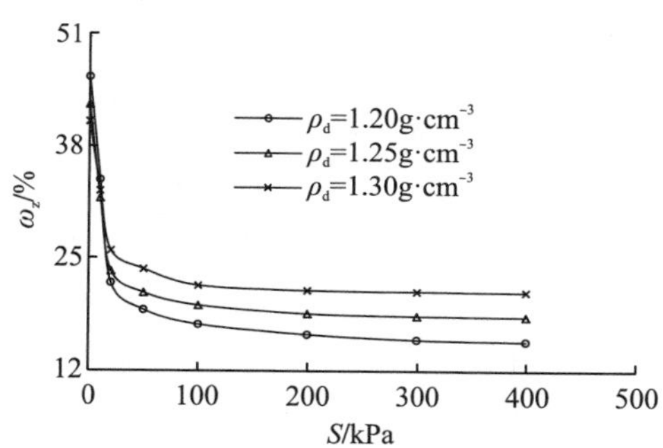

图 3-13　不同初始干密度下增湿红土的土-水特征曲线

图 3-13 表明：增湿过程中，无论初始干密度大或小，红土的基质吸力随增湿含水率的增大而减小，土-水特征曲线呈现出“倒 J”形，与脱湿变化过程相对应，增湿变化过程可以分为快速增湿、缓慢增湿、稳定增湿三个阶段。当增湿含水率大于 22.0%时，不同初始干密度下的增湿曲线基本重合，基质吸力小于 20kPa；当增湿含水率小于 22.0%时，干密度对基质吸力的影响较大。

表 3-21 给出了不同初始干密度下，红土的增湿含水率随基质吸力的变化。可见，增湿过程中，相同干密度下，随基质吸力的增大，红土的增湿含水率减小；基质吸力较小时，增湿含水率的下降程度较大；基质吸力较大时，增湿含水率的下降程度减小。增湿初期，增湿含水率的微小增长引起基质吸力的显著减小；随增湿过程的深入，增湿含水率的较大增长引起基质吸力的缓慢下降。

表 3-21 不同初始干密度下红土的增湿含水率随基质吸力的变化($\omega_{z\text{-}S}$, %)

增湿过程	基质吸力 S/kPa	初始干密度ρ_d/(g·cm^{-3})		
		1.20	1.25	1.30
快速增湿	<20	-51.8	-45.0	-36.7
缓慢增湿	20→100	-21.7	-16.8	-15.5
稳定增湿	100→400	-11.4	-6.8	-3.5

注：$\omega_{z\text{-}S}$代表增湿含水率随基质吸力的变化。

增湿初期，红土的含水率小，包裹红土颗粒的水膜较薄，颗粒对水的吸附作用较强，增湿速度快，增湿含水率的增大程度高，对应的基质吸力小；增湿中期，含水增多，包裹土颗粒的水膜变厚，土颗粒对水的吸附作用减弱，增湿速度减缓，增湿含水率的增大程度降低，对应的基质吸力减小；脱湿后期，随着含水的进一步增多，土颗粒对水的吸附作用进一步减弱，土中含水接近饱和状态，不能继续增湿，增湿速度趋于稳定。

表 3-22 给出了不同基质吸力下，红土的增湿含水率随初始干密度的变化。可见，增湿过程中，相同基质吸力下，随初始干密度的增大，红土的增湿含水率增大；干密度越大，增湿含水率的增大程度越高，增湿含水率越大。

表 3-22 不同基质吸力下红土的增湿含水率随初始干密度的变化($\omega_{z-\rho_d}$, %)

初始干密度 ρ_d/(g·cm^{-3})	基质吸力 S/kPa				
	50	100	200	300	400
1.20→1.25	10.4	12.8	14.9	17.8	18.6
1.20→1.30	24.8	26.1	31.6	36.0	37.4

注：$\omega_{z-\rho_d}$代表增湿含水率随初始干密度的变化。

表 3-23 给出了不同增湿含水率下，红土的基质吸力随初始干密度的变化。可见，增湿过程中，相同增湿含水率下，随干密度的增大，红土的基质吸力增大；干密度越大，基质吸力的增大程度越高，基质吸力越大。尤其是干密度由 1.20g·cm^{-3}增大到 1.30g·cm^{-3}时，基质吸力显著增大。

表 3-23 不同增湿含水率下红土的基质吸力随初始干密度的变化(S_{ρ_d}, %)

初始干密度 ρ_d/(g·cm^{-3})	增湿含水率ω_z/%	
	21.0	23.5
1.20→1.25	92.3	11.1
1.20→1.30	1038.5	427.8

注：S_{ρ_d}代表基质吸力随干密度的变化。

2. 土-水特征参数的变化

图 3-14 给出了增湿过程中，红土的土-水特征参数随初始干密度ρ_d的变化曲线。

图 3-14 表明：随初始干密度的增大，红土的土-水特征曲线的初始吸水斜率（K_0'）、最大吸水斜率（K_m'）和残余含气量（θ_s'）都减小，这与脱湿时的初始脱水斜率、最大脱水斜率、残余含水率的变化趋势一致，因为增湿时残余含气量的减小对应于脱湿时残余含水率的增大。但增湿时红土的土-水特征参数小于脱湿时的相应参数，这说明就水分在红土中的迁移难度而言，增湿过程大于脱湿过程。

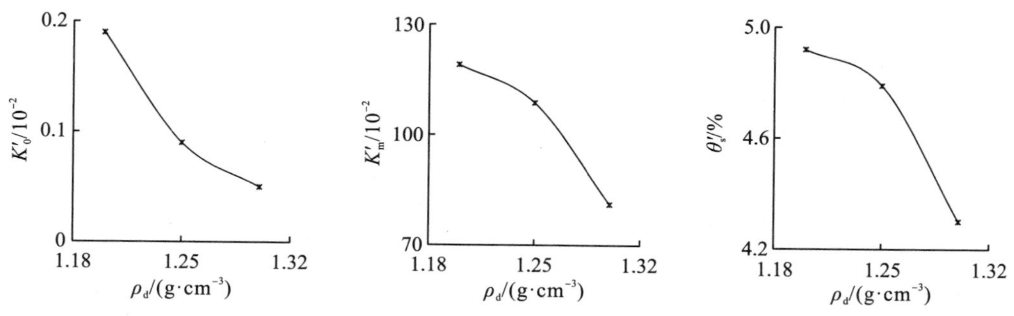

图 3-14　不同初始干密度下增湿红土的土-水特征参数

3.4.2.2　滤纸法

图 3-15 给出了滤纸法的测试条件下，增湿过程中，不同初始干密度ρ_d时，红土的基质吸力 S 随增湿含水率ω_z变化的土-水特征曲线。

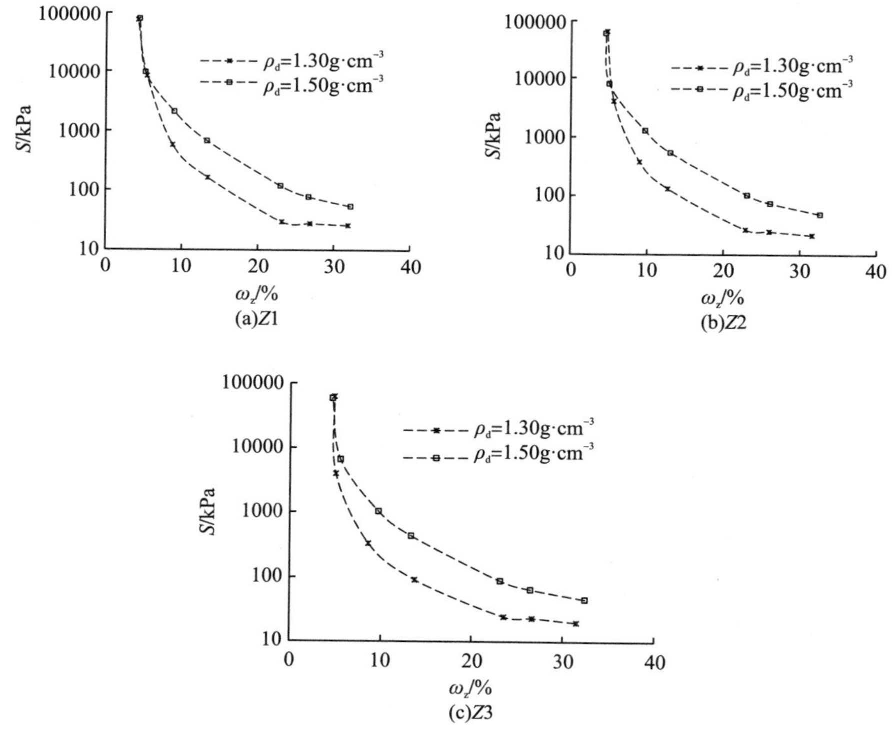

图 3-15　不同初始干密度下增湿红土的土-水特征曲线

图 3-15 表明：不同初始干密度、不同增湿次数下，红土土-水特征曲线的增湿曲线的变化趋势一致。随增湿含水率的增大，基质吸力先急剧减小后缓慢减小。可分为快速增湿、缓慢增湿、稳定增湿 3 个阶段。增湿含水率较小时，增湿曲线较陡，基质吸力的敏感度高；增湿含水率较大时，增湿曲线变缓，基质吸力的敏感度降低。

表 3-24 给出了不同增湿含水率下，红土的基质吸力随初始干密度的变化。可见，增湿过程中，相同增湿含水率、相同增湿次数下，随干密度的增大，红土的基质吸力增大。

表 3-24　不同增湿含水率下红土的基质吸力随初始干密度的变化（S_{ρ_d}，%）

初始干密度 ρ_d/(g·cm^{-3})	增湿次数 Z/次	增湿含水率 ω_z/%			
		9.0	13.0	23.0	32.0
1.30→1.50	1	259.5	320.1	298.0	108.1
	2	244.8	314.0	284.3	128.7
	3	212.0	370.6	263.7	131.2

注：S_{ρ_d} 代表基质吸力随初始干密度的变化。

3.4.3　过筛粒径的影响

3.4.3.1　土-水特征曲线的变化

图 3-16 给出了压力板仪法的测试条件下，增湿过程中，不同过筛粒径 d 时，红土的基质吸力 S 随增湿含水率 ω_z 变化的土-水特征曲线。

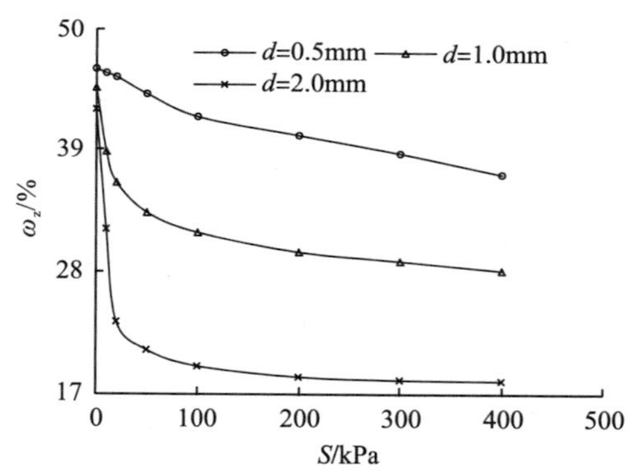

图 3-16　不同过筛粒径下吸湿红土的土-水特征曲线

图 3-16 表明：增湿过程中，不论粒径大小，红土的基质吸力随增湿含水率的增大而减小。但粒径不同，土-水特征曲线形状差异明显，粒径为 0.5mm 时，土-水特征曲线近似于直线型，基质吸力为 20～400kPa，增湿含水率基本上均匀增大，其增大程度为 19.6%。粒径为 1.0mm、2.0mm 时，土-水特征曲线呈“倒 J”形，与脱湿变化过程相对应，增湿变化过程可以分为快速增湿、缓慢增湿、稳定增湿 3 个阶段。

由图 3-16 还可知，相同增湿含水率下，随粒径的增大，红土的基质吸力减小；粒径越大，基质吸力的下降程度越高，基质吸力越小。如增湿含水率为 36.7%，粒径从 0.5mm 增大至 1.0mm 时，基质吸力减小了 96.8%；粒径从 0.5mm 增大至 2.0mm 时，基质吸力减小了 98.5%。

表 3-25 给出了不同粒径下，红土的增湿含水率随基质吸力的变化。可见，增湿过程中，随基质吸力的增大，红土的增湿含水率减小；但粒径 0.5mm 与 1.0mm、2.0mm 相比，增湿含水率的减小程度相反，粒径 0.5mm 时，增湿含水率的下降程度增大，由−1.6%增大到−12.6%；粒径为 1.0mm、2.0mm 时，增湿含水率的下降程度减小，分别由−19.5%、−45.0%减小到−10.8%、−6.8%。

表 3-25　不同粒径下红土的增湿含水率随基质吸力的变化（$\omega_{z\text{-}S}$，%）

增湿阶段	基质吸力 S/kPa	粒径 d/mm		
		0.5	1.0	2.0
快速增湿	<20	−1.6	−19.5	−45.0
缓慢增湿	20→100	−8.0	−12.3	−16.8
稳定增湿	100→400	−12.6	−10.8	−6.8
整个阶段	0→400	−20.8	−37.0	−57.4

注：$\omega_{z\text{-}S}$ 代表增湿含水率随基质吸力的变化。

表 3-26 给出了不同基质吸力下，红土的增湿含水率随粒径的变化。可见，增湿过程中，相同基质吸力下，随粒径的增大，红土的增湿含水率减小；粒径越大，增湿含水率的下降程度越高，增湿含水率越小。

表 3-26　不同基质吸力下红土的增湿含水率随粒径的变化（$\omega_{z\text{-}d}$，%）

粒径 d/mm	基质吸力 S/kPa				
	50	100	200	300	400
0.5→1.0	−24.5	−24.9	−26.1	−25.1	−23.4
0.5→2.0	−52.4	−53.5	−54.0	−52.7	−50.4

注：$\omega_{z\text{-}d}$ 代表增湿含水率随粒径的变化。

3.4.3.2　土-水特征参数的变化

图 3-17 给出了增湿过程中，红土的土-水特征参数随不同过筛粒径 d 的变化曲线。图 3-17 表明：增湿过程中，随粒径的增大，红土的土-水特征曲线的初始吸水斜率（K_0'）减小，最大吸水斜率（K_m'）和残余含气量（θ_s'）增大。这是因为，粒径越大，红土样中细颗粒含量越少，比表面积越小，对水分子的吸附交换能力越弱，因此初始吸水斜率越小；同时，粒径越大，孔隙通道越大，增湿时水分更容易楔入红土的孔隙中，因此最大吸水斜率越大。

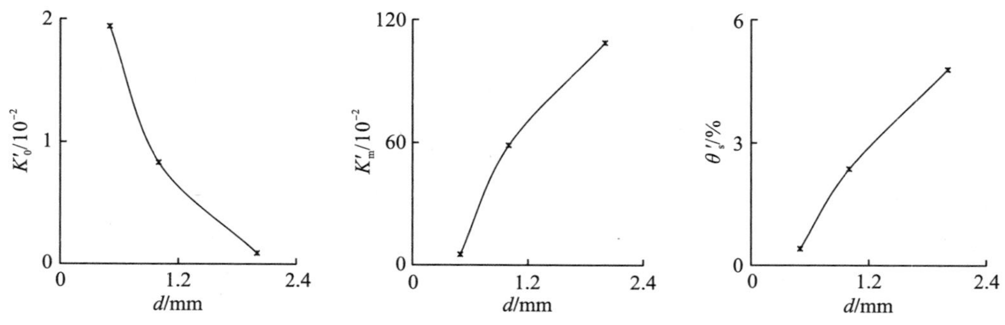

图 3-17 不同过筛粒径下增湿红土的土-水特征参数

3.5 干湿循环过程中红土的基质吸力特性

3.5.1 干湿循环次数的影响

图 3-18 给出了滤纸法的测试条件下，干湿循环过程中，初始干密度ρ_{d}为 $1.30\mathrm{g\cdot cm^{-3}}$，不同干湿循环次数 N_{g}时，红土的基质吸力 S 随含水率 ω 变化的土-水特征曲线。图中，Z1、Z2、Z3 分别代表增湿 1 次、2 次、3 次，T1、T2、T3 分别代表脱湿 1 次、2 次、3 次。

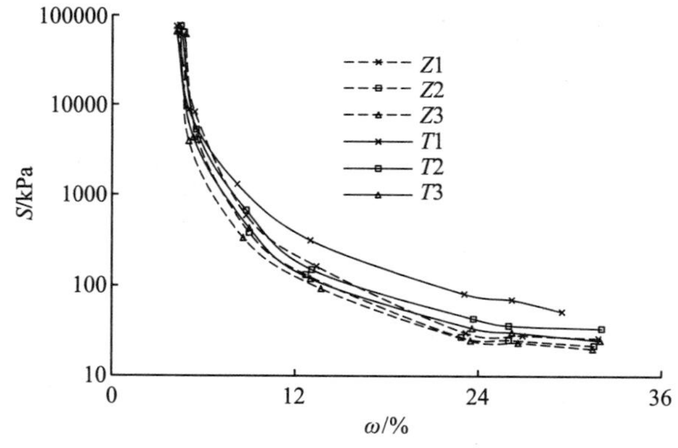

图 3-18 不同循环次数下干湿循环红土的土-水特征曲线

图 3-18 表明：干湿循环过程中，不同干湿循环次数下，红土的土-水特征曲线的增湿曲线、脱湿曲线的变化趋势一致；含水率较小时两条曲线接近，随含水率的增大，总体上脱湿曲线高于增湿曲线，二者不重合，存在滞回圈，表明红土的脱湿-增湿过程存在滞后现象。相同基质吸力下，脱湿含水率大于增湿含水率；相同含水率下，脱湿过程中的基质吸力大于增湿过程中的基质吸力。随干湿循环次数的增大，土-水特征曲线下降，相应地，基质吸力减小。

表 3-27 给出了不同增湿、脱湿含水率下，红土的基质吸力随干湿循环的变化。

表 3-27　不同增-脱湿含水率下红土的基质吸力随干湿循环的变化($S_{z\text{-}t}$，%)

循环过程	循环次数 N_g/次	增-脱湿含水率 ω/%			
		9.0	13.0	23.0	32.0
增湿→脱湿	1	125.5	91.8	171.5	92.3
	2	76.8	13.3	59.7	33.7
	3	27.3	28.6	37.6	23.6

注：$S_{z\text{-}t}$ 代表相比于增湿过程，脱湿过程基质吸力的变化。

可见，干湿循环过程中，相同增-脱湿含水率下，由增湿过程到脱湿过程，红土的基质吸力增大；随干湿循环次数的增多，基质吸力的增大程度减小。增湿、脱湿达到相同的含水率时，由于增湿加大了包裹红土颗粒的水膜厚度，颗粒间吸附作用弱；而脱湿减小了包裹颗粒的水膜厚度，颗粒间吸附作用增强。因而同一循环过程中，脱湿过程的基质吸力大于增湿过程的基质吸力。干湿循环次数越多，脱湿过程基质吸力增大的程度越缓，表明增湿、脱湿滞回圈的面积越小。

3.5.2　初始干密度的影响

3.5.2.1　压力板仪法

图 3-19 给出了压力板仪法的测试条件下，干湿循环过程中，不同初始干密度ρ_d时，红土的基质吸力 S 随含水率 ω 变化的土-水特征曲线。

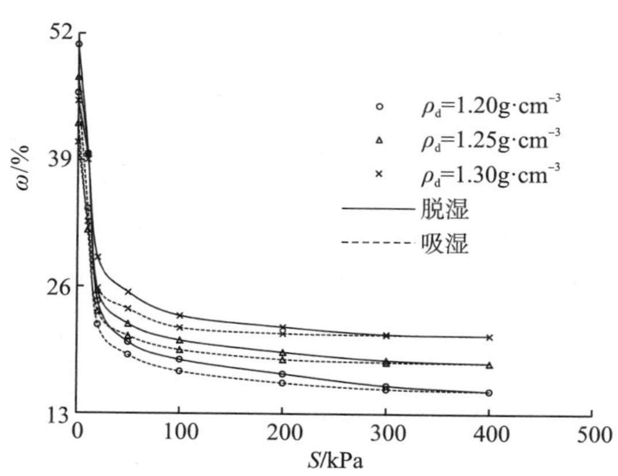

图 3-19　不同初始干密度下干湿循环红土的土-水特征曲线

图 3-19 表明：干湿循环过程中，不同初始干密度，脱湿、增湿条件下，红土的土-水特征曲线的变化趋势一致，但不重合，产生滞回圈，脱湿-增湿过程存在滞后现象，脱湿曲线高于增湿(吸湿)曲线。相同基质吸力下，脱湿含水率大于增湿含水率；相同含水

率下，脱湿过程中基质吸力大于增湿过程中的基质吸力。基质吸力相同时，含水率随初始干密度的增大而增大；含水率相同时，基质吸力随初始干密度的增大而增大。基质吸力小于 20kPa，各初始干密度下，增湿曲线、脱湿曲线靠近，这时初始干密度、增湿、脱湿对基质吸力的影响很小，而对含水率的影响较大；基质吸力为 20～300kPa 时，各个因素的影响显现出来，对基质吸力的影响增大，而对含水率的影响较小；基质吸力为 300～400kPa 时，增湿、脱湿的影响减小。

表 3-28 给出了不同基质吸力下，红土的脱湿含水率随干湿循环的变化。

表 3-28　不同基质吸力下红土的脱湿含水率随干湿循环的变化($\omega_{z\text{-}t}$，%)

循环过程	初始干密度 ρ_d/(g·cm^{-3})	基质吸力 S/kPa				
		50	100	200	300	400
增湿→脱湿	1.20	6.9	7.0	5.8	2.3	0.0
	1.25	5.9	5.1	4.0	1.1	0.0
	1.30	7.2	5.6	3.2	0.0	0.0

注：$\omega_{z\text{-}t}$代表相比于增湿过程，脱湿含水率的变化。

可见，干湿循环过程中，相同初始干密度下，增湿过程、脱湿过程达到相同的基质吸力时，脱湿含水率大于增湿含水率。

3.5.2.2　滤纸法

图 3-20 给出了滤纸法的测试条件下，干湿循环过程中，不同初始干密度ρ_d时，红土的基质吸力 S 随含水率ω变化的土-水特征曲线。

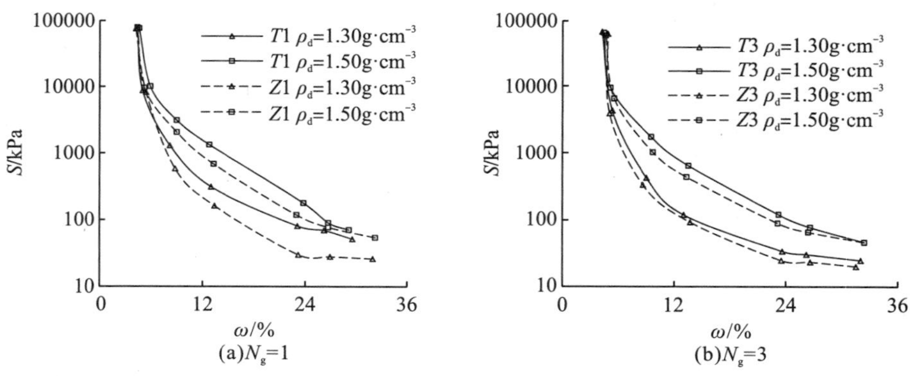

图 3-20　不同初始干密度下干湿循环红土的土-水特征曲线

图 3-20 表明：同一干湿循环过程中，不同初始干密度下，红土的脱湿曲线总是高于增湿曲线，存在显著的滞回效应。当增湿含水率、脱湿含水率较小时，各初始干密度下的增湿曲线、脱湿曲线靠近，但曲线较陡，这时，初始干密度、增湿、脱湿对含水率的影响较小，而对基质吸力的影响较大。增湿含水率、脱湿含水率较大时，各初始干密度

下的增湿曲线、脱湿曲线间距增大，曲线变缓，这时，初始干密度、增湿、脱湿对含水率的影响较大，而对基质吸力的影响较小。随初始干密度的增大，增湿曲线、脱湿曲线上升。

表 3-29 给出了不同含水率下，红土的基质吸力随干湿循环的变化。

表 3-29　不同增-脱湿含水率下红土的基质吸力随干湿循环的变化($S_{z\text{-}t}$，%)

循环过程	循环次数 N_g/次	初始干密度 ρ_d/(g·cm^{-3})	增-脱湿含水率 ω/%			
			9.0	13.0	23.0	32.0
增湿→脱湿	1	1.30	125.5	91.8	171.5	92.3
		1.50	51.3	97.5	51.0	38.6
	3	1.30	27.3	28.6	37.6	23.6
		1.50	70.6	48.7	34.3	0.0

注：$S_{z\text{-}t}$ 代表相比增湿过程，脱湿过程中基质吸力的变化。

可见，相同循环次数、相同初始干密度下，增湿、脱湿过程达到相同的含水率时，脱湿过程的基质吸力大于增湿过程的基质吸力。

3.5.3　过筛粒径的影响

图 3-21 给出了干湿循环过程中，相同过筛粒径 d 下，红土的基质吸力 S 随含水率 ω 变化的土-水特征曲线。

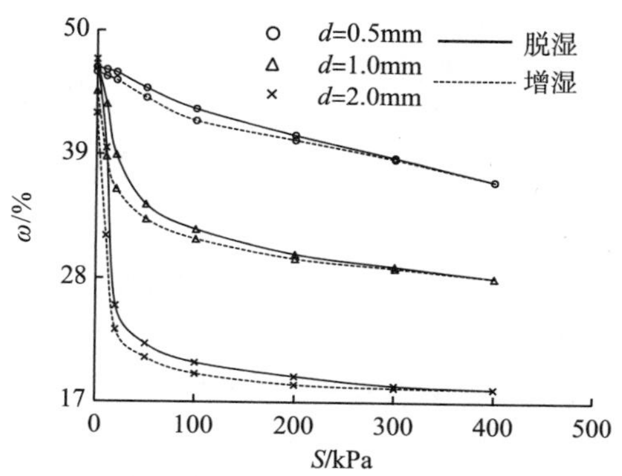

图 3-21　不同过筛粒径下干湿循环红土的土-水特征曲线

图 3-21 表明：干湿循环过程中，不同粒径下，红土的土-水特征曲线的脱湿曲线、增湿曲线的变化趋势一致，但不重合，产生滞回效应；脱湿-增湿过程存在滞后现象，脱湿曲线高于增湿曲线。相同基质吸力下，脱湿含水率大于增湿含水率；相同含水率下，脱湿过程中的基质吸力大于增湿过程中的基质吸力。

表 3-30 给出了不同基质吸力下红土的脱湿含水率随干湿循环的变化。

表 3-30 不同基质吸力下红土的脱湿含水率随干湿循环的变化（$\omega_{z\text{-}t}$，%）

循环过程	粒径 d/mm	基质吸力 S/kPa				
		50	100	200	300	400
增湿→脱湿	0.5	2.0	2.6	1.1	0.3	0.0
	1.0	3.9	2.8	1.4	0.6	0.0
	2.0	5.9	5.1	4.0	1.1	0.0

注：$\omega_{z\text{-}t}$代表相比于增湿含水率，干湿循环过程中脱湿含水率的变化。

可见，相同粒径下，干湿循环过程中达到相同的基质吸力，脱湿含水率大于增湿含水率；基质吸力增大，脱湿含水率的增大程度降低，增湿、脱湿的影响减小；粒径越大，脱湿含水率的增大程度越高，增湿、脱湿滞回圈的面积越大，增湿曲线、脱湿曲线越分开，增湿、脱湿的影响越大。

3.5.4 土-水特征曲线的滞后性

干湿循环条件下的脱湿-增湿过程中，红土土-水特征曲线的脱湿曲线与增湿曲线之间存在滞后现象，其原因在于干湿循环过程中红土试样存在孔隙效应、瓶颈效应、角度效应的综合作用。

孔隙效应是指干湿循环过程中，红土中的孔隙大小不同、连通情况不同，导致红土在脱湿时的排水能力和在增湿时的吸水能力不同。孔隙越大，连通性越好，排水、吸水能力越强；孔隙越小，连通性越差，排水、吸水能力越弱。脱湿过程中，水分的排出主要由红土中的最小孔隙控制，脱湿时气体需要通过红土中的最小孔隙才能排除孔隙水，需要的气压更大；而增湿过程中，水分的进入主要由红土中的最大孔隙控制，增湿时气体只需通过红土中的最大孔隙就能吸入水分，需要的气压相比较小。因此，相同含水率下，脱湿过程的基质吸力大于增湿过程的基质吸力；相同基质吸力下，脱湿过程的含水率高于增湿过程的含水率。

瓶颈效应是指干湿循环的脱湿过程中，红土中的孔隙不均匀地闭合收缩减小到类似于瓶颈约束的现象。红土的脱湿收缩、增湿膨胀的循环胀缩特性，导致脱湿过程、增湿过程中红土的孔隙收缩、膨胀运动方向相反，引起脱湿、增湿的孔隙大小、连通情况不同。增湿时，与脱湿相同的基质吸力值下，脱湿产生的瓶颈约束效应，导致水分难于楔入红土的孔隙中。因此，干湿循环条件下增湿过程的含水率低于脱湿过程的含水率。

角度效应是指干湿循环过程中，脱湿时水分迁出红土的收缩角和增湿时水分迁入红土的扩散角不同，从而引起红土颗粒对水分的滞留能力不同。相同基质吸力下，脱湿过程中水分的迁出引起收缩角减小，增湿过程中水分的迁入引起扩散角增大，扩散角的增大对应的表面张力较小，进而对水的滞留能力较弱。因此，干湿循环条件下增湿过程的含水率低于脱湿过程的含水率。

3.5.5　滤纸法与压力板仪法结果对比

图 3-22 给出了初始干密度ρ_d为 1.30g · cm^{-3}、干湿循环 1 次、压力板仪法和滤纸法的测试条件下，红土的基质吸力 S 随含水率ω变化的土-水特征曲线。

图 3-22 表明：不同测试方法下，滤纸法与压力板仪法所测得红土的土-水特征曲线具有相同的变化趋势，增湿过程或脱湿过程中，随增湿含水率或脱湿含水率的增大，红土的基质吸力减小。含水率较小时，基质吸力下降较快；含水率较大时，基质吸力下降较慢。干湿循环过程中，增湿、脱湿含水率相同时，脱湿曲线高于增湿曲线，存在明显的滞回圈，脱湿过程的基质吸力大于增湿过程的基质吸力。但两种测试方法下红土的土-水特征曲线也存在区别，压力板仪法测得的基质吸力范围偏小，含水率较大，可以测得低基质吸力、高含水率下的土-水特征曲线；滤纸法测得的基质吸力范围较广，含水率较小，可以测得高基质吸力、低含水率下的土-水特征曲线。本书用压力板仪法只测得了 400kPa 以下的基质吸力，对应的含水率范围为 20.0%～45.0%；而用滤纸法测到了约 100000kPa 的基质吸力，对应的含水率范围为 4.0%～32.0%。而且在含水率较小时，压力板仪法下的土-水特征曲线比滤纸法下的曲线陡；在含水率较大时，压力板仪法下的土-水特征曲线比滤纸法下的曲线缓。

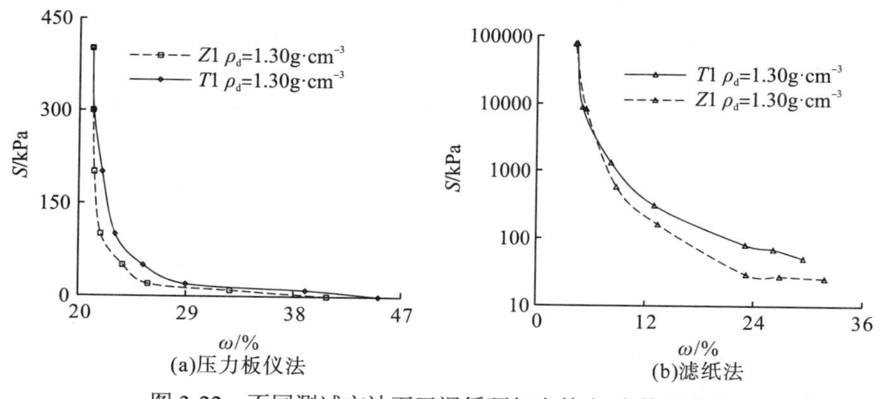

图 3-22　不同测试方法下干湿循环红土的土-水特征曲线

3.6　含砂红土的基质吸力特性

3.6.1　初始干密度的影响

图 3-23 给出了压力板仪法的测试条件下，脱湿过程中，初始含水率 ω_0 为 24.7%、初始干密度ρ_d 分别为 1.30g · cm^{-3} 和 1.21g · cm^{-3}、含砂率Δ为 0%时，红土的基质吸力 S 随含水率 ω 变化的土-水特征曲线；图 3-24 给出了不同含水率 ω 下，红土的基质吸力 S 随初始干密度ρ_d 的变化曲线。

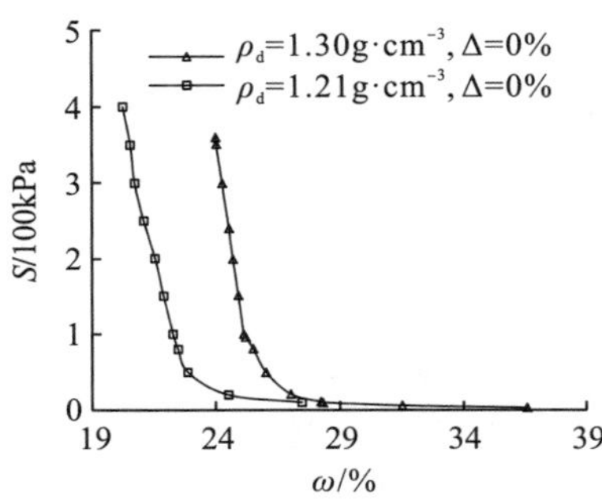

图 3-23 脱湿红土的土-水特征曲线

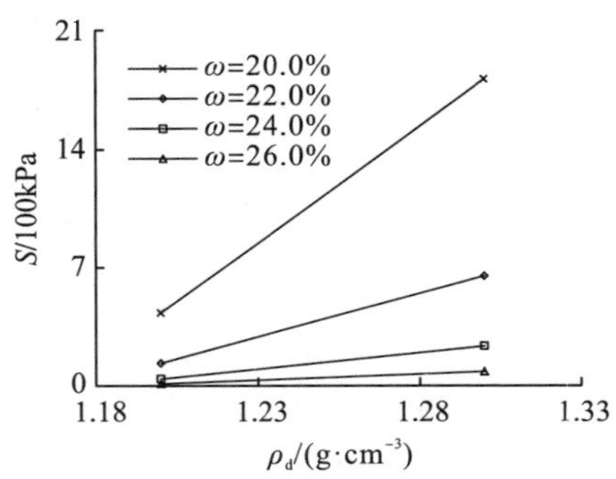

图 3-24 脱湿红土的基质吸力与干密度的关系

图 3-23、图 3-24 表明：脱湿过程中，不含砂时，各干密度下红土土-水特征曲线的变化趋势一致，随脱湿含水率的减小，基质吸力增大。脱湿含水率较大时，基质吸力变化缓慢；脱湿含水率较小时，基质吸力变化显著。可以分为快速脱湿、缓慢脱湿、稳定脱湿三个阶段。而随初始干密度的增大，脱湿红土的土-水特征曲线上升，相应地，基质吸力增大。

表 3-31 给出了不同初始干密度下，不含砂时红土的基质吸力随脱湿含水率的变化。可见，脱湿过程中，随脱湿含水率的减小，红土的基质吸力增大。脱湿含水率越小，基质吸力越大，红土的持水能力越强，基质吸力对含水率的敏感性越好；脱湿含水率越大，基质吸力越小，红土的持水能力越弱，基质吸力对含水率的敏感性越差。

表 3-31 不同初始干密度下不含砂红土的基质吸力随脱湿含水率的变化

初始干密度		整个阶段	快速脱湿	缓慢脱湿	稳定脱湿
ρ_d=1.21g·cm^{-3}	ω/%	27.5→20.3	27.5→24.5	24.5→22.9	22.9→20.3
	S/kPa	10→400	10→20	20→50	50→400
ρ_d=1.30g·cm^{-3}	ω/%	36.0→24.0	36.0→27.0	27.0→25.5	25.5→24.0
	S/kPa	3→360	3→21	21→96	96→360

表 3-32 给出了不同基质吸力下不含砂时，红土的脱湿含水率随初始干密度的变化。可见，脱湿过程中，相同基质吸力下，随干密度的增大，不含砂红土的脱湿含水率增大。

表 3-32 不同基质吸力下不含砂红土的脱湿含水率随初始干密度的变化（ω_{ρ_d}，%）

初始干密度 ρ_d/(g·cm^{-3})	基质吸力 S/kPa			
	50	100	200	300
1.21→1.30	13.8	12.9	14.6	17.1

注：$\omega_{\rho d}$代表脱湿含水率随初始干密度的变化。

表 3-33 给出了不同脱湿含水率下不含砂时，红土的基质吸力随初始干密度的变化。可见，脱湿过程中，相同脱湿含水率下，随初始干密度的增大，不含砂红土的基质吸力显著增大。脱湿含水率越大，基质吸力的增大程度越高。

表 3-33　不同脱湿含水率下不含砂红土的基质吸力随初始干密度的变化（S_{ρ_d}，%）

初始干密度 ρ_d/(g·cm^{-3})	脱湿含水率 ω/%			
	26.0	24.0	22.0	20.0
1.20→1.30	591.7	482.5	388.7	320.9

注：S_{ρ_d} 代表基质吸力随初始干密度的变化。

表 3-34 给出了不同初始干密度下，不含砂红土的基质吸力随脱湿含水率的变化。可见，相同干密度下，随脱湿含水率的减小，红土的基质吸力增大；脱湿含水率越小，基质吸力的增大程度越高。

表 3-34　不同初始干密度下红土的基质吸力随脱湿含水率的变化（S_ω，%）

脱湿含水率 ω/%	初始干密度 ρ_d/(g·cm^{-3})	
	1.20	1.30
26.0→24.0	233.3	180.7
26.0→22.0	1008.3	683.1
26.0→20.0	3483.3	2080.7

注：S_ω 代表基质吸力随脱湿含水率的变化。

3.6.2　含砂率的影响

图 3-25 给出了脱湿过程中，初始干密度ρ_d为 1.20g·cm^{-3}，不同含砂率Δ下，红土的基质吸力 S 随脱湿含水率 ω 变化的土-水特征曲线。图 3-26 给出了初始干密度ρ_d 为 1.20g·cm^{-3}，不同脱湿含水率 ω 下，红土的基质吸力 S 随含砂率Δ的变化关系。

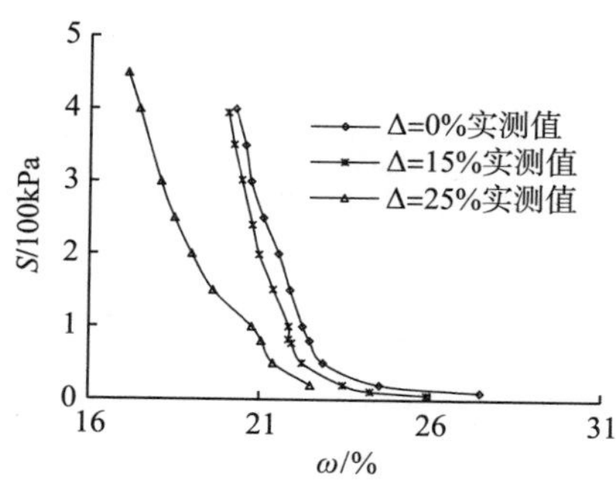

图 3-25　脱湿红土的土-水特征曲线

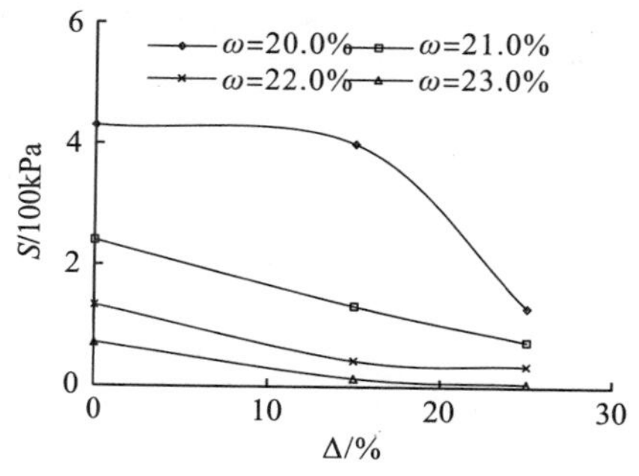

图 3-26　脱湿红土的基质吸力与含砂率关系

图 3-25、图 3-26 表明：脱湿过程中，不同含砂率下，红土的土-水特征曲线的变化趋势一致，呈现出基质吸力随脱湿含水率减小而增大的特征；随含砂率的增加，红土的土-水特征曲线左移，相应地基质吸力和含水率减小。

表 3-35 给出了不同含砂率下，红土基质吸力随脱湿含水率的变化。可见，脱湿过程中，相同含砂率下，随脱湿含水率的减小，红土的基质吸力增大。脱湿含水率较小时，基质吸力增长较快；脱湿含水率较大时，基质吸力增长缓慢。

表 3-35　不同含砂率下红土的基质吸力随脱湿含水率的变化

含砂率Δ=0/%		含砂率Δ=15%		含砂率Δ=25%	
ω/%	S/kPa	ω/%	S/kPa	ω/%	S/kPa
27.5→20.0	10→400	25.9→20.0	6→395	22.5→17.1	20→450
22.9→20.0	快速增大	22.2→20.0	快速增大	21.4→17.1	快速增大
27.5→22.9	缓慢增大	25.9→22.2	缓慢增大	22.5→21.4	缓慢增大

表 3-36 给出了不同基质吸力下，红土的脱湿含水率随含砂率的变化。可见，脱湿过程中，相同基质吸力下，相比于不含砂(含砂率为 0)，含砂红土的脱湿含水率减小；含砂率越大，脱湿含水率的减小程度越高，对应的脱湿含水率越小。

表 3-36　不同基质吸力下红土的脱湿含水率随含砂率的变化(ω_Δ，%)

含砂率Δ/%	基质吸力 S/kPa			
	50	100	200	300
0→15	-2.7	-1.8	-2.6	-1.3
0→25	-6.4	-6.7	-11.8	-12.8

注：ω_Δ代表脱湿含水率随含砂率的变化。

表 3-37 给出了不同脱湿含水率下，红土的基质吸力随含砂率的变化。可见，脱湿过程中，相同脱湿含水率下，相比于不含砂(含砂率为 0)，含砂红土的基质吸力减小；含砂率越大，基质吸力减小程度越高，对应的基质吸力越小。

表 3-37　不同脱湿含水率下红土的基质吸力随含砂率的变化(S_Δ，%)

含砂率Δ/%	脱湿含水率 ω/%			
	20.0	21.0	22.0	23.0
0→15	-7.0	-45.0	-67.7	-80.6
0→25	-69.8	-68.8	-73.7	-91.7

注：S_Δ代表基质吸力随含砂率的变化。

表 3-38 给出了不同含砂率下，红土的基质吸力随脱湿含水率的变化。可见，脱湿过程中，相同含砂率下，随脱湿含水率的减小，红土的基质吸力增大；脱湿含水率越小，

基质吸力的增大程度越高，基质吸力越大。

表 3-38　不同含砂率下红土的基质吸力随脱湿含水率的变化(S_ω，%)

脱湿含水率 ω/%	含砂率Δ/%		
	0	15	25
23.0→22.0	84.7	207.1	483.3
23.0→21.0	233.3	842.9	1150.0
23.0→20.0	497.2	2757.1	2066.7

注：S_ω 代表基质吸力随脱湿含水率的变化。

3.6.3　干湿循环的影响

图 3-27 给出了干湿循环过程中，初始干密度ρ_d为 1.20g · cm^{-3}，含砂率Δ分别为 15%和 25%时，脱湿、增湿红土的基质吸力 S 随含水率 ω 变化的土-水特征曲线。

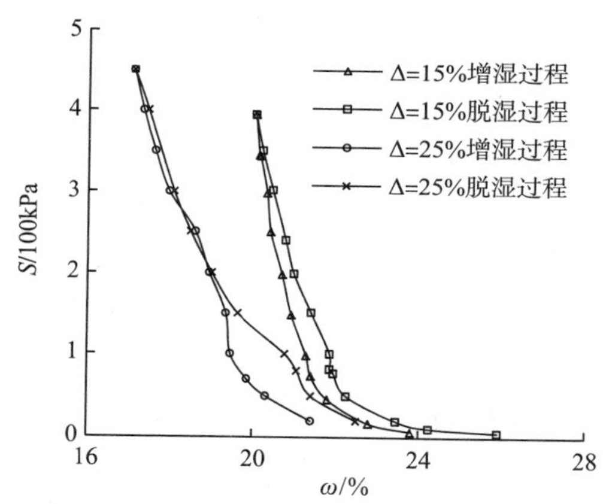

图 3-27　不同含砂率下干湿循环红土的土-水特征曲线

图 3-27 表明：干湿循环过程中，不同含砂率下，红土的土-水特征曲线的变化趋势一致，增湿曲线和脱湿曲线均呈现出随增湿或脱湿含水率的增大，基质吸力减小的特征。含水率越小，基质吸力下降越快；含水率越大，基质吸力下降缓慢。表 3-39 给出了干湿循环过程中，含砂红土的基质吸力与含水率之间的对应关系。可见，相同含砂率下，不论是增湿过程还是脱湿过程，随含水率的增大，基质吸力显著减小。但含砂率越高，对应的含水率越小，增湿过程中基质吸力减小，含水率每增大 1.0%，含砂率 15%的基质吸力平均减小 102.1kPa，含砂率 25%的基质吸力平均减小 100.0 kPa；脱湿过程中基质吸力增大，含水率每减小 1.0%，含砂率 15%的基质吸力平均增大 65.4kPa，含砂率 25%的基质吸力平均增大 79.6kPa。

表 3-39 干湿循环过程中含砂红土的基质吸力与含水率的关系

干湿循环过程	含砂率Δ=15%		含砂率Δ=25%	
	含水率 ω/%	基质吸力 S/kPa	含水率 ω/%	基质吸力 S/kPa
增湿过程	20.0→23.8	395→7	17.1→21.4	450→20
脱湿过程	25.9→20.0	6→392	22.5→17.1	20→450

表 3-40 给出了不同基质吸力下含砂红土的含水率随干湿循环的变化。可见，干湿循环过程中，相同含砂率下，增-脱湿过程中达到相同的基质吸力，相比增湿过程，脱湿过程中含砂红土的含水率增大。

表 3-40 不同基质吸力下含砂红土的含水率随干湿循环（增湿→脱湿）的变化（$\omega_{z\text{-}t}$，%）

含砂率Δ/%	基质吸力 S/kPa			
	50	100	200	300
15	2.1	2.7	1.4	0.7
25	5.4	6.8	0.3	0.7

注：$\omega_{z\text{-}t}$代表相比增湿过程，脱湿过程中含水率的变化。

表 3-41 给出了不同含水率下含砂红土的基质吸力随干湿循环的变化。可见，干湿循环过程中，相同含砂率下，增-脱湿过程中达到相同的含水率，相比增湿过程，脱湿过程中含砂红土的基质吸力增大。

表 3-41 不同含水率下含砂红土的基质吸力随干湿循环（增湿→脱湿）的变化（$S_{z\text{-}t}$，%）

含砂率Δ/%	含水率 ω/%	
	20.5	21.5
15	62.2	54.1
25	114.3	150.0

注：$S_{z\text{-}t}$代表相比增湿过程，脱湿过程中基质吸力的变化。

3.6.4 基质吸力与抗剪强度的关系

3.6.4.1 含砂率的影响

图 3-28 给出了初始干密度ρ_d为 1.20g·cm^{-3}、含砂率Δ分别为 15%和 25%时，不同垂直压力σ下，红土的抗剪强度τ_f以及垂直压力加权平均抗剪强度τ_{fj}随基质吸力 S 的变化。垂直压力加权平均抗剪强度是指对相同含砂率、不同垂直压力下红土的抗剪强度按压力进行加权平均，用以衡量垂直压力对抗剪强度的影响。

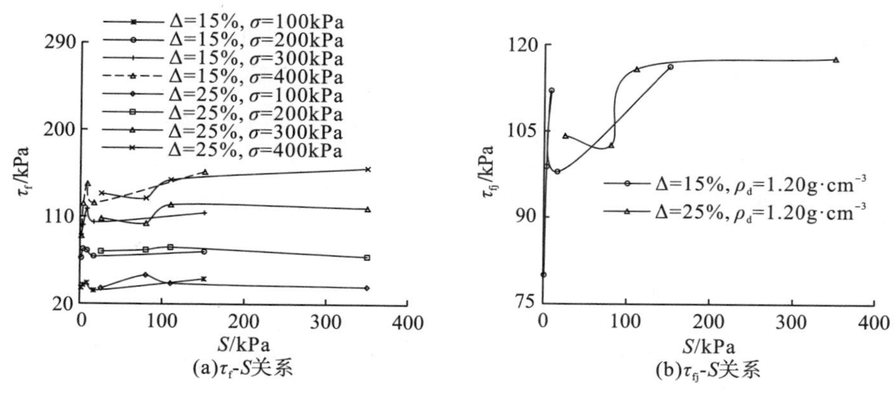

图 3-28　不同含砂率下红土的抗剪强度与基质吸力的关系

图 3-28 表明：相同初始干密度、相同垂直压力、含砂率分别为 15%和 25%的条件下，红土的抗剪强度随基质吸力的变化趋势总体一致，呈现出随基质吸力的增大而波动变化的趋势。相比于含砂率 15%，垂直压力分别为 100kPa、200kPa 时，含砂率 25%的 τ_f-S 曲线对应于极大值段；垂直压力分别为 300kPa、400kPa 时，含砂率 25%的 τ_f-S 曲线对应于极小值段。垂直压力加权抗剪强度与基质吸力的关系也呈一致的变化趋势。

含砂率为 15%，基质吸力为 1～151kPa 时，红土的 τ_f-S 曲线波动增大，存在明显的极大值、极小值；含砂率为 25%，基质吸力为 25～350kPa，垂直压力为 100kPa、200kPa 时，τ_f-S 曲线存在明显的极大值；垂直压力为 300kPa、400kPa 时，τ_f-S 曲线存在明显的极小值。就垂直压力加权平均抗剪强度下对应的极值点而言，含砂率为 15%时存在明显的极大值、极小值，含砂率为 25%时存在明显的极小值，其变化趋势与各级垂直压力下的变化趋势一致。对应的极值点见表 3-42，可见，相同初始干密度下，含砂率越大，极值点右移，对应红土的 τ_f-S 曲线极值点的抗剪强度和基质吸力越大。

表 3-42　不同垂直压力下含砂红土 τ_f-S 曲线的极值

垂直压力 σ/kPa	含砂率Δ=15%				含砂率Δ=25%			
	抗剪强度 τ_f/kPa		基质吸力 S/kPa		抗剪强度 τ_f/kPa		基质吸力 S/kPa	
	极大值	极小值	极大值	极小值	极大值	极小值	极大值	极小值
100	36.4	33.7	8	16	49.7		80	
200	76.3	68.9	3	16	78.5		110	
300	117.8	104.0	8	16		103.1		80
400	143.8	123.9	8	16		129.0		80
加权值	112.0	97.9	8	16		102.6		80

表 3-43 给出了不同含砂率、不同垂直压力下，红土的抗剪强度随基质吸力的变化情况。可见，相同含砂率、相同垂直压力下，随基质吸力的增大，除含砂率为 25%、垂直压力为 200kPa 时红土的抗剪强度略有减小外，其他情况下红土的抗剪强度增大；不同垂直压力下的加权平均抗剪强度也相应增大。含砂率较低(15%)时，抗剪强度增大明显；含砂率较高(25%)时，抗剪强度的增大程度减缓。因为基质吸力越大，含水率越小，颗粒之间的吸附能力越强，土体越坚硬，结构稳定性越好，承受外荷载的能力越大，抗剪强度越大。

表 3-43　不同垂直压力下红土的抗剪强度随基质吸力的变化($\tau_{f\text{-}S}$，%)

含砂率 Δ/%	基质吸力 S/kPa	垂直压力 σ/kPa				加权抗剪强度变化
		100	200	300	400	
15	1→151	26.3	10.0	26.8	74.3	45.3
25	25～350	5.2	−6.2	10.6	20.2	13.0

注：$\tau_{f\text{-}S}$代表抗剪强度随基质吸力的变化。

表 3-44 给出了不同含砂率、不同基质吸力下，红土的抗剪强度随垂直压力的变化情况。可见，相同含砂率、不同基质吸力下，随垂直压力的增大，红土的抗剪强度显著增大。因为垂直压力越大，红土体的密实性越高，承受剪切荷载的能力越强，抗剪强度越大。

表 3-44　不同基质吸力下红土的抗剪强度随垂直压力的变化($\tau_{f\text{-}\sigma}$，%)

垂直压力 σ/kPa	含砂率Δ=15%				含砂率Δ=25%			
	基质吸力 S/kPa				基质吸力 S/kPa			
	3	8	6	151	25	80	110	350
100→400	212.4	248.1	268.2	240.3	270.4	159.4	258.5	323.2

注：$\tau_{f\text{-}\sigma}$代表抗剪强度随垂直压力变化。

3.6.4.2　初始干密度的影响

图 3-29 给出了含砂率Δ为 0%、初始干密度ρ_d分别为 1.20g·cm^{-3}和 1.30g·cm^{-3}时，不同垂直压力σ下，红土的抗剪强度τ_f以及垂直压力加权平均抗剪强度τ_{fj}随基质吸力 S 的变化关系。垂直压力加权平均抗剪强度是指对相同初始干密度、不同垂直压力下红土的抗剪强度按压力进行加权平均，用以衡量垂直压力对抗剪强度的影响。

图 3-29 表明：总体上，含砂率为 0%、不同初始干密度、不同垂直压力下，随基质吸力的增大，红土的抗剪强度呈现出波动增大的变化趋势；初始干密度较小时波动不明显，初始干密度较大时波动明显，存在极值。对应的极值点见表 3-45。

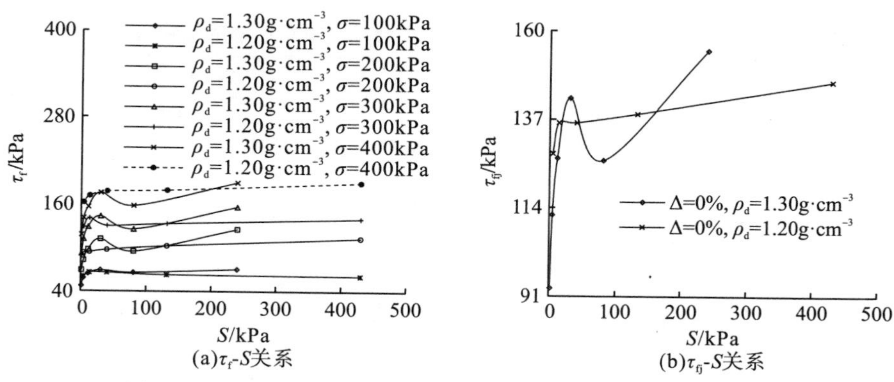

图 3-29　不同初始干密度下红土的抗剪强度与基质吸力的关系

表 3-45　不同初始干密度和垂直压力下不含砂红土 τ_f-S 曲线的极值

垂直压力 σ/kPa	ρ_d=1.20g·cm^{-3}				ρ_d=1.30g·cm^{-3}			
	抗剪强度 τ_f/kPa		基质吸力 S/kPa		抗剪强度 τ_f/kPa		基质吸力 S/kPa	
	极大值	极小值	极大值	极小值	极大值	极小值	极大值	极小值
100	65.8		13		68.9	65.8	30	81
200					111.7	94.9	30	81
300	140.4	130.1	13	40	143.1	125.5	30	81
400					175.5	157.6	30	81
加权值	136.1	136.0	13	40	142.4	126.2	30	81

表 3-46 给出了不同初始干密度、不同垂直压力下，不含砂红土的抗剪强度随基质吸力的变化。

表 3-46　不同垂直压力下不含砂红土的抗剪强度随基质吸力的变化（$\tau_{f\text{-}S}$，%）

初始干密度 ρ_d/(g·cm^{-3})	基质吸力 S/kPa	垂直压力 σ/kPa				加权抗剪强度变化
		100	200	300	400	
1.20	4→430	1.3	21.9	8.9	17.0	14.6
1.30	1～240	48.4	82.2	70.0	61.0	66.3

注：$\tau_{f\text{-}S}$ 代表抗剪强度随基质吸力的变化。

可见，相同初始干密度、相同垂直压力下，随基质吸力的增大，不含砂红土的抗剪强度增大；不同垂直压力下的加权平均抗剪强度也相应增大。初始干密度较小(1.20g·cm^{-3})时，抗剪强度增大的程度明显低于干密度较大(1.30g·cm^{-3})时的增大程度。这说明初始干密度较小时，基质吸力对抗剪强度的影响较小；初始干密度较大时，基质吸力对抗剪强度的影响较大。

表 3-47 给出了不同初始干密度、不同基质吸力下，不含砂红土的抗剪强度随垂直压力的变化情况。

表 3-47 不同基质吸力下不含砂红土的抗剪强度随垂直压力的变化($\tau_{f\text{-}\sigma}$，%)

垂直压力 σ/kPa	初始干密度ρ_d=1.20g·cm^{-3}				初始干密度ρ_d=1.30g·cm^{-3}			
	基质吸力 S/kPa				基质吸力 S/kPa			
	4	40	132	430	4	11	30	240
100→400	168.3	169.8	185.4	210.0	142.1	142.9	154.9	169.6

注：$\tau_{f\text{-}\sigma}$代表抗剪强度随垂直压力的变化。

可见，相同初始干密度、相同基质吸力下，随垂直压力的增大，红土的抗剪强度显著增大。

3.6.4.3 含水率的影响

图 3-30 给出了含砂率Δ为 15%、初始干密度ρ_d为 1.20g·cm^{-3}的条件下，含砂红土的抗剪强度 τ_f与含水率 ω 的关系。

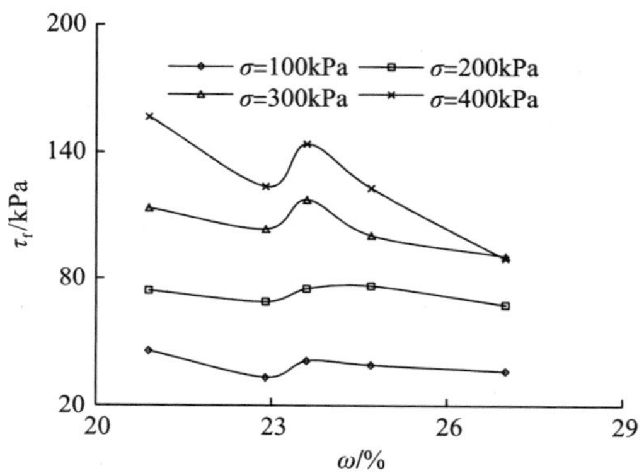

图 3-30 不同垂直压力下含砂红土的抗剪强度与含水率的关系

图 3-30 表明：总体上，相同垂直压力下，随含水率的增加，含砂红土的抗剪强度呈波动下降。

表 3-48 给出了不同垂直压力下含砂红土的抗剪强度随含水率的变化。可见，相同含砂率、相同垂直压力下，随含水率的增大，含砂红土的抗剪强度减小。因为含水率的增大，引起红土颗粒之间的润滑作用增强，摩擦能力减弱，抵抗外荷载的能力降低，因而抗剪强度减小。

表 3-48 不同垂直压力下含砂红土的抗剪强度随含水率的变化($\tau_{f\text{-}\omega}$，%)

含砂率 Δ/%	含水率 ω/%	垂直压力σ/kPa			
		100	200	300	400
15	20.9→27.0	−20.8	−9.1	−20.0	−42.6

注：$\tau_{f\text{-}\omega}$ 代表抗剪强度随含水率的变化。

表 3-49 给出了不同含水率下含砂红土的抗剪强度随垂直压力的变化。可见，相同含砂率、相同含水率下，随垂直压力的增大，含砂红土的抗剪强度增大。因为垂直压力越大，红土体的密实性越高，承受剪切荷载的能力越强，因而抗剪强度越大。

表 3-49　不同含水率下含砂红土的抗剪强度随垂直压力的变化($\tau_{f\text{-}\sigma}$，%)

含砂率 Δ/%	垂直压力 σ/kPa	含水率 ω/%			
		20.9	22.9	24.7	27.0
15	100→400	240.3	268.2	212.4	146.6

注：$\tau_{f-\sigma}$ 代表抗剪强度随垂直压力的变化。

3.7　干湿循环下红土土-水特征曲线的拟合

3.7.1　土-水特征曲线的拟合关系

拟合干湿循环过程中非饱和红土土-水特征曲线的变化趋势，在初始干密度、预固结压力、过筛粒径(d=0.5mm 除外)、含砂率等因素影响下，脱湿过程、增湿过程中，红土土-水特征曲线的基质吸力与含水率的关系可统一用幂函数拟合：

$$S = a\omega^{-b} \tag{3-5}$$

而在不同初始含水率、粒径为 0.5mm 时，脱湿过程、增湿过程中，红土土-水特征曲线的基质吸力与含水率关系可用线性函数拟合：

$$S = a\omega + b \tag{3-6}$$

式中，S——红土的基质吸力，kPa；

ω——红土的含水率，%；

a、b——拟合参数。

3.7.2　土-水特征曲线的拟合结果

3.7.2.1　初始干密度的影响

表 3-50 给出了干湿循环过程中，不同初始干密度ρ_d下，红土的基质吸力 S 和含水率ω关系的函数拟合参数。

表 3-50　不同初始干密度下干湿循环红土的基质吸力和含水率的拟合参数

循环过程	初始干密度 ρ_d/(g·cm^{-3})	拟合参数		相关系数平方	拟合方程
		a	b	R^2	$S=a\omega^{-b}$
脱湿	1.20	1×10^{11}	−7.1	0.84	$S=1\times10^{11}\times\omega^{-7.1}$
	1.25	2×10^{13}	−8.5	0.82	$S=2\times10^{13}\times\omega^{-8.5}$
	1.30	5×10^{16}	−10.7	0.82	$S=5\times10^{16}\times\omega^{-10.7}$

续表

循环过程	初始干密度 ρ_d/(g·cm^{-3})	拟合参数		相关系数平方	拟合方程
		a	b	R^2	$S=a\omega^{-b}$
增湿	1.20	9×10^{11}	−7.9	0.87	$S=9\times10^{11}\times\omega^{-7.9}$
	1.25	5×10^{15}	−10.5	0.90	$S=5\times10^{15}\times\omega^{-10.5}$
	1.30	1×10^{20}	−13.3	0.89	$S=1\times10^{20}\times\omega^{-13.3}$

图 3-31 给出了不同初始干密度下，干湿循环过程中红土土-水特征曲线的试验值与幂函数关系拟合值的对比结果，结果表明相关系数平方为 0.82～0.90，拟合程度较高，且增湿过程的拟合程度高于脱湿过程。

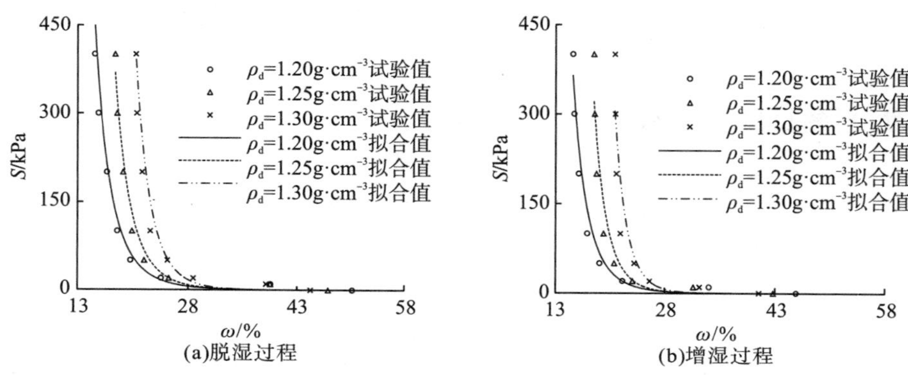

图 3-31 不同初始干密度下红土的基质吸力和含水率的拟合曲线

3.7.2.2 初始含水率的影响

表 3-51 给出了脱湿过程中，不同初始含水率 ω_0 下，红土的基质吸力 S 和含水率 ω 关系的拟合参数。

表 3-51 不同初始含水率下脱湿红土的基质吸力和含水率的拟合参数

初始含水率 ω_0/%	拟合参数		相关系数平方	拟合方程
	a	b	R^2	$S=a\omega+b$
30.0	−118.1	3548.6	1.00	$S=-118.1\omega+3548.6$
33.0	−110.8	3654.9	1.00	$S=-110.8\omega+3654.9$
36.0	−87.2	3124.9	0.99	$S=-87.2\omega+3124.9$

图 3-32 给出了不同初始含水率下，脱湿过程中红土土-水特征曲线的试验值与线性关系拟合值的对比结果，表明相关系数平方在 0.99 以上，拟合程度高。

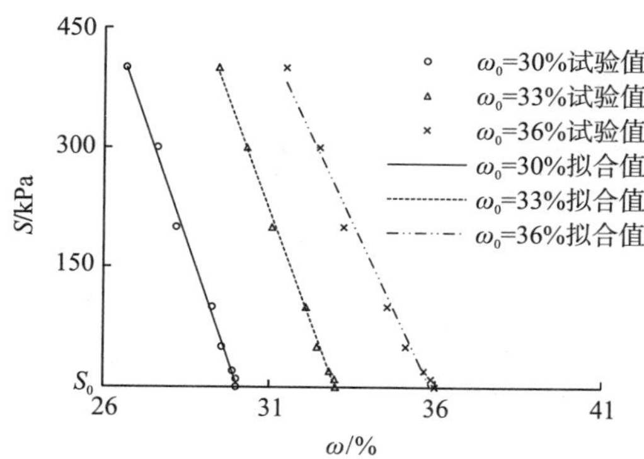

图 3-32　不同初始含水率下脱湿红土的基质吸力和含水率的拟合曲线

3.7.2.3　预固结压力的影响

表 3-52 给出了脱湿过程中，不同预固结压力 p 下，红土的基质吸力 S 和含水率 ω 关系的幂函数拟合参数。

表 3-52　不同预固结压力下脱湿红土的基质吸力和含水率的幂函数拟合参数

预固结压力 p/kPa	拟合参数		相关系数平方	拟合方程
	a	b	R^2	$S=a\omega^{-b}$
0	5×10^{16}	−10.7	0.82	$S=5\times10^{16}\times\omega^{-10.7}$
50	1×10^{17}	−10.9	0.81	$S=1\times10^{17}\times\omega^{-10.9}$
100	1×10^{19}	−11.9	0.78	$S=1\times10^{19}\times\omega^{-11.9}$
200	2×10^{18}	−11.4	0.73	$S=2\times10^{18}\times\omega^{-11.4}$

图 3-33 给出了不同预固结压力下，脱湿过程中红土土-水特征曲线的试验值与幂函数关系拟合值的对比结果，结果表明相关系数平方为 0.73～0.82，相比于初始干密度的影响，预固结压力影响下的拟合程度较低。

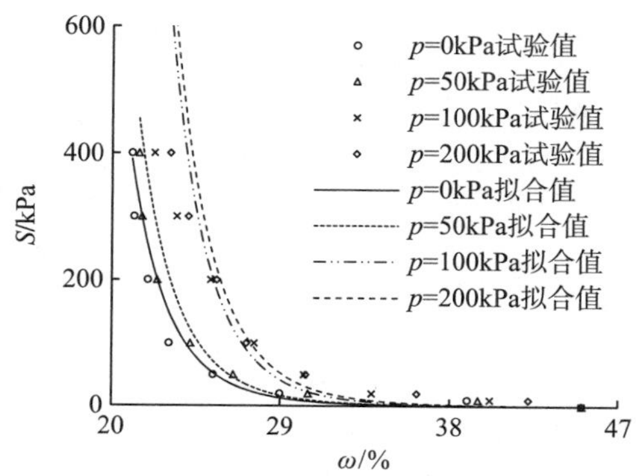

图 3-33　不同预固结压力下脱湿红土的基质吸力和含水率的拟合曲线

3.7.2.4 过筛粒径的影响

表 3-53 给出了干湿循环过程中，不同过筛粒径 d 下，红土的基质吸力 S 和含水率ω关系的幂函数及线性函数拟合参数。

表 3-53 不同过筛粒径下干湿循环红土的基质吸力和含水率的拟合参数

循环过程	粒径 d/mm	拟合参数		相关系数平方	拟合方程
		a	b	R^2	$S=a\omega+b$，$S=a\omega^{-b}$
脱湿	0.5	−38.5	1789.9	0.98	$S=-38.5\omega+1789.9$
	1.0	5×10^{25}	−15.7	0.76	$S=5\times10^{25}\times\omega^{-15.7}$
	2.0	2×10^{13}	−8.5	0.82	$S=2\times10^{13}\times\omega^{-8.5}$
增湿	0.5	−40.3	1845.5	0.96	$S=-40.3\omega+1845.5$
	1.0	1×10^{32}	−20.1	0.87	$S=1\times10^{32}\times\omega^{-20.1}$
	2.0	5×10^{15}	−10.5	0.90	$S=5\times10^{15}\times\omega^{-10.5}$

图 3-34 给出了不同粒径下，干湿循环过程中红土土-水特征曲线的试验值与幂函数关系、线性关系拟合值的对比结果，结果表明相关系数平方为 0.76～0.96，拟合程度较高，增湿过程的拟合程度总体上高于脱湿过程。

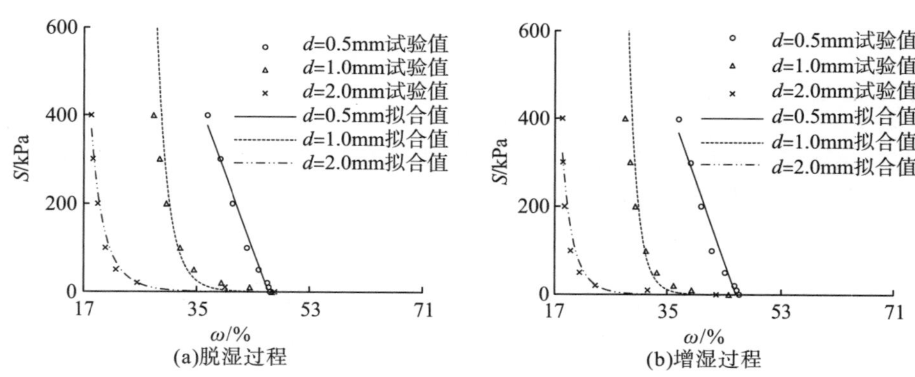

图 3-34 不同粒径下干湿循环红土的基质吸力和含水率的拟合曲线

3.7.2.5 含砂率的影响

表 3-54 给出了脱湿过程中，初始干密度为 $1.20\text{g}\cdot\text{cm}^{-3}$ 时，不同含砂率Δ下，红土的基质吸力 S 和含水率ω关系的幂函数拟合参数。

表 3-54 不同含砂率下脱湿红土的基质吸力与含水率的幂函数拟合参数

含砂率Δ/%	拟合参数		相关系数平方	拟合方程
	a	b	R^2	$S=a\omega^{-b}$
0	8.0×10^{17}	−13.3	0.96	$S=8\times10^{17}\omega^{-13.3}$
15	5.0×10^{23}	−17.8	0.98	$S=5\times10^{23}\omega^{-17.8}$
25	3.0×10^{13}	−10.3	0.95	$S=3\times10^{13}\omega^{-10.3}$

图 3-37 给出了不同含砂率下，脱湿过程中红土土-水特征曲线的试验值与幂函数关系拟合值的对比结果，结果表明相关系数平方为 0.95～0.98，拟合程度较高。

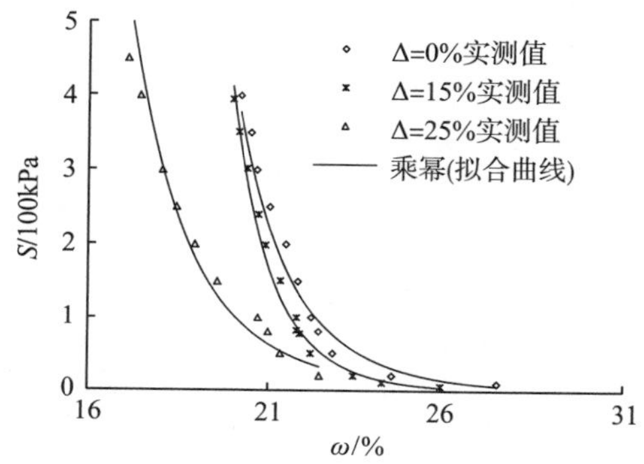

图 3-35 不同含砂率下脱湿红土的基质吸力与含水率的拟合曲线

3.8 干湿循环下红土的微观结构特性

3.8.1 电导率特性

3.8.1.1 初始干密度的影响

图 3-36(a)给出了初始含水率ω_0为 27.0%、预固结压力p为 0、过筛粒径d为 2.0mm

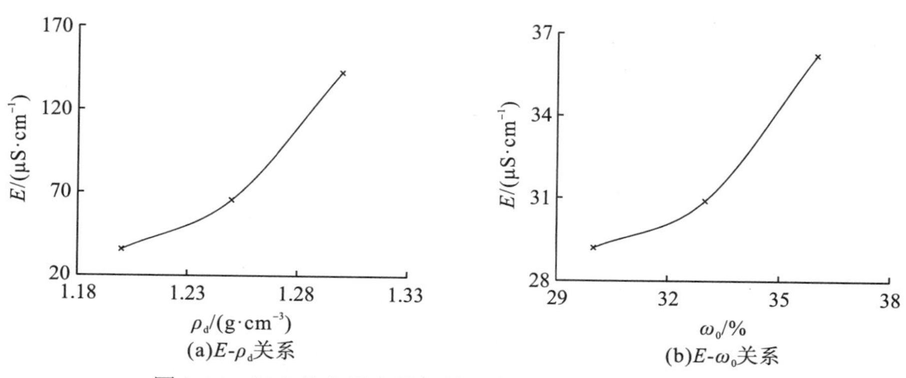

图 3-36 红土的电导率随初始干密度和初始含水率的变化

的条件下，红土的电导率 E 随初始干密度 ρ_d 的变化情况。图 3-36(a)表明：随初始干密度的增大，红土的电导率增大。当初始干密度由 $1.20g \cdot cm^{-3}$ 增大到 $1.30g \cdot cm^{-3}$，电导率增大了 297.5%。说明初始干密度显著影响红土的导电状态。因为初始干密度越大，红土越紧密，孔隙越小，相同含水率下，细小孔隙通道中的水分越多，水分的连续性越好，导电能力越强，因而红土的电导率越大。

3.8.1.2 初始含水率的影响

图 3-36(b)给出了初始干密度ρ_d为 $1.25g \cdot cm^{-3}$、预固结压力 p 为 0、过筛粒径 d 为 2.0mm 的条件下，红土的电导率 E 随初始含水率ω_0的变化情况。图 3-36(b)表明：随初始含水率的增加，红土的电导率增大，这与吴珺华等[203]、李瑛等[204]的研究结论相同。当初始含水率由 30.0%增大到 36.0%时，电导率增大了 24.0%，明显小于初始干密度下电导率的增大程度。这说明初始含水率也会影响红土的导电状态。相同初始干密度下，孔隙大小一定，初始含水率越大，孔隙通道中的水分越多，水分的连续性越好，红土的导电能力越强，因而电导率越大。

3.8.1.3 预固结压力的影响

图 3-37(a)给出了初始干密度ρ_d为 $1.30g \cdot cm^{-3}$、初始含水率ω_0为 27.0%、过筛粒径 d 为 2.0mm 的条件下，红土的电导率 E 随预固结压力 p 的变化情况。图 3-37(a)表明：随预固结压力的增大，红土的电导率增大。预固结压力较小时，增长较快；预固结压力较大时，增长程度缓慢。当预固结压力由 0 增大到 200kPa 时，电导率增大了 11.6%；预固结压力为 0～50kPa 时，电导率增大了 7.7%；预固结压力为 5～100kPa 时，电导率增大了 2.7%；预固结压力为 100～200kPa 时，电导率增大了 1.0%。这说明相同初始含水率、相同初始干密度下，孔隙大小一定，预固结压力越大，红土被压得越紧密，颗粒之间的接触面积越大，孔隙通道越小，水分的连续性越好，导电能力越强，因而，导电率越大。但随着预固结压力的进一步增大，土体中的孔隙通道越来越小，甚至出现封闭的孔隙通道，反而导致水分的连续性变差，导电能力减弱，电导率增长缓慢。

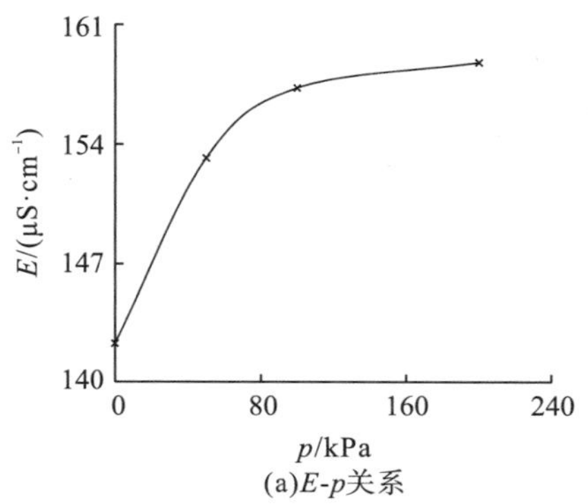

(a)E-p关系

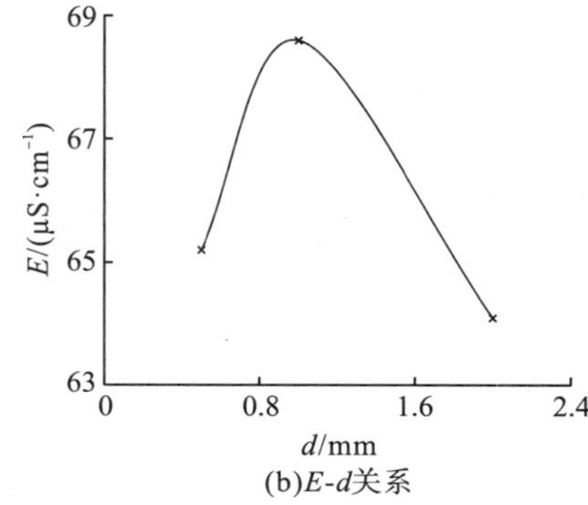

(b)E-d关系

图 3-37 红土的电导率随预固结压力和粒径的变化

3.8.1.4　过筛粒径的影响

图 3-37(b)给出了初始干密度ρ_d为 1.25g·cm^{-3}、初始含水率ω_0为 27.0%、预固结压力 p 为 0 的条件下，红土的电导率 E 随过筛粒径 d 的变化情况。图 3-37(b)表明：随过筛粒径的增大，红土的电导率呈凸形变化趋势，总体上减小。当粒径从 0.5mm 增大至 2.0mm 时，电导率减小了 1.7%，其中，粒径从 0.5mm 增大至 1.0mm 时，电导率增大了 5.2%；粒径从 1.0mm 增大至 2.0mm 时，电导率减小了 6.6%。这说明粒径偏小或偏大时，红土的导电率较小；粒径适中时，电导率较大。因为初始干密度相同，红土体的孔隙大小一定；初始含水率相同，红土中的含水量一定。粒径较小时，土体中的孔隙以细小通道为主，水分主要存在于细小孔隙通道中，连通性好，导电能力强，引起红土的导电率增大；粒径较大时，土体中的孔隙以较大通道为主，水分主要存在于较大孔隙通道中，连通性差，导电能力弱，引起红土的导电率减小。

3.8.2　微结构特性

3.8.2.1　初始干密度的影响

1. 微结构图像特性

图 3-38 给出了初始含水率ω_0为 27.0%、预固结压力 p 为 0、过筛粒径 d 为 2.0mm 的条件下，2000X 放大倍数时，红土的微结构图像随初始干密度ρ_d的变化情况。

(a)ρ_d=1.20g·cm^{-3}

(b)ρ_d=1.25g·cm^{-3}

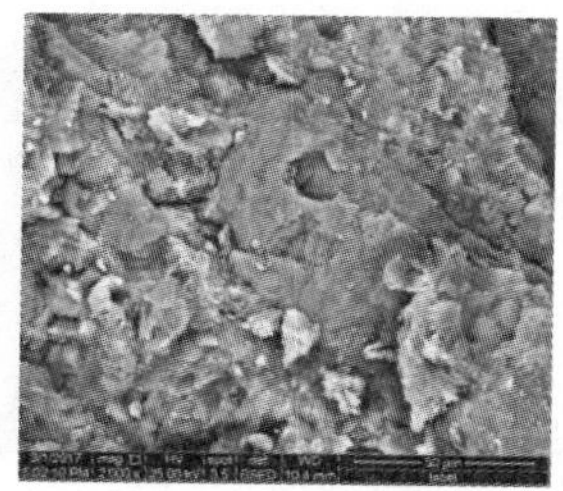
(c)ρ_d=1.30g·cm^{-3}

图 3-38　不同初始干密度下红土的微结构图像(2000X)

图 3-38 表明：2000X 的放大倍数下，随初始干密度的增大，红土微结构的密实性增强，颗粒之间的连接从支架接触转变为镶嵌接触，土骨架颗粒形态从土颗粒转变为土凝块，孔隙显著变少、变小且边缘逐渐模糊。初始干密度为 1.20g·cm^{-3}时，红土样整体结构松散，表面起伏很大且形态多为土颗粒，颗粒的轮廓结构清晰，颗粒之间为支架接触，排列杂乱、不规则，大孔隙多而明显。初始干密度为 1.25g·cm^{-3}时，红土样的表面形态以颗粒和凝块共存，颗粒之间主要以支架接触和镶嵌接触为主，孔隙较初始干密度为 1.20g·cm^{-3}时明显减小。初始干密度为 1.30g·cm^{-3}时，红土样整体结构较初始干密度为 1.20g·cm^{-3}时紧密得多，表面起伏较小且覆盖着少量细颗粒，形态多为凝块，颗粒轮廓

结构比较模糊，颗粒之间以镶嵌接触为主且接触较紧密，孔隙较少。

2. 微结构参数特性

图 3-39 给出了初始含水率ω_0为 27.0%，预固结压力 p 为 0，粒径 d 为 2.0mm，2000X 放大倍数下，红土的孔隙比 e、颗粒平均面积 S_g、颗粒平均复杂度 C、平均圆形度 R_c、分维数 D_v、定向度 H 等 6 个微结构特征参数随初始干密度ρ_d的变化曲线。

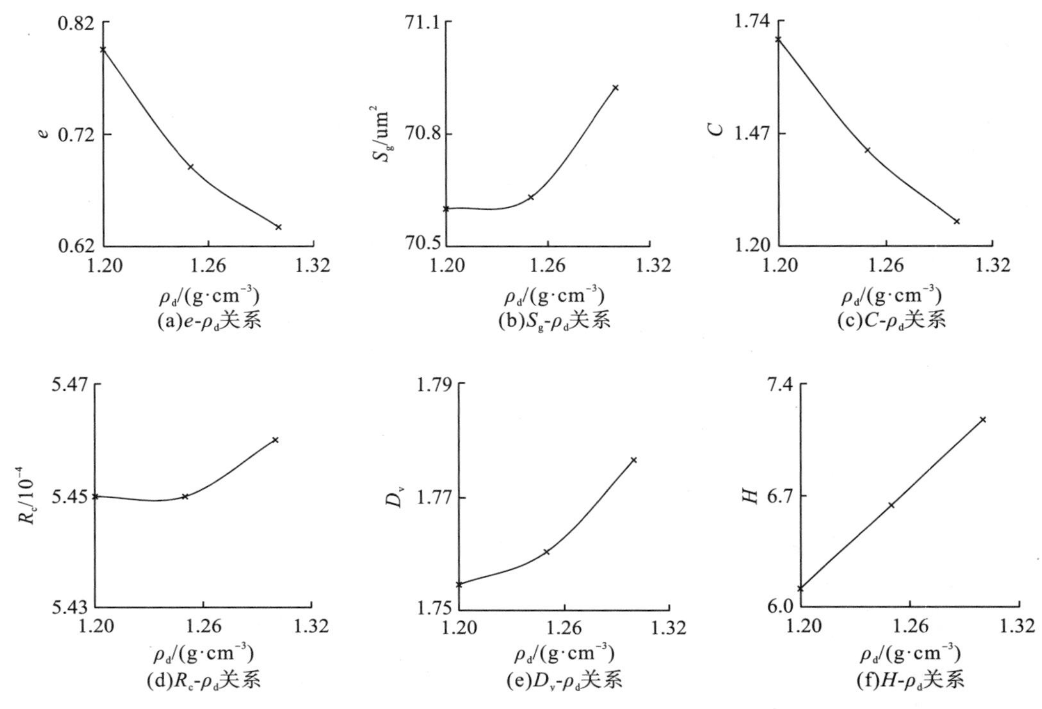

图 3-39 不同初始干密度对红土微结构参数的影响

图 3-39 表明：相同初始含水率下，随初始干密度的增加，红土微结构图像的孔隙比和颗粒平均复杂度 2 个特征参数呈减小趋势，颗粒平均面积、平均圆形度、分维数、定向度 4 个特征参数呈增大趋势。当初始干密度由 $1.20\text{g}\cdot\text{cm}^{-3}$ 增大到 $1.30\text{g}\cdot\text{cm}^{-3}$ 时，红土微结构图像的孔隙比和颗粒平均复杂度分别减小了 19.9%、25.7%，定向度、颗粒平均面积、平均圆形度、分维数分别增大了 17.4%、0.5%、0.2%、1.3%。这说明初始干密度越大，孔隙越小，土体越密实，颗粒排列的复杂性降低，定向性增强，颗粒越大、越圆，颗粒的密布程度越高。

3.8.2.2 初始含水率的影响

1. 微结构图像特性

图 3-40 给出了初始干密度ρ_d为 $1.25\text{g}\cdot\text{cm}^{-3}$、预固结压力 p 为 0、过筛粒径 d 为 2.0mm 的条件下，2000X 放大倍数时红土的微结构图像随初始含水率ω_0的变化。

图 3-40　不同初始含水率下红土的微结构图像

图 3-40 表明：相同初始干密度下，初始含水率越大，红土的微观界面越平整，孔隙结构轮廓越模糊，表面形态从粒状向板状转变，颗粒排列越规则。初始含水率为 30.0%、33.0%、36.0%时，总体上，红土样的表面形态都呈现粒状或板状，表面均覆盖有少量的细小颗粒，土颗粒之间以镶嵌接触为主且接触都比较紧密，颗粒轮廓结构比较模糊，孔隙微小、基本不可见。但随初始含水率的增加，红土样的表面起伏明显较小，趋于平整。

2. 微结构参数特性

图 3-41 给出了初始干密度ρ_d为 1.25g·cm^{-3}、预固结压力 p 为 0kPa、过筛粒径 d 为 2.0mm、2000X 放大倍数下，红土的孔隙比 e、颗粒平均面积 S_g、颗粒平均复杂度 C、平均圆形度 R_c、分维数 D_v、定向度 H 等 6 个微结构特征参数随初始含水率ω_0的变化曲线。图 3-41 表明随初始含水率的增加，红土的孔隙比减小，而颗粒平均面积、颗粒平均复杂度、平均圆形度、分维数和定向度都逐渐增大。

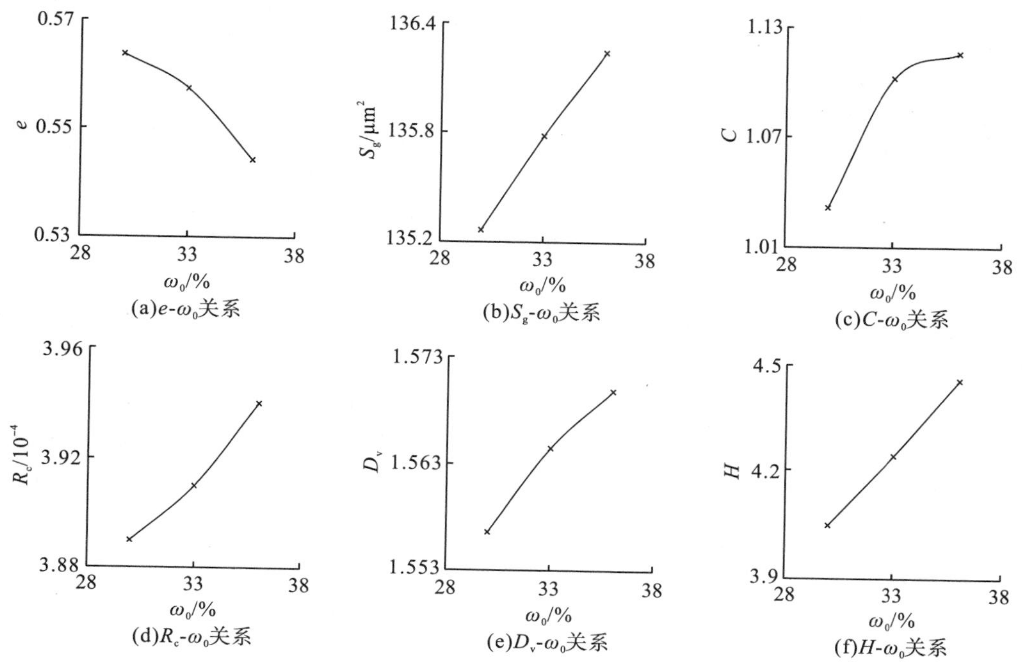

图 3-41　不同初始含水率对红土微结构参数的影响

本试验红土的最优含水率为 27.4%，表明在该含水率下红土的可塑性最强。在初始含水率影响组中所拟定的初始含水率均大于 27.4%，而初始含水率越大，红土的可塑性越低，颗粒的平均复杂度越高。从微结构图像可知，随初始含水率增加，水分进入红土样增多，红土与水的作用程度加深，土颗粒由于被软化而彼此之间连接性变差，微小颗粒黏附于中型颗粒上，而中型颗粒向大颗粒聚集，导致红土样的颗粒平均面积增加，孔隙比减小。与此同时，红土颗粒的长、短轴之间相互靠近，颗粒单元体从长条形或多面体向椭圆体或圆球形靠近，引起颗粒的平均圆形度增加。更多的水分使得红土颗粒受软化作用更深，红土样表面起伏更小，颗粒形态发生变化，趋于光滑、柔和，分维数和定向度增大。但初始含水率的影响并不强烈，微结构参数的变化幅度并不大，含水率从 30.0%增加至 36.0%，孔隙比减小了 3.4%，颗粒平均面积、颗粒平均复杂度、平均圆形度、分维数和定向度分别增加了 0.7%、8.2%、1.3%、0.9%、9.8%。

3.8.2.3 预固结压力的影响

1. 微结构图像特性

图 3-42 给出了初始干密度ρ_d为 1.30g · cm^{-3}、初始含水率ω_0为 27.0%、粒径 d 为 2.0mm、2000X 放大倍数时，不同预固结压力下红土的微结构图像。结果表明：预固结压力越大，红土的微观结构越密实，颗粒排列越规则且轮廓越模糊，微观界面越平整。

(a)p=0kPa (b)p=100kPa (c)p=200kPa

图 3-42 不同预固结压力下红土的微结构图像

预固结压力为 0 kPa 时，红土样表面起伏不平，表面形态呈粒状，红土颗粒间以镶嵌接触为主，颗粒轮廓结构较清晰且连接较紧密。预固结压力为 50kPa 时，红土样表面起伏较小，表面形态呈粒状或板状，颗粒轮廓结构比较模糊，连接较 0kPa 时更紧密。预固结压力为 100kPa、200kPa 时，红土样整体结构密实、平整，表面形态呈现出明显的板状，表面覆盖着的细颗粒基本消失，颗粒轮廓结构很模糊。

2. 微结构参数特性

图 3-43 给出了初始干密度ρ_d为 1.30g · cm^{-3}、初始含水率ω_0为 27.0%、粒径 d 为 2.0mm、2000X 放大倍数下，红土的孔隙比 e、颗粒平均面积 S_g、颗粒平均复杂度 C、平均圆形度 R_c、分维数 D_v、定向度 H 等 6 个微结构特征参数随预固结压力 p 的变化曲线。

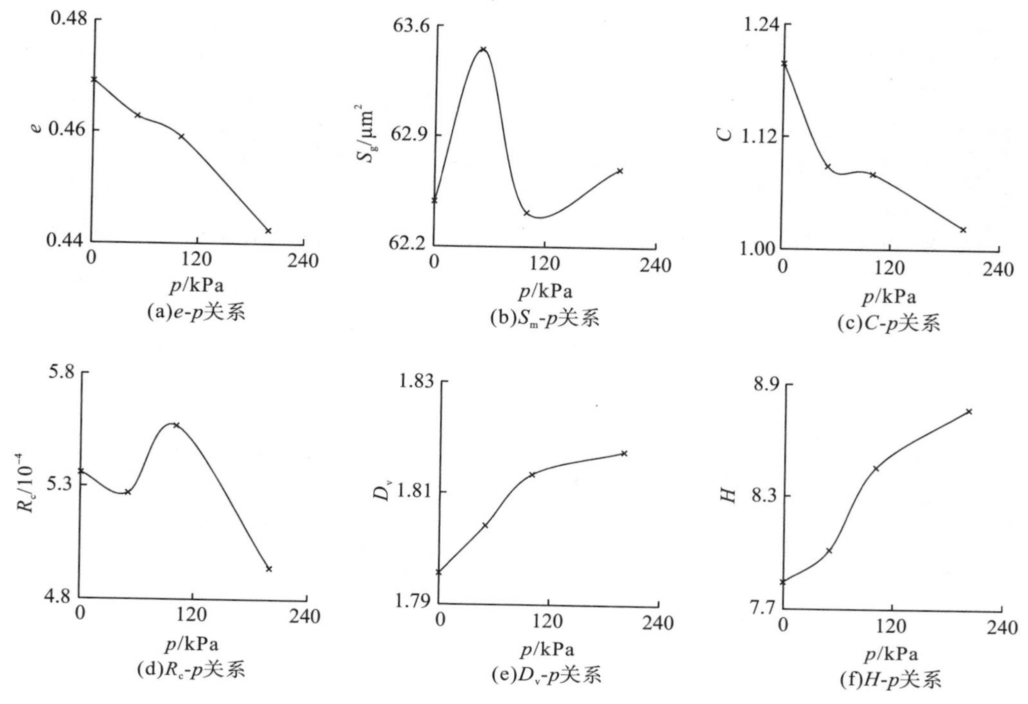

图 3-43 不同预固结压力对红土微结构参数的影响

图 3-43 表明，随预固结压力的增加，红土微结构图像的孔隙比和颗粒平均复杂度减小，颗粒形态分布分维数和定向度都逐渐增大，而颗粒平均面积和平均圆形度的变化不太明显。预固结压力较大时，红土试样的进气值较高，颗粒比较容易发生移动、错位和重新排列，红土样比较容易被压密，孔隙尺寸较小，孔隙比较小；同时，被压密的红土颗粒接触更加紧密，土样表面起伏更小，颗粒平均复杂度减小而形态分布分维数增加；红土颗粒排列也更加整齐、有序，定向度提高。

3.8.2.4 过筛粒径的影响

1. 微结构图像特性

图 3-44 给出了初始干密度ρ_d为 1.25g·cm^{-3}、初始含水率ω_0为 27.0%、预固结压力 p 为 0kPa、放大倍数 2000X 的条件下，不同粒径下红土的微结构图像。图 3-44 表明，随粒径的增加，红土的微观界面更为起伏不平，骨架颗粒形态从土凝块向土颗粒转变，颗粒之间从镶嵌接触向支架接触转变，颗粒排列越发不规则，孔隙变大且集中。

粒径为 0.5mm 时，红土样表面呈板状形态，土颗粒间为镶嵌接触，颗粒轮廓结构相当模糊，孔隙微小且分散，不可清楚辨认。粒径为 1.0mm 时，红土样表面形态呈粒状，土颗粒以镶嵌接触为主，颗粒轮廓结构比较模糊，孔隙较小且分布比较分散。粒径为 2.0mm 时，红土样表面形态以颗粒和凝块共存，颗粒之间以支架接触和镶嵌接触共存，颗粒轮廓结构比较明显，大孔隙清晰可见且分布集中。

(a)d=0.5mm　(b)d=1.0mm　(c)d=2.0mm

图 3-44　不同粒径下红土的微结构图像

2. 微结构参数特性

图 3-45 给出了初始干密度ρ_d为 $1.25g \cdot cm^{-3}$、初始含水率ω_0为 27.0%、预固结压力 p 为 0kPa、放大倍数 2000X 的条件下，红土的孔隙比 e、颗粒平均面积 S_g、颗粒平均复杂度 C、平均圆形度 R_c、分维数 D_v、定向度 H 等 6 个微结构特征参数随粒径 d 的变化曲线。图 3-45 表明，随过筛粒径的增加，红土的孔隙比、颗粒形态分布分维数和定向度逐渐减小，而颗粒平均面积、颗粒平均复杂度和平均圆形度逐渐增大。

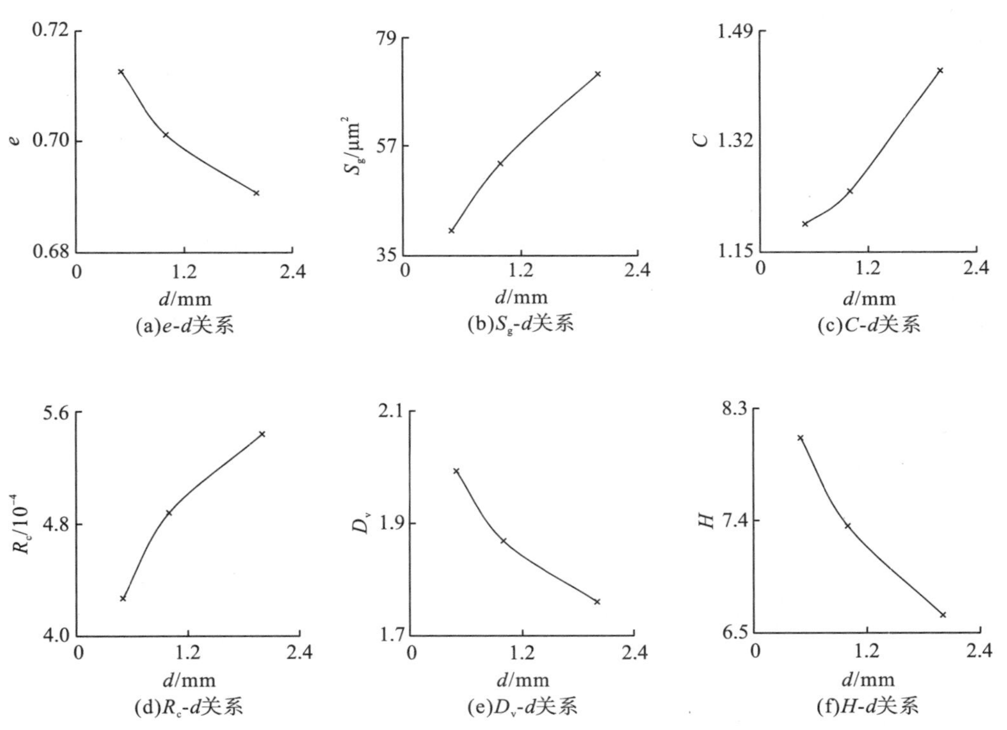

(a)e-d关系　(b)S_g-d关系　(c)C-d关系

(d)R_c-d关系　(e)D_v-d关系　(f)H-d关系

图 3-45　不同粒径对红土微结构参数的影响

第 4 章　干湿循环下红土的胀缩特性

4.1　试 验 设 计

4.1.1　试验土料

试验土料取自昆明世博园附近典型红土，其基本性质指标如表 4-1 所示。可见，该红土以粉粒和黏粒为主，塑性指数为 10～17，液限小于 50%，属于低液限粉质红土。

表 4-1　红土的基本性质指标

相对密度 G_s	最大干密度 ρ_{dmax} /(g · cm^{-3})	最优含水率 ω_{op}/%	液限 ω_L/%	塑限 ω_p/%	塑性指数 I_P	自由膨胀率 δ_z/%	颗粒组成 P/%		
							砂粒	粉粒	黏粒
2.72	1.50	27.4	43.3	26.6	16.7	25.0	9.4	45.9	44.7

4.1.2　试验方案

4.1.2.1　胀缩特性试验方案

以云南红土为研究对象，考虑初始干密度ρ_d、初始含水率ω_0、试样尺寸(高度为 H、直径为 D)、干湿循环时间 t、干湿循环次数 N_g 等影响因素，制备红土试样，在室温(T_w=18～22℃)条件下开展膨胀试验和收缩试验，研究不同影响因素对云南红土胀缩特性的影响。

研究初始干密度的影响时，以含水率作为干湿循环的控制条件，控制初始含水率为 26.3%，初始干密度分别设置为 1.15g · cm^{-3}、1.25g · cm^{-3}、1.35g · cm^{-3}、1.45g · cm^{-3}，增湿膨胀时间控制为 24h，脱湿收缩时间按含水率减小到 8.0%，并以此含水率作为下一次增湿过程的初始含水率。先增湿膨胀(含水率增大到 32.0%)，后脱湿收缩(含水率减小到 8.0%)，以此作为一次完整的干湿循环过程。图 4-1 给出了初始干密度为 1.45g · cm^{-3} 时红土试样的膨胀-收缩干湿循环控制过程，A—B 代表膨胀过程，B—C 代表收缩过程。

研究初始含水率的影响时，控制试样的初始干密度为 1.35g · cm^{-3}，初始含水率为 26.3%，增湿膨胀时间控制为 24h，当试样含水率分别减小至 12.0%、9.0%、6.0%、3.0%、0%时，脱湿收缩时间截止，并以此含水率作为下一次增湿过程的初始含水率。先增湿膨胀(含水率增大 34.0%)，后脱湿收缩(含水率减小到上述不同值)，以此作为一次完整的干湿循环过程。图 4-2 给出了初始含水率为 12.0%时红土试样的膨胀-收缩干湿循环控制过程。

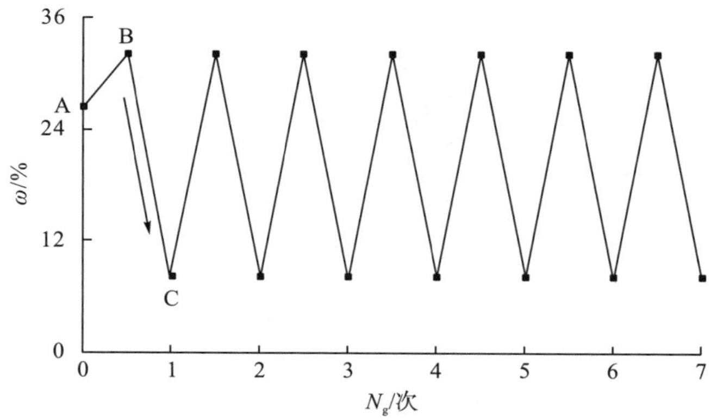

图 4-1 不同初始干密度下红土试样的干湿循环过程(ρ_d=1.45g · cm^{-3},ω_0=8.0%)

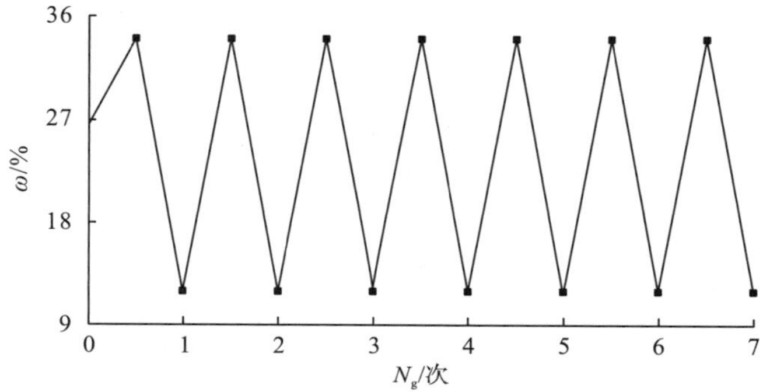

图 4-2 不同初始含水率下红土试样的干湿循环过程(ρ_d=1.35g · cm^{-3},ω_0=12.0%)

研究试样尺寸效应的影响时，控制试样直径分别为 61.8mm、80mm，试样高 20mm，初始含水率为 26.3%的条件下，考虑初始干密度为 1.15g·cm^{-3}、1.25g·cm^{-3}、1.35g·cm^{-3}、1.45g·cm^{-3}时的影响，增湿含水率达到 32.0%，脱湿含水率达到 8.0%；初始干密度为 1.35g · cm^{-3}、初始含水率为 26.3%的条件下，考虑初始含水率的影响时，增湿含水率达到 34.0%，脱湿含水率分别达到 12.0%、9.0%、6.0%、3.0%、0%，并以此含水率作为初始含水率。

4.1.2.2 试验的开展

1. 膨胀试验的开展

根据设定的初始含水率，按击实法制备不同初始干密度的环刀试样，试样高度 20mm，直径分别为 61.8mm、80mm。在环刀底部放置透水滤纸，顶端不进行处理(便于观察试样表面的胀缩变化)，将环刀试样安装在无荷载膨胀仪中，进行浸水膨胀试验，模拟增湿过程，记录增湿时间分别为 0min、1min、2min、3min、5min、10min、15min、20min、25min、30min、60min、120min、180min、360min、540min、720min、1440min 时刻百分表的读数，称取试样质量。达到预定增湿时间，膨胀试验结束，完成 1 次增湿膨胀过程，即完成前半个干湿循环，并以该膨胀试验结束时的状态作为接下来收缩试验的初始状态，进行收缩试验。需要说明的是，膨胀过程中，试样的称量是以相同条件下平行试验来进行的。根据膨胀试验数据，结合 MATLAB 图像处理提取的试样表面尺寸，计算不同增湿时间下试样的竖向膨胀率、体积膨胀率、含水率、孔隙率、饱和度等反映膨胀特性的膨胀参数。

2. 收缩试验的开展

膨胀试验结束后，将膨胀仪连同试样一起放入 40℃的烘箱中，进行低温收缩试验，模拟脱湿过程。每 3h 记录一次百分表读数，称取试样质量，获取试样表面图像。待试样含水率脱湿至控制的含水率附近时，收缩试验结束，完成 1 次脱湿收缩过程，即完成后半个干湿循环。至此，即完成了一个完整的干湿循环过程。以此收缩试验结束时的含水率作为下一增湿过程中膨胀试验的初始状态，进行下一次膨胀-收缩干湿循环试验，反复进行 7 次增湿-脱湿的干湿循环。根据收缩试验数据，结合 MATLAB 图像处理提取的试样表面尺寸，计算不同脱湿时间下试样的竖向收缩率、横向收缩率、体积收缩率、含水率、孔隙率、饱和度等反映收缩特性的收缩参数。

4.2 不同初始干密度下干湿循环红土的胀缩特性

4.2.1 膨胀特性随增湿时间的变化

图 4-3 给出了增湿过程中经历 1 次增湿作用、不同初始干密度ρ_d下，红土样的竖向膨胀率δ_{sp}、含水率ω_z、孔隙率 n_z 等膨胀参数随增湿时间 t_z 的变化曲线。

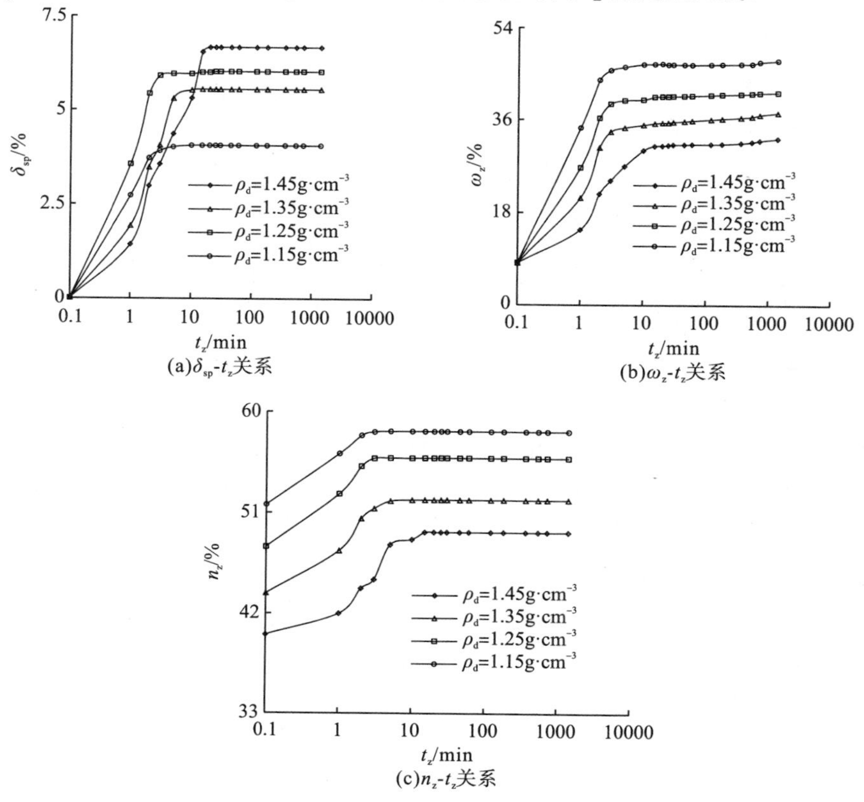

图 4-3　增湿过程中红土的膨胀参数随增湿时间的变化

图 4-3 表明：

(1)增湿过程中，不同初始干密度下，随增湿时间的延长，红土的竖向膨胀率、含水率、孔隙率等膨胀参数呈“厂”形变化。增湿时间较短时，各膨胀参数急剧增大；增湿时间较长时，各膨胀参数增长程度减缓，逐渐趋于稳定。根据膨胀率随增湿时间的变化趋势，红土的膨胀过程可以分为快速膨胀、缓慢膨胀和稳定膨胀 3 个阶段。快速膨胀阶段，红土的膨胀率在增湿前期急剧增大；缓慢膨胀阶段，红土的膨胀率在增湿中期缓慢增大；稳定膨胀阶段，红土的膨胀率在增湿后期趋于稳定状态。

(2)表 4-2 给出了红土的膨胀参数随增湿时间的变化。可见，当初始干密度按 $1.15g\cdot cm^{-3}$、$1.25g\cdot cm^{-3}$、$1.35g\cdot cm^{-3}$、$1.45g\cdot cm^{-3}$ 增大时，快速膨胀阶段对应的时间延长，红土的竖向膨胀率、含水率、孔隙率等膨胀参数快速增大；超过快速膨胀时间，竖向膨胀率、含水率、孔隙率等膨胀参数增长缓慢，缓慢膨胀阶段对应时间相应延长；超过缓慢膨胀时间，竖向膨胀率、含水率、孔隙率等膨胀参数基本不变，红土的膨胀达到稳定状态。

表 4-2 红土的膨胀参数随增湿时间的变化

膨胀阶段	初始干密度 $\rho_d/(g\cdot cm^{-3})$	增湿时间 t/min	竖向膨胀率		含水率变化 ω_{z-t}/%	孔隙率变化 n_{z-t}/%
			δ_{sp}/%	δ_{sp-t}/%		
快速膨胀	1.15	0～2	3.7		434.0	11.9
	1.25	0～3	5.9		377.2	16.5
	1.35	0～5	5.3		319.9	18.8
	1.45	0～15	6.5		276.6	23.0
缓慢膨胀	1.15	2～10		9.0	6.9	0.7
	1.25	3～15		1.5	2.2	0.1
	1.35	5～15		4.5	2.5	0.2
	1.45	15～20		1.8	0.2	0

注：δ_{sp-t}代表竖向膨胀率随增湿时间的变化；ω_{z-t}代表增湿含水率随增湿时间的变化；n_{z-t}代表增湿孔隙率随增湿时间的变化。

(3)初始干密度越大，达到快速膨胀的时间越长，含水率增大程度越小，孔隙率增大程度越大。红土的膨胀程度主要由增湿初期控制。增湿过程中，短时间内红土大量吸水，引起含水率快速增大；同时，由于水的锲入作用，破坏了红土颗粒之间的连接，增大了红土颗粒间的孔隙，引起孔隙率增大；由于试样顶部无约束，孔隙的增大必然导致试样体积增大，主要是竖向高度的增大，因而竖向膨胀率增大。但随增湿时间的延长，红土的吸水量越来越小，水的锲入作用越来越弱，破坏颗粒间连接引起孔隙增大的程度越来越低，试样体积的增大特别是竖向高度的增大越来越小，体现出含水率、孔隙率及膨胀率的变化很小，试样膨胀趋于稳定。

4.2.2　膨胀特性随增湿次数的变化

图 4-4 给出了不同初始干密度ρ_d下、增湿过程达到膨胀稳定状态时，红土样的竖向膨胀率δ_{sp}、横向膨胀率δ_{hp}和体积膨胀率δ_{vp}随增湿次数 Z 的变化曲线。

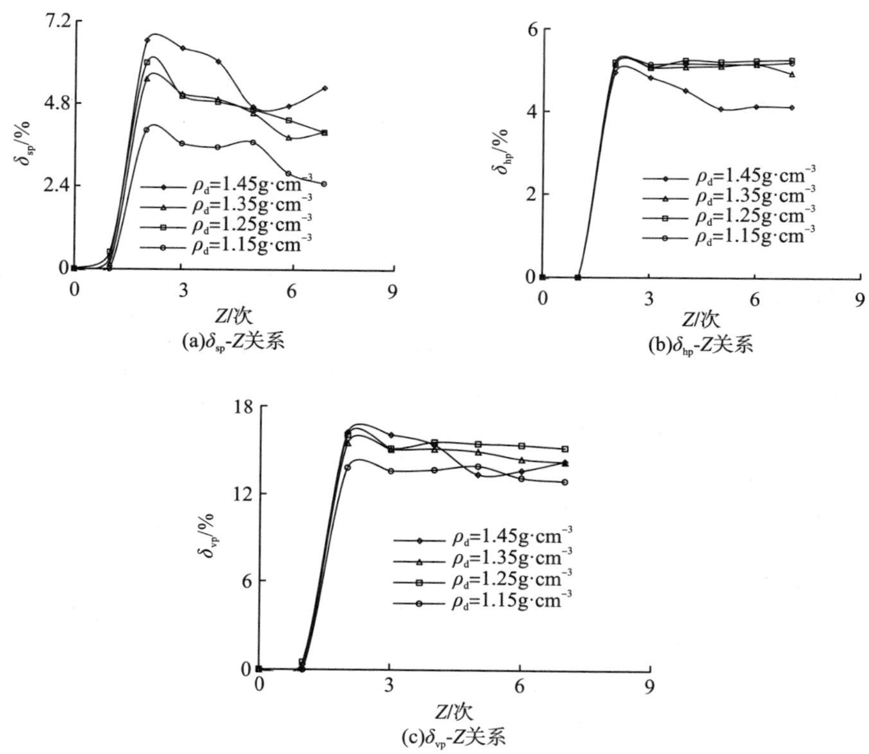

图 4-4　增湿过程中红土的稳定膨胀率随增湿次数的变化

图 4-4 表明：

(1) 总体上，增湿过程中，不同初始干密度下，随增湿次数的增加，达到膨胀稳定时，红土的竖向膨胀率、横向膨胀率、体积膨胀率呈先缓慢增大后急剧增大再缓慢减小的变化趋势。增湿次数较少时，红土的膨胀率很小；增湿次数较多时，红土的膨胀率急剧增大；增湿次数继续增多时，红土的膨胀率缓慢减小。

(2) 表 4-3 给出了红土的膨胀率随增湿次数的变化。可见，初始干密度为 1.15～1.45g·cm^{-3}时，增湿 1 次，红土的膨胀率很小；增湿 2 次，竖向膨胀率、横向膨胀率以及体积膨胀率达到最大值；增湿达到 7 次时，竖向膨胀率、横向膨胀率、体积膨胀率减小。相应地，不同初始干密度下，增湿 2～7 次，加权平均竖向膨胀率、横向膨胀率、体积膨胀率减小。

表 4-3 红土的膨胀率随增湿次数的变化(ρ_d=1.15～1.45g · cm^{-3})

膨胀率		Z=1	Z=2	Z=7	2～7 次加权	备注
竖向膨胀率	范围δ_{sp}/%	0～0.5	4.0～6.7	2.5～5.3	5.6→4.0	
	变化$\delta_{sp\text{-}z}$/%			−20.3～−38.1	−28.6	相比 2 次
横向膨胀率	范围δ_{hp}/%	0	5.0～5.2	4.1～5.2	5.1→4.9	
	变化$\delta_{hp\text{-}z}$/%			0～−16.6	−3.9	相比 2 次
体积膨胀率	范围δ_{vp}/%	0～0.5	13.8～16.0	12.9～15.1	15.3→14.1	
	变化$\delta_{vp\text{-}z}$/%			−5.2～−11.1	−7.8	相比 2 次

注：$\delta_{sp\text{-}z}$ 代表竖向膨胀率随增湿次数的变化；$\delta_{hp\text{-}z}$ 代表横向膨胀率随增湿次数的变化；$\delta_{vp\text{-}z}$ 代表体积膨胀率随增湿次数的变化。

(3) 增湿初期(0～1 次)，迁入的水分主要用于填充红土颗粒间的孔隙，由于试样顶部没有约束，而侧向有环刀壁的约束，所以，红土样只在竖向产生很小的膨胀，横向不能产生膨胀，导致体积膨胀很小；增湿中期(1～2 次)，经过前期的脱湿过程，红土样在竖向、横向都发生了收缩，增湿迁入的水分易于充满颗粒间的孔隙，水分的锲入作用撑开了颗粒间的距离，因而红土样在竖向、横向的膨胀急剧增大，导致体积膨胀相应地急剧增大；增湿后期(2～7 次)，经过多次的增湿、脱湿过程，红土样的吸水膨胀、失水收缩程度严重，这时增湿迁入的水分只能充填在孔隙中，不能继续撑开颗粒间的距离，所以，红土样的竖向膨胀率、横向膨胀率有所减小，由于试样顶部无约束而侧向存在环刀壁的约束，导致竖向膨胀率的减小程度大于横向膨胀率的减小程度，相应地引起体积膨胀率缓慢减小。可见，红土的膨胀主要体现在第 2 次增湿过程中，随后的增湿，不但没有产生新的膨胀，反而引起收缩，导致膨胀率减小。

4.2.3 膨胀特性随初始干密度的变化

图 4-5 给出了不同增湿次数 Z 下、增湿过程中达到膨胀稳定时，红土样的竖向膨胀率δ_{sp}、横向膨胀率δ_{hp}、体积膨胀率δ_{vp}随初始干密度 ρ_d 的变化曲线。

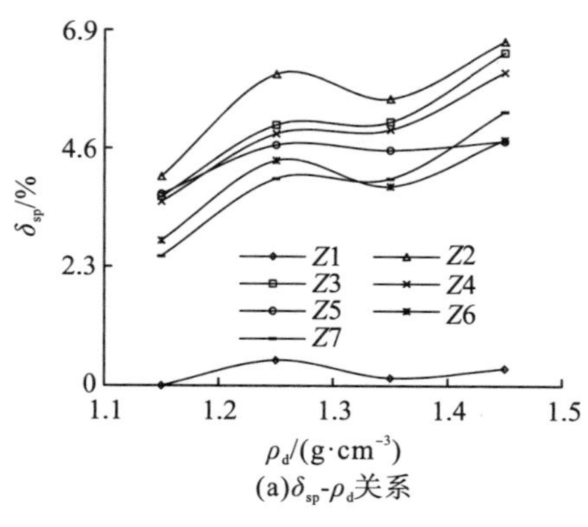

(a)δ_{sp}-ρ_d关系

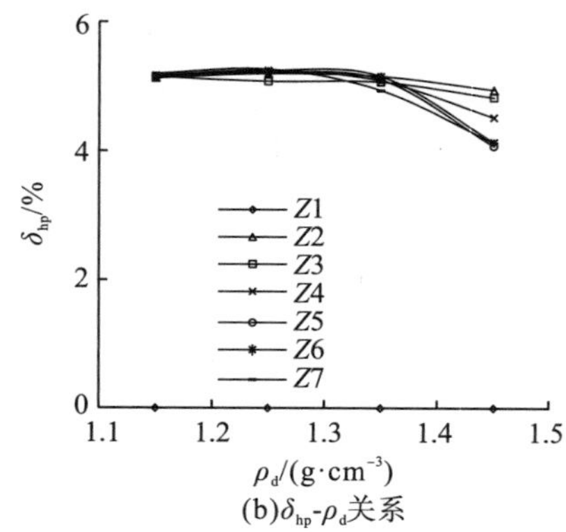

(b)δ_{hp}-ρ_d关系

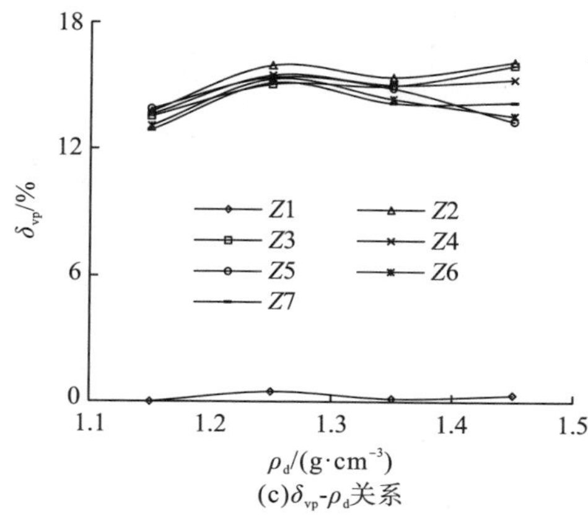

(c)δ_{vp}-ρ_d关系

图 4-5　增湿过程中红土的稳定膨胀率随初始干密度的变化

图 4-5 表明：

(1) 总体上，增湿过程中，达到膨胀稳定时，随初始干密度的增大，增湿 1 次时，红土的竖向膨胀率、横向膨胀率、体积膨胀率很小；其他增湿次数下，红土的竖向膨胀率呈波动增大变化趋势，横向膨胀率呈减小变化趋势。

(2) 表 4-4 给出了红土的膨胀率随初始干密度的变化。可见，相同增湿次数下，当初始干密度由 1.15g·cm^{-3} 增大到 1.45g·cm^{-3} 时，红土的竖向膨胀率和体积膨胀率呈相同的变化趋势，横向膨胀率呈相反的变化趋势；不同增湿次数(2～7 次)下，竖向膨胀率的加权平均值、体积膨胀率的加权平均值以及横向膨胀率的加权平均值也呈以上变化趋势。

表 4-4　增湿过程中红土的膨胀率随初始干密度的变化

初始干密度 ρ_d/(g·cm^{-3})	增湿次数 Z/次	竖向膨胀率 δ_{sp}/%	横向膨胀率 δ_{hp}/%	体积膨胀率 δ_{vp}/%
1.15→1.45	1	0～0.3	0	0→0.3
1.15	2～7	2.5～4.4	5.2	12.9～13.9
1.45	2～7	4.8～6.7	4.1～5.0	13.3～16.2
1.15→1.45	2～7 次加权	3.2→5.4	5.2→4.5	13.4→14.4

(3) 不论初始干密度大小，增湿初期，由于红土样内外含水不平衡，浸入的水分主要由下往上充填颗粒之间的孔隙，楔入颗粒间的水分少，引起红土的竖向膨胀程度小，而初期试样的横向贴紧环刀壁，所以横向没有膨胀。随增湿过程的深入，红土样的初始干密度越大，孔隙越小，经过上一次的脱湿过程，增湿过程中水分很快充满孔隙，多余的水分更易于楔入颗粒之间，包裹土颗粒表面的水膜增大了颗粒间的距离，试样顶部没有约束，导致试样竖向颗粒间的距离增大，引起竖向膨胀；而横向由于有环刀的侧限约束，试样只能膨胀至环刀内壁，表现出竖向膨胀率增大、横向膨胀率减小，综合的结果导致体积膨胀率略有增大。

4.2.4 收缩特性随脱湿时间的变化

图 4-6 给出了脱湿过程中经历 1 次脱湿作用、不同初始干密度ρ_d下，红土样的竖向收缩率δ_{ss}、横向收缩率δ_{hs}、体积收缩率δ_{vs}、脱湿含水率ω_t、孔隙率 n_t 等收缩参数随脱湿时间 t_t 的变化曲线。

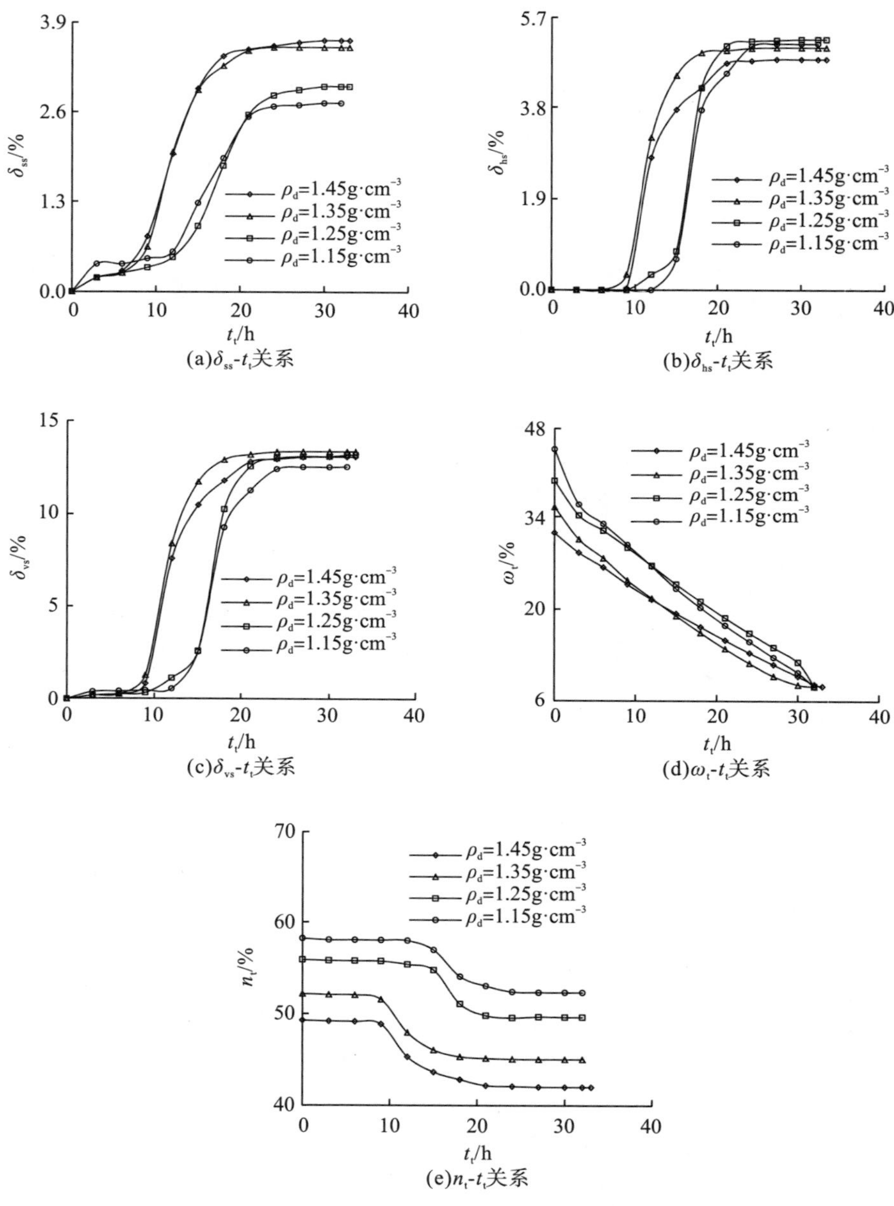

图 4-6 脱湿过程中红土的收缩参数随脱湿时间的变化

图 4-6 表明：

(1)脱湿过程中，不同初始干密度下，随脱湿时间的延长，红土的竖向收缩率、横向收缩率、体积收缩率等收缩参数呈“S”形增大变化趋势，含水率、孔隙率呈减小变化趋势。当脱湿时间较短时，竖向收缩率、横向收缩率、体积收缩率较小，相应的含水率、孔隙率较大；脱湿时间较长时，竖向收缩率、横向收缩率、体积收缩率急剧增大，相应的含水率、孔隙率明显减小；脱湿时间继续增长时，竖向收缩率、横向收缩率、体积收缩率增大并趋于稳定，相应的含水率、孔隙率减小并趋于稳定。据此，红土的收缩过程可以分为缓慢收缩、快速收缩和稳定收缩 3 个阶段。缓慢收缩阶段，收缩率在脱湿前期缓慢增大；快速收缩阶段，收缩率在脱湿中期急剧增大；稳定收缩阶段，收缩率在脱湿后期趋于稳定状态。

(2)当初始干密度按 $1.15\text{g}\cdot\text{cm}^{-3}$、$1.25\text{g}\cdot\text{cm}^{-3}$、$1.35\text{g}\cdot\text{cm}^{-3}$、$1.45\text{g}\cdot\text{cm}^{-3}$ 增大时，缓慢收缩时间分别对应于 12h、12h、6h、6h，这一阶段，红土的收缩率增长缓慢，竖向收缩率增大到 0.4%～0.6%，横向收缩率为 0，体积收缩率约为 0.5%；超过缓慢收缩时间，达到 18～21h 时，进入快速收缩阶段，收缩率急剧增大，相比缓慢收缩阶段，竖向收缩率分别增大了 336.2%、406.0%、1111.1%、1163.0%，横向收缩率由 0 分别增大到 4.5%、5.1%、5.0%、4.2%，体积收缩率由 0.5%分别增大到 11.3%、12.7%、13.0%、11.9%；超过快速收缩时间，收缩率变化很小，逐渐进入稳定状态。

(3)随脱湿时间的延长，红土的含水率逐渐减小。当初始干密度按 $1.15\text{g}\cdot\text{cm}^{-3}$、$1.25\text{g}\cdot\text{cm}^{-3}$、$1.35\text{g}\cdot\text{cm}^{-3}$、$1.45\text{g}\cdot\text{cm}^{-3}$ 增大时，脱湿时间 0～3h，含水率分别减小了 $2.9\%\cdot\text{h}^{-1}$、$1.8\%\cdot\text{h}^{-1}$、$1.7\%\cdot\text{h}^{-1}$、$1.0\%\cdot\text{h}^{-1}$；脱湿时间 3～32h，含水率分别减小了 $1.0\%\cdot\text{h}^{-1}$、$0.9\%\cdot\text{h}^{-1}$、$0.8\%\cdot\text{h}^{-1}$、$0.7\%\cdot\text{h}^{-1}$；脱湿时间超过 32h，含水率趋于稳定。这说明脱湿初期，红土的含水率减小较快；脱湿后期，含水率减小缓慢。红土的脱湿过程可以分为快速脱湿、缓慢脱湿、稳定脱湿 3 个阶段。初始干密度越大，红土脱湿含水率的减小程度越低。

(4)随脱湿时间的延长，红土的孔隙率逐渐减小。初始干密度为 $1.15\text{g}\cdot\text{cm}^{-3}$、$1.25\text{g}\cdot\text{cm}^{-3}$，脱湿时间为 0～12h 时，孔隙率缓慢减小，相比 0h，分别减小了 0.4%、0.9%；脱湿时间 12～21h，孔隙率快速减小，相比 12h，分别减小了 8.6%、10.1%；脱湿时间超过 21h，孔隙率趋于稳定。初始干密度为 $1.35\text{g}\cdot\text{cm}^{-3}$、$1.45\text{g}\cdot\text{cm}^{-3}$，脱湿时间为 0～9h 时，孔隙率缓慢减小，相比 0h，分别减小了 1.2%、0.9%；脱湿时间为 9～18h 时孔隙率快速减小，相比 9h，分别减小了 12.1%、12.3%；超过 18h 后趋于稳定。

(5)脱湿过程中，红土含水率的减小与对应的孔隙减小和收缩率的增大不完全同步。脱湿初期，土颗粒表面包裹水膜较厚，大量自由水的排出，导致含水率快速减小，对应的孔隙减小不明显，所以收缩率增大缓慢；脱湿中期，土颗粒表面包裹水膜逐渐变薄，少量自由水和弱结合水的排出，导致含水率继续减小的同时，由于土颗粒的吸附作用，颗粒之间靠拢，孔隙减小，相应地收缩率增大；脱湿后期，土颗粒表面包裹的水膜更薄，主要是少量弱结合水尤其是强结合水的存在，土颗粒对水的吸附作用增强，水的排出困难，无法拉近颗粒之间的距离，所以含水率变化很小，对应孔隙变化不大，相应地收缩率变化不大，趋于稳定。

4.2.5 收缩特性随脱湿次数的变化

图 4-7 给出了不同初始干密度ρ_d下、脱湿过程达到收缩稳定状态时，红土样的竖向收缩率δ_{ss}、横向收缩率δ_{hs}和体积收缩率δ_{vs}随脱湿次数 T 的变化曲线。

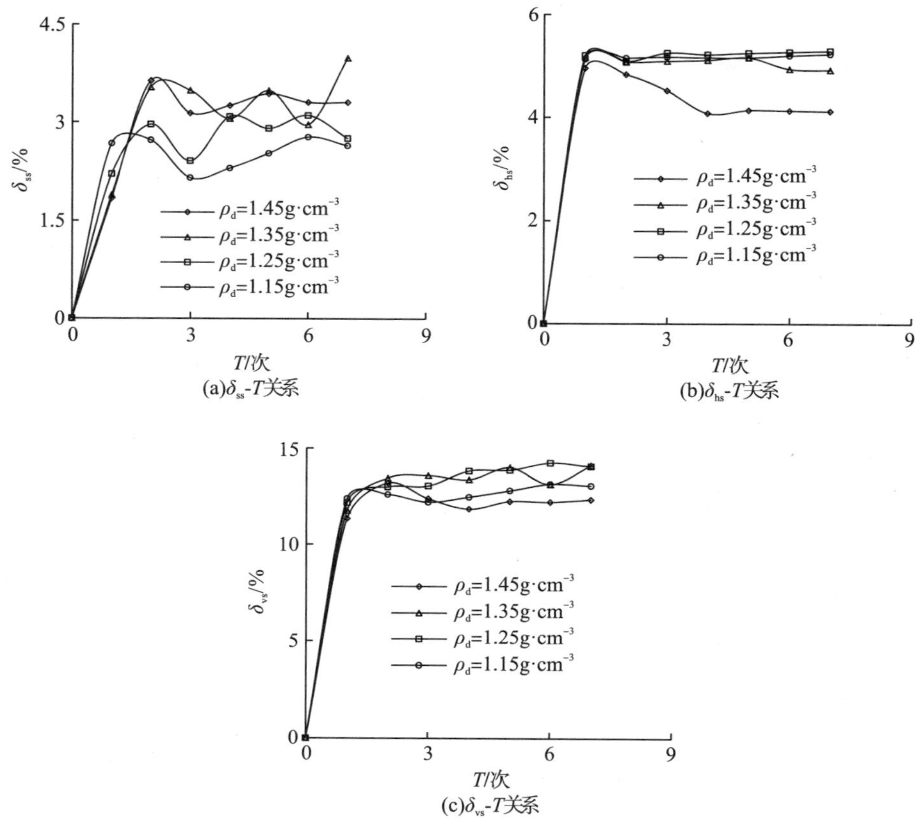

图 4-7　脱湿过程中红土的稳定收缩率随脱湿次数的变化

图 4-7 表明：

(1) 总体上，脱湿过程中，不同初始干密度下，随脱湿次数的增加(1～7 次)，达到收缩稳定时，红土的竖向收缩率、横向收缩率、体积收缩率呈先急剧增大后缓慢波动变化趋势。脱湿次数较少(1～2 次)时，竖向收缩率、横向收缩率、体积收缩率急剧增大；脱湿次数较多(1～7 次)时，竖向收缩率、体积收缩率波动增大，横向收缩率波动变化。

(2) 表 4-5 给出了红土的收缩率随脱湿次数的变化。可见，初始干密度为 1.15～1.45g·cm^{-3}，脱湿次数由 1 次增加到 7 次时，竖向收缩率、横向收缩率、体积收缩率增大；不同初始干密度下竖向收缩率的加权平均值、体积收缩率的加权平均值也相应增大，横向收缩率的加权平均值略有减小。

表 4-5　红土的收缩率随脱湿次数的变化

初始干密度 ρ_d/(g·cm^{-3})	脱湿次数 T/次	竖向收缩率δ_{ss}		横向收缩率δ_{hs}		体积收缩率δ_{vs}	
		范围/%	变化/%	范围/%	变化/%	范围/%	变化/%
1.15～1.45	1	1.9～2.7	42.1	5.0～5.1	2.0	11.4～12.4	8.8
	2	2.7～3.6	33.3				
	7	2.7～4.0	48.1	4.1～5.2	26.8	12.4～14.1	13.7
初始干密度加权	1～7 次	2.1～3.2	52.3	5.1～4.9	-3.9	11.9～13.4	12.6

(3) 脱湿初期，由于试样顶部和环刀边壁的快速脱水，导致红土的竖向、横向收缩急剧增大，相应的体积收缩增大；脱湿中、后期，脱水速度减缓，相应的竖向、横向以及体积收缩变化不明显。达到收缩稳定时，竖向收缩主要体现在第 2 次脱湿过程中，横向收缩和体积收缩主要体现在第 1 次脱湿过程中，随后缓慢波动变化趋于稳定。体现出红土的竖向收缩和横向收缩的发展程度不同步现象。

4.2.6　收缩特性随初始干密度的变化

图 4-8 给出了不同脱湿次数 T 下、脱湿过程达到收缩稳定状态时，红土样的竖向收缩率δ_{ss}、横向收缩率δ_{hs}、体积收缩率δ_{vs}随初始干密度 ρ_d 的变化曲线。

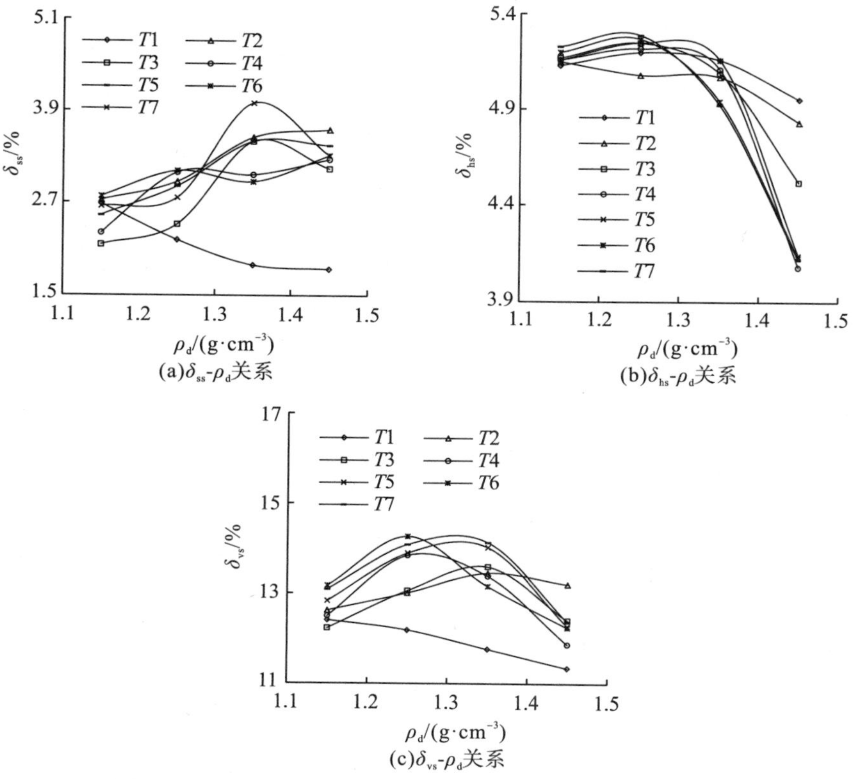

图 4-8　脱湿过程中红土的稳定收缩率随初始干密度的变化

图 4-8 表明：

(1) 总体上，脱湿过程中，随初始干密度的增大，脱湿 1 次，达到收缩稳定时，红土的竖向收缩率、体积收缩率、横向收缩率减小；其他脱湿次数下，竖向收缩率呈增大变化趋势，横向收缩率呈减小变化趋势，体积收缩率呈凸形减小变化趋势。

(2) 当初始干密度由 $1.15\text{g}\cdot\text{cm}^{-3}$ 增大到 $1.45\text{g}\cdot\text{cm}^{-3}$，脱湿 1 次达到收缩稳定时，红土的竖向收缩率减小了 33.3%，横向收缩率减小了 2.0%，体积收缩率减小了 8.8%。脱湿 2～7 次达到收缩稳定时，竖向收缩率由 2.2%～2.8%增加到 3.1%～3.6%，横向收缩率由 5.2%减小到 4.1%～5.0%，干密度为 $1.15\sim1.35\text{g}\cdot\text{cm}^{-3}$ 时减小缓慢，$1.35\sim1.45\text{g}\cdot\text{cm}^{-3}$ 时下降较快；干密度为 $1.25\sim1.35\text{g}\cdot\text{cm}^{-3}$ 时体积收缩率出现最大值。总体上，不同脱湿次数(2～7 次)下，竖向收缩率的加权平均值由 2.6%增大到 3.3%，横向收缩率的加权平均值由 5.2%减小到 4.2%，体积收缩率的加权平均值由 12.8%增大到 13.9%再减小到 12.3%；相比于干密度 $1.15\text{g}\cdot\text{cm}^{-3}$，干密度达到 $1.45\text{g}\cdot\text{cm}^{-3}$ 时，加权平均竖向收缩率增大了 26.9%，加权平均横向收缩率减小了 19.2%，加权平均体积收缩率减小了 3.9%。

(3) 脱湿过程中，随脱湿过程深入，达到收缩稳定状态时，初始干密度越大，更易引起红土的竖向收缩，减小横向收缩。

4.2.7 横向收缩与竖向收缩比较

图 4-9 分别给出了脱湿过程中达到收缩稳定时，红土样的竖向收缩率 δ_{ss}、横向收缩率 δ_{hs} 随含水率 ω_t、脱湿时间 t_t、脱湿次数 T、初始干密度 ρ_d 的变化曲线。

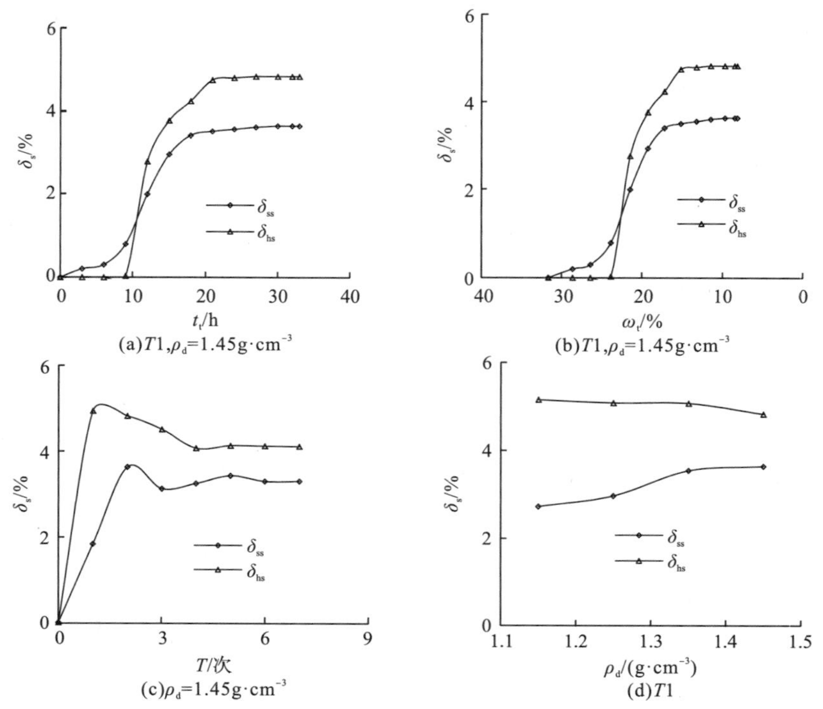

图 4-9 脱湿过程中红土的横向收缩率与竖向收缩率比较

图 4-9 表明：

(1) 脱湿过程中，达到收缩稳定时，随脱湿时间的延长，红土的含水率增大，其竖向收缩率和横向收缩率增大；收缩时间小于 10h、含水率大于 22.0%时，竖向收缩率大于横向收缩率；脱湿时间超过 10h、含水率小于 22.0%时，横向收缩率大于竖向收缩率。脱湿时间达到 21h、含水率减小到 15.0%左右，横向收缩率相比竖向收缩率增大了 35.2%。这说明随脱湿时间延长、含水率减小，红土的横向收缩和竖向收缩都趋于稳定，但最终横向收缩率大于竖向收缩率。

(2) 随脱湿次数的增加，红土的竖向收缩率、横向收缩率先增大后减小；相同脱湿次数下，横向收缩率大于竖向收缩率。脱湿 2 次，竖向收缩率达到最大值，约为 3.6%；脱湿 7 次，竖向收缩率减小到 3.3%。脱湿 1 次，横向收缩率达到最大值，约为 5.0%；脱湿 7 次，横向收缩率减小到 4.1%。这说明脱湿过程中，脱湿初期对红土的收缩特性影响最大，显著引起竖向和横向收缩；随脱湿过程深入，脱湿作用的影响逐渐减弱，竖向和横向收缩趋于稳定。

(3) 随初始干密度的增大，红土的竖向收缩率增大，横向收缩率减小；相同初始干密度下，横向收缩率大于竖向收缩率。当初始干密度由 $1.15g\cdot cm^{-3}$、$1.25g\cdot cm^{-3}$、$1.35g\cdot cm^{-3}$ 增大到 $1.45g\cdot cm^{-3}$ 时，横向收缩率减小了 6.2%，竖向收缩率增大了 33.3%；相比于竖向收缩率，横向收缩率分别增大了 88.6%、71.0%、43.2%、32.7%。这说明脱湿过程中，初始干密度越大，红土的横向收缩和竖向收缩程度差越小。

4.2.8 膨胀与收缩比较

图 4-10 分别给出了增湿-脱湿的干湿循环过程达到膨胀-收缩稳定状态时，红土样的竖向膨胀率δ_{sp}、竖向收缩率δ_{ss}、体积膨胀率δ_{vp}、体积收缩率δ_{vs} 随增湿（脱湿）含水率ω、初始干密度ρ_d、干湿循环次数 N_g 的变化曲线。

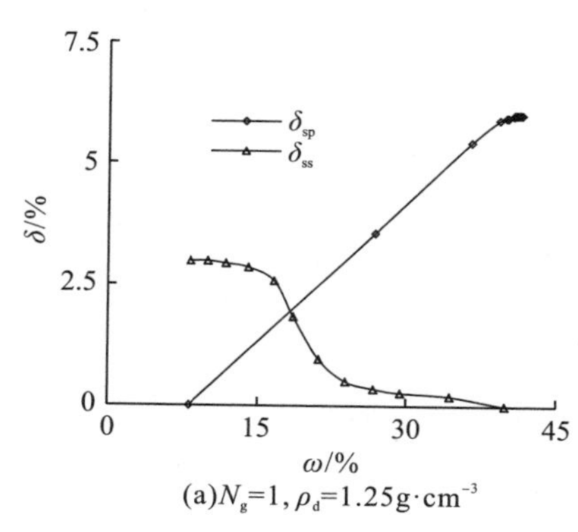

(a) $N_g=1, \rho_d=1.25g\cdot cm^{-3}$

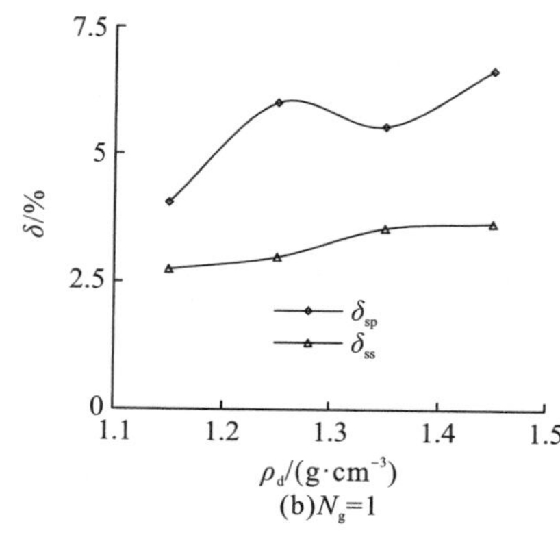

(b) $N_g=1$

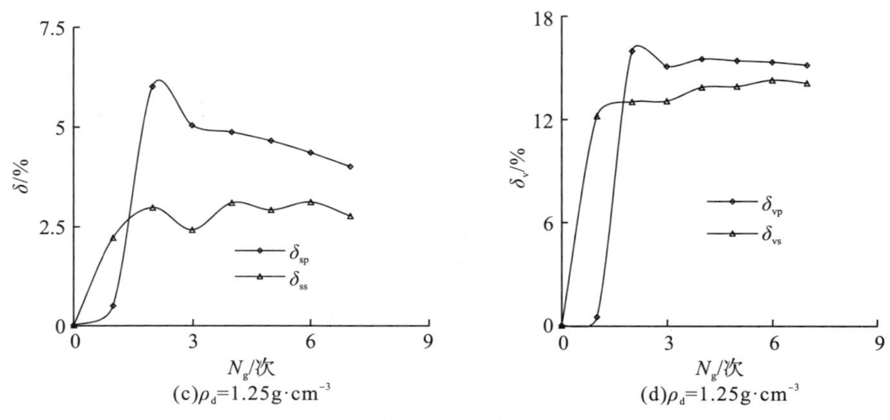

(c)ρ_d=1.25g·cm^{-3}　(d)ρ_d=1.25g·cm^{-3}

图 4-10　干湿循环过程中红土的膨胀率与收缩率比较

图 4-10 表明：

(1) 干湿循环过程中，随增湿、脱湿含水率的增大，红土的竖向膨胀率增大、竖向收缩率减小，竖向膨胀率由 0 增大到约 6.0%，而竖向收缩率由 3.0%减小到 0。含水率小于 18.0%时，收缩率大于膨胀率，含水率约为 8.0%时，竖向膨胀率为 0，而竖向收缩率约为 3.0%；含水率大于 18.0%时，膨胀率大于收缩率；含水率约为 40.0%时，竖向收缩率为 0，而竖向膨胀率约为 6.0%。这说明干湿循环的增湿过程吸水膨胀、脱湿过程失水收缩是其典型特征。

(2) 随初始干密度的增大，红土的竖向膨胀率和竖向收缩率呈增大趋势；相同初始干密度下，膨胀率大于收缩率。当初始干密度由 1.15g·cm^{-3}、1.25g·cm^{-3}、1.35g·cm^{-3} 增大到 1.45g·cm^{-3} 时，竖向膨胀率增大了 64.6%，竖向收缩率增大了 33.3%；相比竖向收缩率，竖向膨胀率分别增大了 48.0%、102.4%、56.5%、82.7%。说明干湿循环过程中，初始干密度越大，红土竖向的膨胀、收缩趋势越大，但竖向膨胀始终大于竖向收缩。

(3) 随干湿循环次数的增加，红土的竖向膨胀率、竖向收缩率、体积膨胀率急剧增大后缓慢减小，体积收缩率缓慢增大；干湿循环 1 次，竖向膨胀率、体积膨胀率小于竖向收缩率、体积收缩率；干湿循环 1 次以上，竖向膨胀率、体积膨胀率大于竖向收缩率、体积收缩率。干湿循环 2 次，竖向膨胀率、竖向收缩率、体积膨胀率、体积收缩率分别由 0 增大到 6.0%、3.0%、16.0%、13.0%；干湿循环 7 次，竖向膨胀率、体积膨胀率、竖向收缩率分别减小了 33.4%、5.2%、7.1%，体积收缩率增大了 8.3%。这说明相同初始干密度下，干湿循环初期对红土的胀缩特性影响最大，显著引起红土的膨胀和收缩；随干湿循环过程深入，干湿循环作用的影响减弱。

4.3　不同初始含水率下干湿循环红土的胀缩特性

4.3.1　膨胀特性随增湿时间的变化

图 4-11 给出了增湿过程中经历 1 次增湿作用、不同初始含水率 ω_0 下，红土样的竖向膨胀率 δ_{sp}、含水率 ω_z、孔隙率 n_z、饱和度 S_{rz} 等膨胀参数随增湿时间 t_z 的变化曲线。

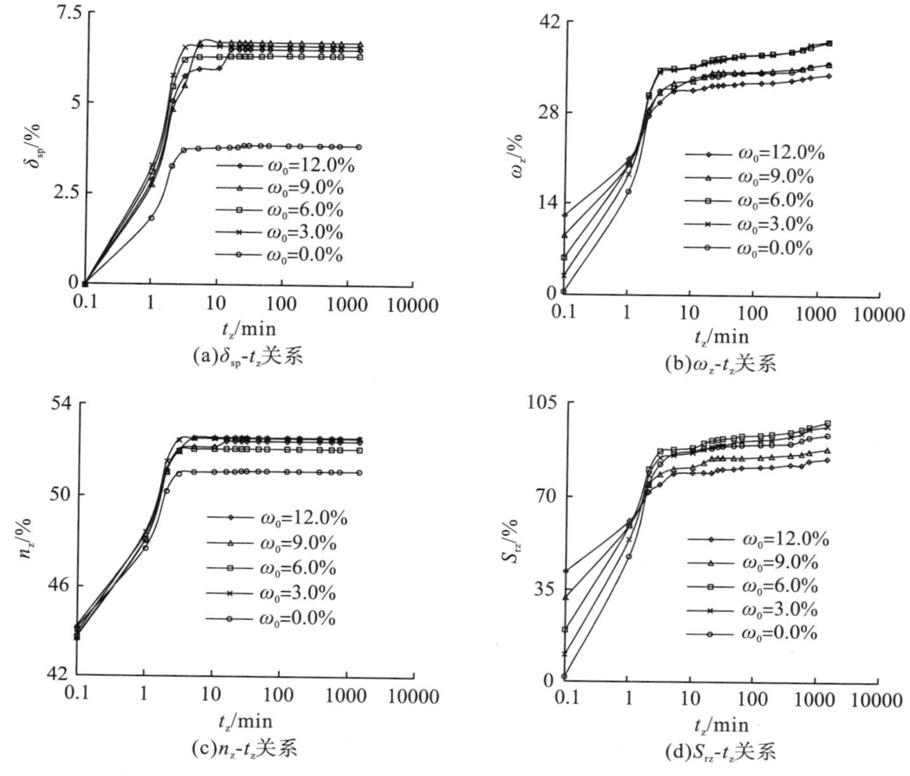

图 4-11　增湿过程中红土的膨胀参数随增湿时间的变化

图 4-11 表明：

(1) 增湿过程中，不同初始含水率下，随增湿时间的延长，红土的竖向膨胀率、含水率、孔隙率、饱和度等膨胀参数呈“厂”形变化。根据膨胀率随增湿时间的变化趋势，红土的膨胀过程可以分为快速膨胀、缓慢膨胀和稳定膨胀 3 个阶段。

(2) 表 4-6 给出了不同初始含水率下，红土的膨胀参数随增湿时间的变化。可见，在整个增湿过程中，随增湿时间的延长，红土的膨胀率、含水率、孔隙率、饱和度等膨胀参数增大，但在初期的快速膨胀阶段，各膨胀参数急剧增大；在中期的缓慢膨胀阶段，各膨胀参数的增大程度明显减小；超过缓慢膨胀阶段，各膨胀参数基本不变，红土的膨胀达到稳定状态。

(3) 红土的膨胀程度主要由增湿初期控制。初始含水率越大，达到快速膨胀的时间越长，含水率增大幅度越小，饱和度增加幅度越小，孔隙率与竖向膨胀率呈波动形增大。增湿过程中，短时间内红土大量吸水，引起含水率快速增大；同时由于水的锲入作用，破坏了红土颗粒之间的连接，增大了颗粒间的孔隙，引起孔隙率增大；由于试样顶部无约束，孔隙的增大必然导致试样体积增大，主要是竖向高度的增大，因而竖向膨胀率增大。但随增湿时间的延长，试样的吸水量越来越少，水的锲入作用越来越弱，破坏颗粒间连接引起孔隙增大的程度越来越低，试样体积的增大特别是高度的增大越来越小，表现为含水率、孔隙率、饱和度及膨胀率的变化很小，试样膨胀趋于稳定。

表 4-6　增湿过程中红土的膨胀参数随增湿时间的变化

膨胀阶段	膨胀参数变化	初始含水率 ω_0/%				
		0	3.0	6.0	9.0	12.0
快速膨胀段	t_z/min	0～3	0～3	0～3	0～5	0～5
	$\delta_{sp\text{-}t}$/%	3.7	6.6	6.2	6.7	6.0
	$\omega_{z\text{-}t}$/%	6422.9	1055.4	507.4	256.6	157.6
	$n_{z\text{-}t}$/%	15.4	19.3	18.6	19.9	17.7
	$S_{rz\text{-}t}$/%	4839.8	720.3	337.8	151.3	88.1
缓慢膨胀段	t_z/min	3～25	3～20	3～20	5～15	5～15
	$\delta_{sp\text{-}t}$/%	4.1	0.8	1.8	0.3	9.1
	$\omega_{z\text{-}t}$/%	7.4	5.0	5.0	3.0	1.7
	$n_{z\text{-}t}$/%	0.2	0.1	0.1	0	0.5
	$S_{rz\text{-}t}$/%	8.1	4.9	4.7	3.0	0.7

注：$\delta_{sp\text{-}t}$代表竖向膨胀率随增湿时间的变化；$\omega_{z\text{-}t}$代表增湿含水率随增湿时间的变化；$n_{z\text{-}t}$代表增湿孔隙率随增湿时间的变化；$S_{rz\text{-}t}$代表增湿饱和度随增湿时间的变化。

4.3.2　膨胀特性随增湿次数的变化

图 4-12 给出了不同初始含水率 ω_0 下，增湿过程达到膨胀稳定状态时，红土样的竖向膨胀率δ_{sp}、横向膨胀率δ_{hp}和体积膨胀率δ_{vp}随增湿次数 Z 的变化。

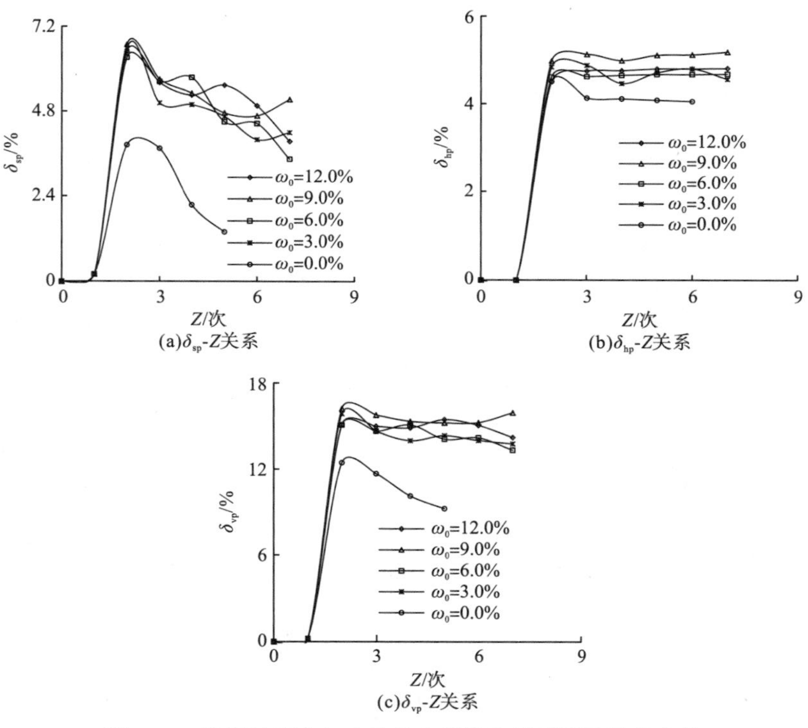

图 4-12　增湿过程中红土的稳定膨胀率随增湿次数的变化

图 4-12 表明：

(1) 总体上，增湿过程中，达到膨胀稳定时，随增湿次数的增加，初始含水率为 0 的条件下，红土的竖向膨胀率、横向膨胀率、体积膨胀率呈先缓慢增大后急剧增大再缓慢减小的变化趋势；其他初始含水率下，竖向膨胀率、体积膨胀率呈先缓慢增大后急剧增大再缓慢减小的变化趋势，横向膨胀率呈先缓慢增大后急剧增大再缓慢增大的变化趋势。增湿次数较少时，膨胀率很小；增湿次数较多时，红土的膨胀率急剧增大；增湿次数更多时，膨胀率变化缓慢。

(2) 表 4-7 给出了红土的膨胀率随增湿次数的变化情况。可见，增湿 1 次，红土的膨胀率很小；增湿 2 次，膨胀率明显增大；增湿达到 7 次时，相比 2 次增湿，竖向膨胀率、体积膨胀率减小，横向膨胀率变化不大。相应地，不同增湿次数(2～7 次)下，竖向膨胀率的加权平均值、体积膨胀率的加权平均值减小，横向膨胀率的加权平均值增大，相比 2 次增湿，7 次增湿时加权平均竖向膨胀率减小了 35.4%，加权平均横向膨胀率增大了 4.3%，加权平均体积膨胀率减小了 6.5%。

表 4-7　增湿过程中红土的膨胀率随增湿次数的变化

初始含水率 ω_0/%	增湿次数 Z/次	膨胀率		
		竖向膨胀率 δ_{sp}/%	横向膨胀率 δ_{hp}/%	体积膨胀率 δ_{vp}/%
0～12.0	1	0～0.2	0	0～0.2
	2	3.9～6.6	4.5～5.0	12.5～16.2
	7	1.4～5.1	4.1～5.2	9.3～16.0
3.0～12.0 含水率加权	2～7	6.5→4.2	4.7→4.9	15.5→14.5

(3) 增湿初期(0～1 次)，红土样的膨胀性很弱；增湿中期(1～2 次)，经过前期的脱湿过程，膨胀性显著增强；增湿后期(2～7 次)，经过多次的增湿、脱湿过程，红土样的膨胀性减弱。红土的膨胀主要体现在第 2 次增湿过程中，随后的增湿不但没有产生新的膨胀，反而引起收缩，导致膨胀率减小，尤其是竖向膨胀率的减小程度大于横向膨胀率的减小程度。

4.3.3　膨胀特性随初始含水率的变化

图 4-13 给出了不同增湿次数 Z 下，增湿过程达到膨胀稳定时，红土样的竖向膨胀率 δ_{sp}、横向膨胀率 δ_{hp}、体积膨胀率 δ_{vp} 随初始含水率 ω_0 的变化曲线。

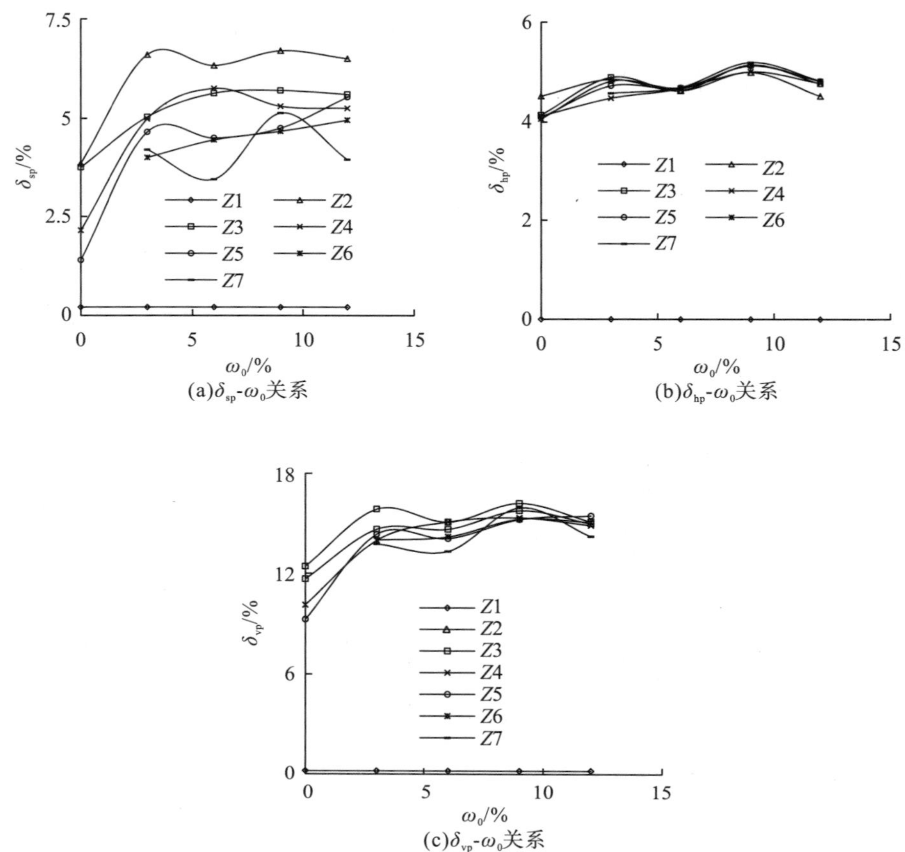

(a)δ_{sp}-ω_0关系 (b)δ_{hp}-ω_0关系 (c)δ_{vp}-ω_0关系

图 4-13 增湿过程中红土的稳定膨胀率随初始含水率的变化

图 4-13 表明：

(1) 总体上，增湿过程中，达到膨胀稳定时，随初始含水率的增大，增湿 1 次时，红土的竖向膨胀率、横向膨胀率、体积膨胀率很小；增湿 7 次时，竖向膨胀率波动变化，最终变化量不明显；其他增湿次数下，竖向膨胀率、横向膨胀率、体积膨胀率呈波动增大的变化趋势。

(2) 表 4-8 给出了红土的膨胀参数随初始含水率的变化情况。可见，当初始含水率由 0 增大到 12.0%，增湿 2～7 次达到膨胀稳定时, 红土的膨胀率明显增大。相应地，不同增湿次数(2～7 次)下，竖向膨胀率的加权平均值、横向膨胀率的加权平均值、体积膨胀率的加权平均值也相应增大。相比于含水率为 0，含水率达到 12.0%时，加权平均竖向膨胀率增大了 100.0%，加权平均横向膨胀率增大了 17.1%，加权平均体积膨胀率增大了 41.9%。这说明增湿过程中，初始含水率越大，越容易引起试样在竖向上、横向上的膨胀，导致体段膨胀。

表 4-8　增湿过程中红土的膨胀率随初始含水率的变化

初始含水率 ω_0/%	增湿次数 Z/次	竖向膨胀率 δ_{sp}/%	横向膨胀率 δ_{hp}/%	体积膨胀率 δ_{vp}/%
0～12.0	1	0.2	0	0.2
1	2～7	1.4～3.8	4.1～4.5	9.3～12.5
12.0	2～7	4.0～6.5	4.5～4.8	14.2～15.5
0～12.0	2～7 次加权	2.5～5.0	4.1～4.8	10.5～14.9

4.3.4　收缩特性随脱湿时间的变化

图 4-14 给出了脱湿过程中经历 1 次脱湿作用、不同初始含水率 ω_0 下，红土样的竖向收缩率δ_{ss}、横向收缩率δ_{hs}、体积收缩率δ_{vs}、含水率ω_t、孔隙率 n_t、饱和度 S_{rt} 等收缩参数随脱湿时间 t_t 的变化曲线。

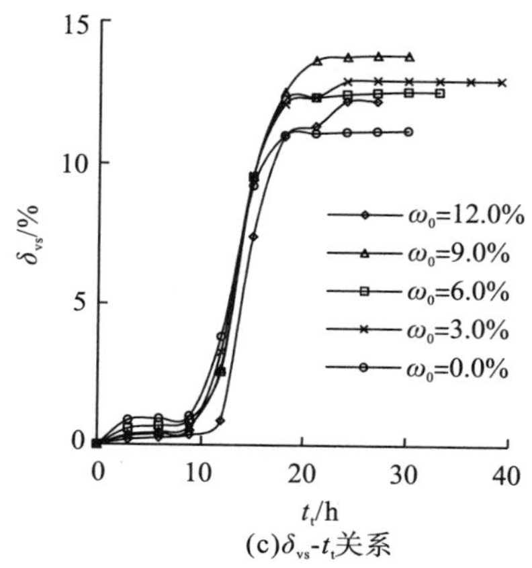

(a)δ_{ss}-t_t关系

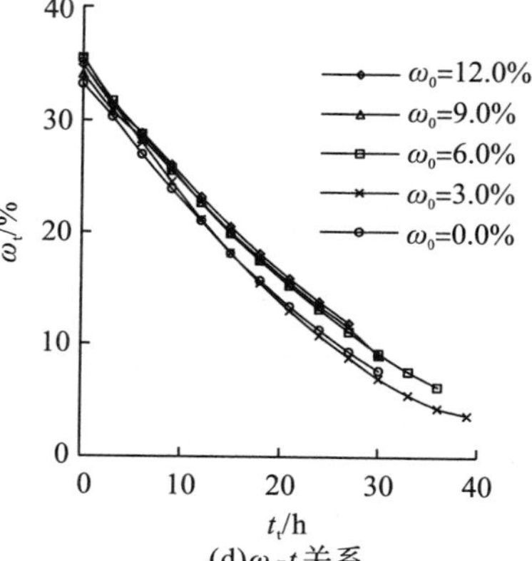

(b)δ_{hs}-t_t关系

(c)δ_{vs}-t_t关系

(d)ω_t-t_t关系

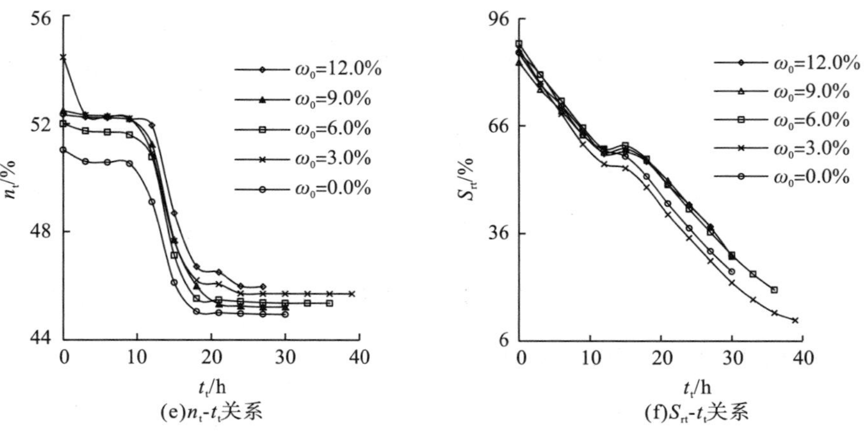

(e) n_t-t_t关系 (f) S_{rt}-t_t关系

图 4-14 脱湿过程中红土的收缩参数随脱湿时间的变化

图 4-14 表明：

(1) 不同初始含水率下，随脱湿时间的延长，红土的竖向收缩率、横向收缩率、体积收缩率等收缩参数呈“S”形增大变化趋势，含水率、孔隙率、饱和度呈减小变化趋势。红土的收缩过程可以分为缓慢收缩、快速收缩和稳定收缩 3 个阶段。缓慢收缩阶段(0～9h)，收缩率在脱湿前期缓慢增大；快速收缩阶段(9～21h)，收缩率在脱湿中期急剧增大；稳定收缩阶段(>21h)，收缩率在脱湿后期趋于稳定状态。

(2) 表 4-9 给出了红土的收缩率随脱湿时间的变化情况。可见，初始含水率由 0 增大到 12.0%时，缓慢收缩时间对应于 9h，这一阶段，红土的横向收缩率为 0，竖向收缩率、体积收缩率增长缓慢；超过缓慢收缩时间，达到 21h 时，进入快速收缩阶段，收缩率急剧增大；超过快速收缩时间后，收缩率变化很小，逐渐进入稳定状态。

表 4-9 红土的收缩率随脱湿时间的变化

收缩阶段	收缩率的变化	初始含水率ω_0/%				
		0	3.0	6.0	9.0	12.0
缓慢收缩阶段	时间 t_t/h	9	9	9	9	9
	竖向收缩率δ_{ss}/%	1.0	0.6	0.9	0.7	0.4
	横向收缩率δ_{hs}/%	0	0	0	0	0
	体积收缩率δ_{vs}/%	1.0	0.6	0.9	0.7	0.4
快速收缩阶段	时间 t_t/h	21	21	21	21	21
	竖向收缩率δ_{ss}/%	3.1	3.3	3.5	3.6	2.8
	横向收缩率δ_{hs}/%	4.1	4.9	4.6	5.1	4.3
	体积收缩率δ_{vs}/%	11.2	12.9	12.4	13.8	11.3

(3) 表 4-10 给出了红土的收缩参数随脱湿时间的变化。

表 4-10　红土的收缩参数随脱湿时间的变化

收缩参数变化	脱湿时间 t_t/h	初始含水率 ω_0/%				
		0	3.0	6.0	9.0	12.0
$\omega_{t\text{-}t}$(%·h^{-1})	0～3	−0.1	−1.4	−1.3	−1.1	−1.2
	3～39	−0.8	−0.8	−0.8	0.8	−0.8
$S_{rt\text{-}t}$(%·h^{-1})	0～12	−2.3	−2.7	−2.4	−2.1	−2.3
	12～15	−0.6	−0.4	0.3	0.3	−0.2
	>15	−2.1	−1.8	−1.9	−2.0	−1.7
$n_{t\text{-}t}$/%	0～9	−1.0	−4.2	−0.8	−0.6	−0.3
	9～18	−10.8	−11.4	−11.7	−11.8	−10.4

注：$\omega_{t\text{-}t}$ 代表含水率随脱湿时间的变化；$S_{rt\text{-}t}$ 代表饱和度随脱湿时间的变化；$n_{t\text{-}t}$ 代表孔隙率随脱湿时间的变化。

(4) 脱湿过程中，红土含水率、饱和度的减小与对应的孔隙减小和收缩率的增大不完全同步。脱湿初期，土颗粒表面包裹水膜较厚，大量自由水的排除，导致含水率、饱和度快速减小时，对应的孔隙减小不明显，所以收缩率增加缓慢；脱湿中期，土颗粒表面包裹的水膜逐渐变薄，少量自由水和弱结合水的排除，导致含水率、饱和度继续减小的同时，由于土颗粒的吸附作用，颗粒之间靠拢，孔隙减小，相应地收缩率增大；脱湿后期，土颗粒表面包裹的水膜更薄，主要是强结合水的存在，土颗粒对水的吸附作用增强，水的排出困难，无法拉近颗粒之间的距离，所以含水率变化很小，对应孔隙变化不大，相应地收缩率变化不大，趋于稳定。

4.3.5　收缩特性随脱湿次数的变化

图 4-15 给出了不同初始含水率 ω_0 下，脱湿过程达到收缩稳定状态时，红土样的竖向收缩率 δ_{ss}、横向收缩率 δ_{hs} 和体积收缩率 δ_{vs} 随脱湿次数 T 的变化曲线。

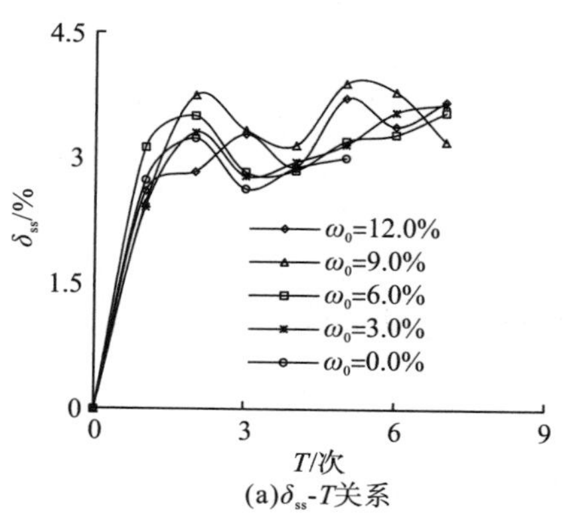

(a) δ_{ss}-T 关系

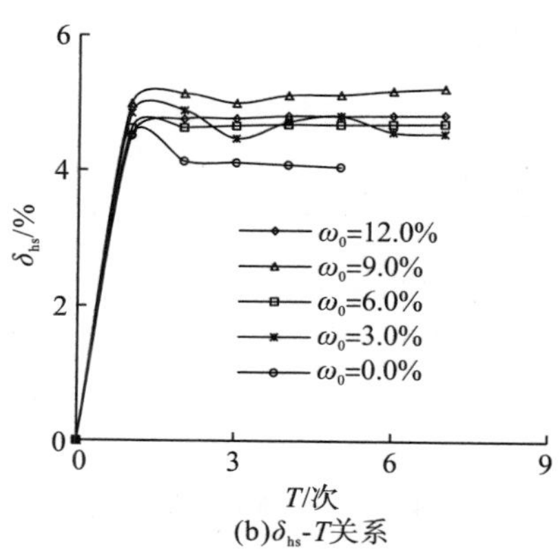

(b) δ_{hs}-T 关系

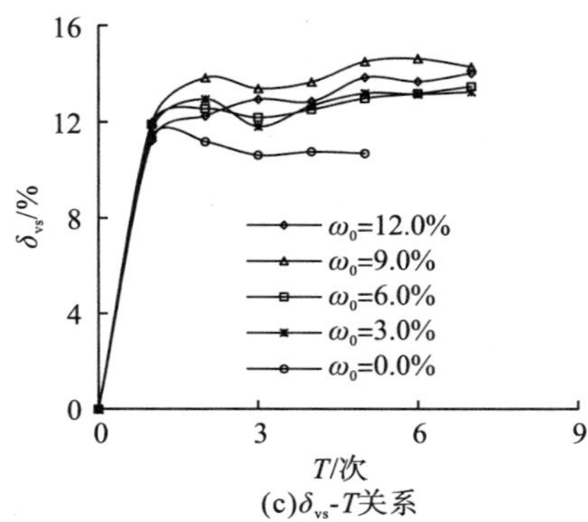

(c)δ_{vs}-T关系

图 4-15　脱湿过程中红土的稳定收缩率随脱湿次数的变化

图 4-15 表明：

(1) 总体上，脱湿过程中，不同初始含水率(除 $\omega_0=0\%$)下，随脱湿次数的增加，达到收缩稳定时，红土的竖向收缩率、横向收缩率、体积收缩率呈先急剧增大后缓慢波动增大的变化趋势。脱湿次数较少时，收缩率急剧增大；脱湿次数较多时，收缩率变化缓慢。

(2) 表 4-11 给出了脱湿过程中红土的收缩参数随脱湿次数的变化情况。可见，初始含水率为 0～12.0%，脱湿次数由 1 次增加到 2 次、7 次时，红土的竖向收缩率、横向收缩率、体积收缩率增大。相应地，初始含水率为 3.0%～12.0%时的加权收缩率也呈相应的变化。相比于 1 次脱湿，7 次脱湿时加权平均竖向收缩率增大了 29.6%，加权平均横向收缩率增大了 4.3%，加权平均体积收缩率增大了 19.0%。

表 4-11　红土的收缩参数随脱湿次数的变化

初始含水率 ω_0/%	脱湿次数 T/次	收缩参数		
		竖向收缩率 δ_{ss}/%	横向收缩率 δ_{hs}/%	体积收缩率 δ_{vs}/%
0～12.0	1	2.4～3.1	4.5～5.0	11.3～11.9
	2	2.8～3.8	4.1～5.1	11.2～13.8
	7	3.2～3.7	4.6～5.2	13.2～14.3
3.0～12.0 含水率加权	1～7	2.7～3.5	4.7～4.9	11.6～13.8

(3) 脱湿初期(0～1 次)，红土的竖向收缩、横向收缩急剧增大；脱湿中后期(1～7 次)，竖向收缩、横向收缩缓慢波动变化并趋于稳定。红土的收缩主要体现在第 1 次脱湿过程中。

4.3.6　收缩特性随初始含水率的变化

图 4-16 给出了不同脱湿次数 T 下，脱湿过程达到收缩稳定状态时，红土样的竖向收缩率 δ_{ss}、横向收缩率 δ_{hs}、体积收缩率 δ_{vs} 随初始含水率 ω_0 的变化曲线。

图 4-16 表明：总体上，脱湿过程中，不同脱湿次数下，随初始含水率的增大，达到收缩稳定时，红土的竖向收缩率、横向收缩率与体积收缩率呈波动增大变化趋势。表 4-12 给出了脱湿过程中红土的收缩参数随初始含水率的变化情况。可见，初始含水率由 0 增大到 12.0%，脱湿 1 次、7 次时，竖向收缩率增大。相应地，不同脱湿次数(1～7 次)下，收缩率的加权平均值也相应增大。相比于初始含水率为 0，含水率达到 12.0%时，加权平均竖向收缩率增大了 17.2%，加权平均横向收缩率增大了 17.1%，加权平均体积收缩率增大了 24.1%。这说明初始含水率越小，红土的竖向收缩、横向收缩越弱；初始含水率越大，红土的竖向收缩、横向收缩越强。

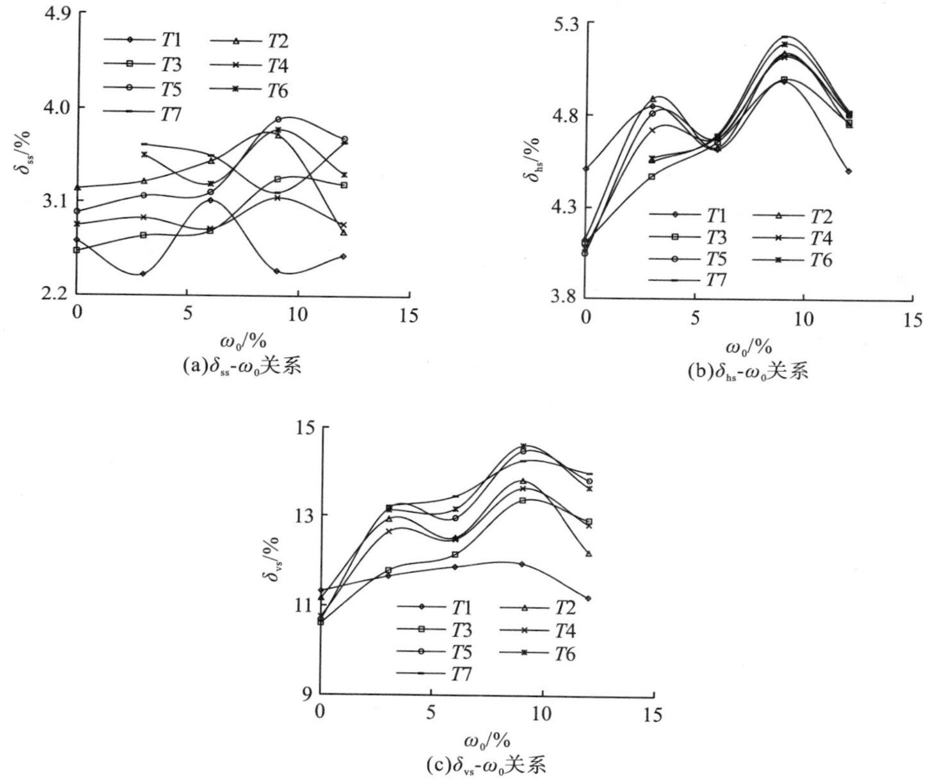

(a)δ_{ss}-ω_0关系　(b)δ_{hs}-ω_0关系　(c)δ_{vs}-ω_0关系

图 4-16　脱湿过程中红土的稳定收缩率随初始含水率的变化

表 4-12　脱湿过程中红土的收缩参数随初始含水率的变化

初始含水率 ω_0/%	脱湿次数 T/次	收缩参数		
		竖向收缩率 δ_{ss}/%	横向收缩率 δ_{hs}/%	体积收缩率 δ_{vs}/%
0	1～7	2.6～3.2	4.1～4.5	10.6～11.3
12.0	1～7	2.6～3.7	4.5～4.8	11.2～14.0
0～12.0	1～7 次加权	2.9～3.4	4.1～4.8	10.8～13.4

4.3.7 横向收缩与竖向收缩比较

图 4-17 分别给出了脱湿过程达到收缩稳定时，红土样的竖向收缩率δ_{ss}、横向收缩率δ_{hs}随脱湿含水率ω_t、脱湿时间 t_t、脱湿次数 T、初始含水率 ω_0 的变化曲线。

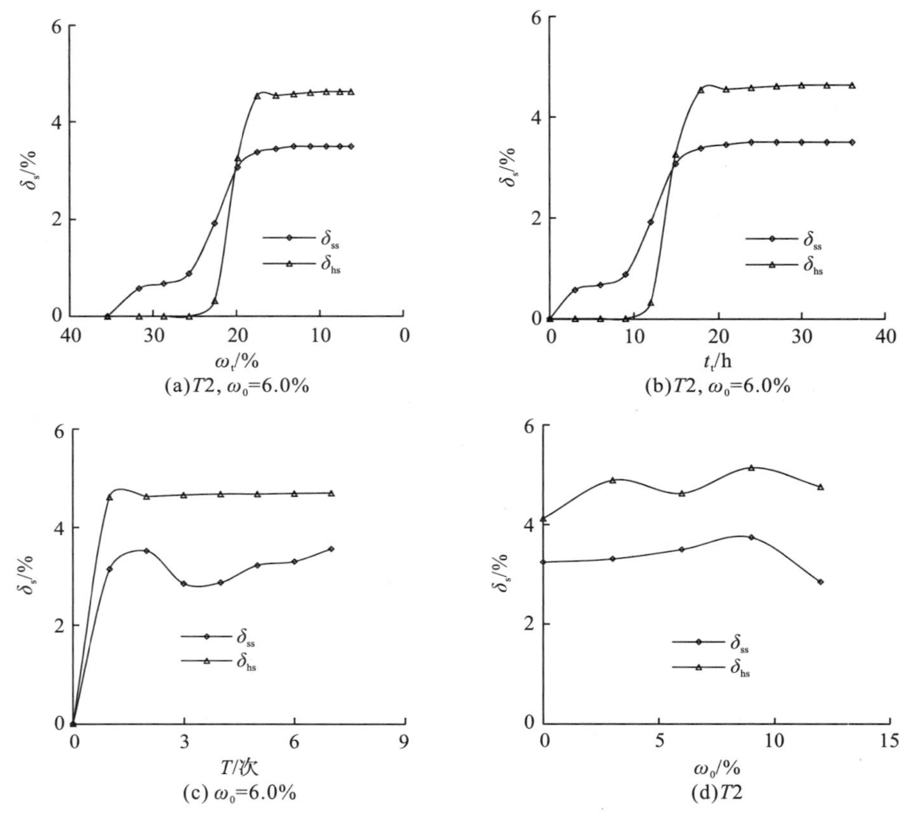

图 4-17 脱湿过程中红土的横向收缩率与竖向收缩率比较

图 4-17 表明：

(1)初始含水率为 6.0%时，2 次脱湿过程中，随脱湿含水率的减小，红土的竖向收缩率和横向收缩率呈“S”形变化趋势。竖向收缩曲线与横向收缩曲线存在交叉现象，对应脱湿含水率约为 20.0%，竖向、横向收缩率约为 3.3%。当脱湿含水率大于 20.0%时，竖向收缩率大于横向收缩率，脱湿含水率为 25.7%时，竖向收缩率(0.9%)大于横向收缩率(0)；当脱湿含水率小于 20.0%时，竖向收缩率小于横向收缩率，脱湿含水率为 17.5%时，竖向收缩率(3.4%)小于横向收缩率(4.5%)；随脱湿含水率的进一步减小，横向收缩和竖向收缩基本不变，但横向收缩大于竖向收缩。这说明脱湿初期，脱湿含水率较大，红土主要在竖向产生收缩，横向收缩很小；脱湿中期，竖向、横向都产生收缩，横向收缩程度大于竖向收缩程度；脱湿后期，脱湿含水率较小，土体骨架坚硬，不易产生变形，竖向、横向不再继续收缩，都趋于稳定。

(2)2 次脱湿过程中，初始含水率为 6.0%时，随脱湿时间的延长，红土的竖向收缩率和横向收缩率呈“S”形变化趋势。竖向收缩曲线与横向收缩曲线存在交叉现象，对应脱湿时间约为 15h，竖向、横向收缩率约为 3.3%。当脱湿时间小于 15h 时，竖向收缩率大于横向收缩率；当脱湿时间大于 15h 时，竖向收缩率小于横向收缩率。脱湿时间达 9h 时，竖向收缩率(0.9%)大于横向收缩率(0)；脱湿时间达 18h 时，竖向收缩率(3.4%)小于横向收缩率(4.5%)。随脱湿时间的进一步延长，竖向、横向收缩基本不变。这说明在具体的脱湿过程中，脱湿初期由于增湿吸水膨胀导致试样紧贴环刀壁，所以短时间内，水分主要沿试样顶部竖向迁出，横向无法脱水，引起竖向收缩增大，横向基本不收缩。脱湿中期，时间较长时，随着水分不断竖向迁出，试样与环刀壁间产生缝隙，引起水分可以沿横向迁出，所以竖向、横向收缩增大；竖向上水分只能沿试样顶部迁出，而横向上水分可以沿试样整个周围迁出，所以横向收缩大于竖向收缩。脱湿后期，时间更长时，竖向、横向排出的水分越来越少，土体中的含水主要以强结合水的方式存在，土体骨架坚硬，不易产生变形，所以横向收缩和竖向收缩都逐渐趋于稳定。

(3)初始含水率为 6.0%、每次脱湿达到收缩稳定时，随脱湿次数的增加，红土的竖向收缩率先急剧增大后呈波动形缓慢增大变化趋势，横向收缩率呈先急剧增大后缓慢增大并趋于稳定的变化趋势；相同脱湿次数下，横向收缩率大于竖向收缩率。脱湿 1 次，竖向收缩率(3.1%)小于横向收缩率(4.6%)；脱湿 2 次，竖向收缩率(3.5%)小于横向收缩率 4.6%；脱湿 3 次，竖向收缩率(2.8%)小于横向收缩率(4.7%)；脱湿 7 次，竖向收缩率(3.6%)小于横向收缩率(4.7%)。这说明脱湿过程中，脱湿初期对红土的收缩特性影响最大，显著引起竖向和横向收缩；随脱湿过程的深入，脱湿作用的影响逐渐减弱，竖向和横向收缩减缓并趋于稳定。由于每次脱湿收缩达到稳定时，横向收缩均大于竖向收缩，所以随脱湿次数的增加，红土的横向收缩曲线高于竖向收缩曲线。

(4)2 次脱湿过程中，达到收缩稳定时，随初始含水率的增大，红土的横向收缩率呈波动形增加，竖向收缩率先增大后减小，见表 4-13。

表 4-13　不同含水率下红土的横向收缩率和竖向收缩率的变化

初始含水率 ω_0/%	横向收缩率 δ_{hs}		初始含水率 ω_0/%	竖向收缩率 δ_{ss}	
	范围/%	变化程度/%		范围/%	变化程度/%
0～3.0	4.1～4.9	19.5	0～9.0	3.2～3.8	18.8
3.0～9.0	4.9～5.1	4.1	9.0～12.0	3.8～2.8	−26.3
9.0～12.0	5.1～4.8	−5.9	—	—	—
0～12.0	4.1～4.8	17.1	0～12.0	3.2～2.8	−12.5

而相同初始含水率下，横向收缩率大于竖向收缩率，横向收缩率曲线高于竖向收缩率曲线。当初始含水率由 0 增加至 3.0%、6.0%、9.0%、12.0%时，竖向收缩率分别为 3.2%、3.3%、3.5%、3.8%、2.8%，均小于相应的横向收缩率(4.1%、4.9%、4.6%、5.1%、4.8%)。

结果表明，脱湿过程中，较小的初始含水率易引起较大程度的横向收缩和竖向收缩，而较大的初始含水率降低了横向收缩和竖向收缩的程度。而无论初始含水率大或小，红土的横向收缩率始终大于竖向收缩率。

4.3.8 膨胀与收缩比较

图 4-18 分别给出了增湿-脱湿的干湿循环过程中达到膨胀-收缩稳定状态时，红土样的竖向膨胀率δ_{sp}、竖向收缩率δ_{ss}、体积膨胀率δ_{vp}、体积收缩率δ_{vs}随增湿-脱湿含水率ω、初始含水率ω_0、干湿循环次数 N_g 的变化曲线。

图 4-18 表明：

(1)初始含水率为 6.0%，干湿循环 2 次的过程中，随增湿-脱湿含水率的增大，红土的竖向膨胀率增大，竖向收缩率减小。竖向膨胀率由 0 增大到约 6.3%时，竖向收缩率由 3.5%减小到 0，二者出现交叉现象，对应的增湿-脱湿含水率约为 20.0%，竖向膨胀率和竖向收缩率为 3.1%。增湿-脱湿含水率小于 20.0%时，竖向膨胀率小于竖向收缩率；增湿-脱湿含水率大于 20.0%时，竖向膨胀率大于竖向收缩率。增湿-脱湿含水率约为 6.0%时，竖向膨胀率为 0，小于竖向收缩率(3.5%)；增湿-脱湿含水率约为 35.0%时，竖向膨胀率增大到 6.3%，而竖向收缩率减小到 0。这说明了干湿循环过程中红土的增湿吸水膨胀、脱湿失水收缩的典型特征。

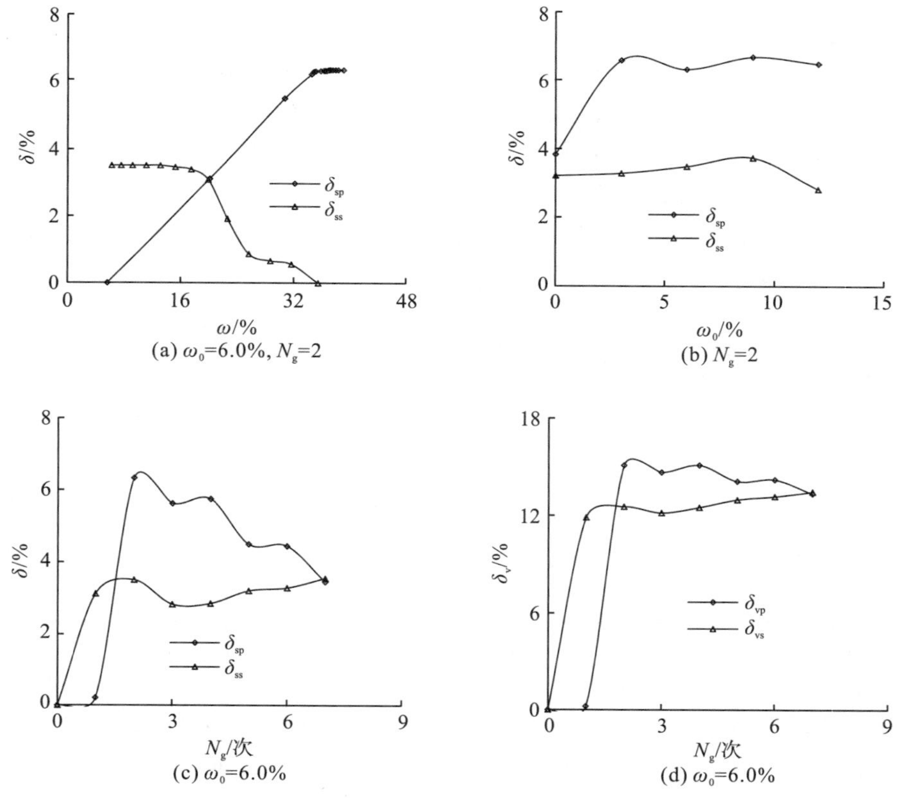

图 4-18 干湿循环过程中红土的膨胀率与收缩率比较

(2) 2 次干湿循环过程中，膨胀-收缩达到稳定时，随初始含水率的增大，红土的竖向膨胀率、竖向收缩率呈先增大后减小的变化趋势；总体上，竖向膨胀率增大，竖向收缩率减小，见表 4-14。这说明干湿循环过程中，初始含水率越小，引起红土的膨胀和收缩程度越大；初始含水率越大，红土的膨胀、收缩程度越小。

表 4-14　不同含水率下红土的竖向膨胀率和竖向收缩率的变化

初始含水率 ω_0/%	竖向膨胀率 δ_{sp}		初始含水率 ω_0/%	竖向收缩率 δ_{ss}	
	范围/%	变化程度/%		范围/%	变化程度/%
0～3.0	3.9～6.6	69.2	0～9.0	3.2～3.8	18.8
3.0～12.0	6.6～6.5	−1.5	9.0～12.0	3.8～2.8	−26.3
0～12.0	3.9～6.5	66.7	0～12.0	3.2～2.8	−12.5

相同初始含水率下，竖向膨胀率大于竖向收缩率，膨胀率曲线高于收缩率曲线。当初始含水率由 0 增加至 3.0%、6.0%、9.0%、12.0%时，相比于竖向膨胀率，竖向收缩率分别减小了 16.1%、50.0%、44.7%、44.0%、56.5%。这说明无论初始含水率的大小如何，红土的竖向膨胀始终大于竖向收缩。

(3) 初始含水率为 6.0%的条件下，达到膨胀-收缩稳定时，随干湿循环次数的增加，红土的竖向膨胀率呈“缓慢增大—急剧增大—缓慢减小”的变化趋势，竖向收缩率呈“急剧增大—波动形缓慢增大”的变化趋势，二者出现交叉现象。对应交叉点的位置约在循环 1.5 次时，其膨胀-收缩率约为 3.4%。循环 1.5 次以前，竖向膨胀率小于竖向收缩率；循环 1.5 次以后，竖向膨胀率大于竖向收缩率。表 4-15 给出了不同循环次数下红土的竖向膨胀率和竖向收缩率的变化情况。

表 4-15　不同循环次数下红土的竖向膨胀率和竖向收缩率的变化

循环次数 N_g/次	竖向膨胀率 δ_{sp}		循环次数 N_g/次	竖向收缩率 δ_{ss}	
	范围/%	变化程度/%		范围/%	变化程度/%
1	0.2		1	3.1	
1～2	0.2～6.3	3050.0	1～2	3.1～3.5	12.9
2～7	6.3～3.6	−42.9	2～3	3.5～2.8	−20.0
			3～7	3.8～3.6	28.6
1～7	0.2～3.6	1700.0	1～7	3.1～3.6	16.1

就竖向膨胀率和竖向收缩率而言，循环 1 次，竖向膨胀率 (0.2%) 小于竖向收缩率 (3.1%)；循环 2 次，竖向膨胀率 (6.3%) 大于竖向收缩率 (3.5%)；循环 7 次，竖向膨胀率减小到 3.6%，竖向收缩率增大到 3.06%，二者趋于一致。

这说明干湿循环初期，红土在竖向主要发生收缩，竖向的膨胀程度较低；干湿循环中期，红土在竖向主要产生膨胀，竖向的收缩程度减弱；干湿循环后期，红土在竖向的膨胀程度减弱，竖向的收缩程度稍有增大。

(4)初始含水率为 6.0%的条件下，达到膨胀-收缩稳定时，随干湿循环次数的增加，红土的体积膨胀率和体积收缩率的变化趋势与图 4-18(c)中的竖向膨胀率和竖向收缩率的变化趋势一致，体积膨胀率呈“缓慢增大—急剧增大—缓慢减小”的变化趋势，体积收缩率呈“急剧增大—波动形缓慢增大”的变化趋势，二者出现交叉现象。对应交叉点的位置约为循环 2 次时，其体积膨胀-收缩率约为 12.6%。表 4-16 给出了不同循环次数下红土的体积膨胀率和体积收缩率的变化。

表 4-16 不同循环次数下红土的体积膨胀率和体积收缩率的变化

循环次数 N_g/次	体积膨胀率 δ_{vp}		循环次数 N_g/次	体积收缩率 δ_{vs}	
	范围/%	变化程度/%		范围/%	变化程度/%
1	0.2		1	11.9	
1～2	0.2～15.1	7450.0	1～2	11.9～12.5	5.0
2～7	15.1～13.5	−10.6	2～3	12.5～12.2	−2.4
			3～7	12.2～13.5	10.7
1～7	0.2～13.5	6650.0	1～7	11.9～13.5	13.4

就体积膨胀率和体积收缩率而言，循环 1 次，体积膨胀率(0.2%)小于体积收缩率(11.9%)；循环 2 次，体积膨胀率(15.1%)大于体积收缩率(12.5%)；循环 7 次，体积膨胀率减小到 13.5%，体积收缩率增大到 13.5%，二者趋于一致。这说明相同初始含水率下，干湿循环初期对红土的胀缩特性影响最大，显著引起红土的膨胀和收缩；随干湿循环过程深入，干湿循环作用的影响减弱，膨胀、收缩趋于一致。

4.4 不同试样尺寸下干湿循环红土的胀缩特性

4.4.1 膨胀率的尺寸效应随增湿时间的变化

4.4.1.1 不同初始干密度

图 4-19 给出了干湿循环过程中，增湿 1 次，初始干密度ρ_d 分别为 1.25g · cm^{-3}、1.35g · cm^{-3} 的条件下，试样高 H 为 20mm、直径 D 分别为 61.8mm、80.0mm 时，红土样的竖向膨胀率δ_{sp} 随增湿时间 t_z 的变化曲线。δ_{p1}、δ_{p2} 分别代表直径为 61.8mm、80.0mm 试样的膨胀率。

图 4-19 表明：

(1)增湿过程中，不同初始干密度下，随增湿时间的延长，不同试样尺寸下红土的竖向膨胀率都呈“厂”形变化；增湿时间较短时，竖向膨胀率显著增大；增湿时间较长时，竖向膨胀率增长缓慢并趋于稳定；相同增湿时间下，不同试样尺寸的竖向膨胀率随初始干密度的不同而不同。

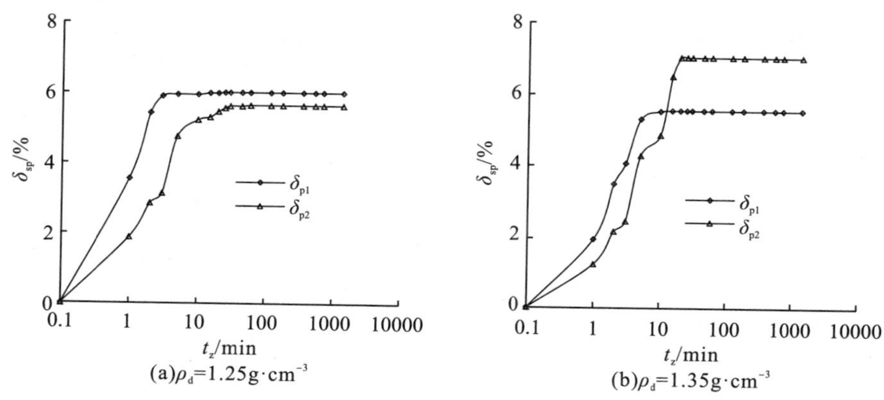

图 4-19　不同初始干密度下红土膨胀率的尺寸效应随增湿时间的变化

(2) 表 4-17 给出了不同初始干密度、不同试样尺寸下红土竖向膨胀率的变化的部分数值。可见，相同增湿时间下，初始干密度为 1.25g · cm^{-3} 时，直径为 61.8mm 试样的竖向膨胀率始终大于直径为 80.0mm 试样的膨胀率($\delta_{p1}>\delta_{p2}$)；膨胀稳定时，相比于 δ_{p1}，δ_{p2} 减小了 5.0%。初始干密度为 1.35g · cm^{-3}，增湿 12min 以前，直径为 61.8mm 试样的竖向膨胀率大于直径为 80.0mm 试样的膨胀率($\delta_{p1}>\delta_{p2}$)；增湿 12min 以后直至达到膨胀稳定，直径为 61.8mm 试样的竖向膨胀率小于直径为 80.0mm 试样的膨胀率($\delta_{p1}<\delta_{p2}$)。膨胀稳定后，相比于 δ_{p1}，δ_{p2} 增大了 27.3%。

表 4-17　不同初始干密度、不同试样尺寸下红土竖向膨胀率的变化

初始干密度 ρ_d/(g · cm^{-3})	试样直径 D= 61.8mm		试样直径 D= 80.0mm	
	增湿时间 t_z/min	竖向膨胀率 δ_{sp}/%	增湿时间 t_z/min	竖向膨胀率 δ_{sp}/%
1.25	3	5.9	10	5.2
	30	6.0	30	5.6
	1400	6.0	1400	5.7
1.35	5	5.3	12	5.5
	12	5.5	20	7.0
	1400	5.5	1400	7.0

增湿过程中，初始干密度为 1.25g · cm^{-3} 时，大尺寸试样的竖向膨胀程度低于小尺寸试样的竖向膨胀程度；初始干密度为 1.35g · cm^{-3} 时，短时间下大尺寸试样的竖向膨胀程度低于小尺寸试样的竖向膨胀程度，长时间下大尺寸试样的竖向膨胀程度最终高于小尺寸试样的竖向膨胀程度。

(3) 就膨胀阶段比较，增湿过程中，试样尺寸不同、初始干密度不同，对应的膨胀发展阶段的增湿时间也不同(表 4-18)。可见，初始干密度相同的情况下，直径为 80.0mm 试样的膨胀阶段长于直径为 61.8mm 试样的膨胀阶段。试样尺寸越大，膨胀发生的过程越长。

表 4-18 不同初始干密度、不同试样尺寸下红土各膨胀阶段对应的增湿时间(t_z，min)

膨胀阶段	ρ_d=1.25g·cm^{-3}		ρ_d=1.35 g·cm^{-3}	
	D=61.8mm	D=80.0mm	D=61.8mm	D=80.0mm
快速膨胀阶段	0～3	0～30	0～5	0～20
缓慢膨胀阶段	3～1400	30～1400	5～1400	20～1400
稳定膨胀阶段	>1400	>1400	>1400	>1400

4.4.1.2 不同初始含水率

图 4-20 给出了增湿过程中经历 1 次增湿作用，初始含水率ω_0为 3.0%、12.0%，不同试样尺寸下，红土样的竖向膨胀率δ_{sp}随增湿时间 t_z 的变化。δ_{p1}、δ_{p2} 分别表示直径为 61.8mm、80.0mm 试样的膨胀率。

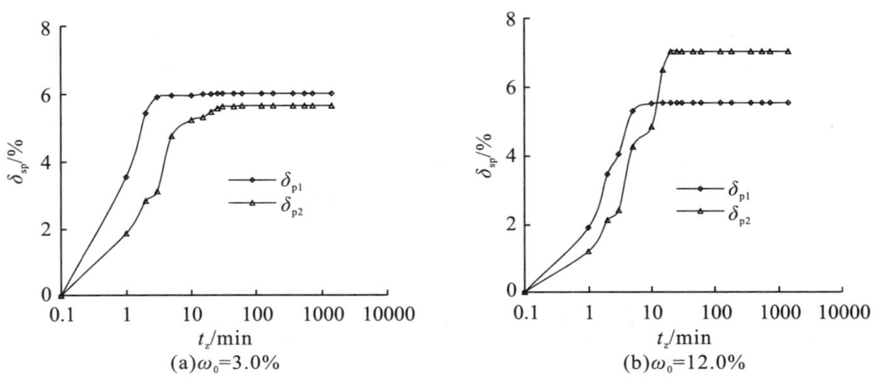

图 4-20 不同初始含水率下红土膨胀率的尺寸效应随增湿时间的变化

图 4-20 表明：

(1) 增湿过程中，不同初始含水率下，随增湿时间的延长，不同试样尺寸下红土的竖向膨胀率都呈“厂”形变化；增湿时间较短时，竖向膨胀率显著增大；增湿时间较长时，竖向膨胀率增长缓慢并趋于稳定；相同增湿时间下，不同试样尺寸的竖向膨胀率随初始含水率的不同而不同。

(2) 初始含水率不同，试样尺寸不同，红土的竖向膨胀率也不同。初始含水率为 3.0%时，增湿 7min 以前，直径为 61.8mm 试样的竖向膨胀率大于直径为 80.0mm 试样的膨胀率($\delta_{p1}>\delta_{p2}$)；增湿 7min 以后直至达到膨胀稳定，直径为 61.8mm 试样的竖向膨胀率小于直径为 80.0mm 试样的膨胀率($\delta_{p1}<\delta_{p2}$)；膨胀稳定后，相比于 δ_{p1}，δ_{p2} 增大了 13.6%。初始含水率为 12.0%时，相同增湿时间下，直径为 61.8mm 试样的竖向膨胀率始终大于直径为 80.0mm 试样的膨胀率($\delta_{p1}>\delta_{p2}$)。膨胀稳定时，相比于 δ_{p1}，δ_{p2} 减小了 7.7%。表 4-19 给出了不同试样尺寸下红土竖向膨胀率的变化。

表 4-19　不同初始含水率、不同试样尺寸下红土竖向膨胀率的变化

初始含水率 ω_0/%	试样直径 D=61.8mm		试样直径 D=80.0mm	
	增湿时间 t_z/min	竖向膨胀率 δ_{sp}/%	增湿时间 t_z/min	竖向膨胀率 δ_{sp}/%
3.0	3	6.6	3	4.6
	10	6.6	10	7.5
	1400	6.6	1400	7.5
12.0	5	6.0	5	4.7
	10	6.0	10	5.9
	15	6.5	15	6.0
	1400	6.5	1400	6.0

增湿过程中，初始含水率较大时，大尺寸试样的竖向膨胀程度低于小尺寸试样的竖向膨胀程度；初始含水率较小时，短时间下大尺寸试样的竖向膨胀程度低于小尺寸试样的竖向膨胀程度，长时间下大尺寸试样的竖向膨胀程度最终高于小尺寸试样的竖向膨胀程度。

(3) 就膨胀阶段而言，增湿过程中，试样尺寸不同、初始含水率不同，对应的膨胀发展阶段的增湿时间也不同(表 4-20)。可见，初始含水率相同的情况下，直径为 80.0mm 试样的膨胀阶段长于直径为 61.8mm 试样的膨胀阶段。试样尺寸越大，膨胀发生的过程越长。

表 4-20　不同初始含水率、不同试样尺寸下红土各膨胀阶段对应的增湿时间(t_z，min)

膨胀阶段	ω_0=3.0%		ω_0=12.0%	
	D=61.8mm	D=80.0mm	D=61.8mm	D=80.0mm
快速膨胀阶段	0～3	0～10	0～5	0～15
缓慢膨胀阶段	3～1400	10～1400	5～1400	15～1400
稳定膨胀阶段	>1400	>1400	>1400	>1400

4.4.2　膨胀率的尺寸效应随增湿次数的变化

4.4.2.1　初始干密度 1.25g·cm^{-3}、初始含水率 8.0%

图 4-21 给出了增湿过程中初始干密度ρ_d为 1.25g·cm^{-3}、初始含水率ω_0为 8.0%、不同试样尺寸下，红土样的竖向膨胀率δ_{sp}、横向膨胀率δ_{hp}、体积膨胀率δ_{vp}随增湿次数 Z 的变化。δ_{p1}、δ_{p2}分别表示直径为 61.8mm、80.0mm 试样的膨胀率。

图 4-21 表明：

(1) 在初始干密度为 1.25g·cm^{-3}、初始含水率为 8.0%的条件下，增湿过程中，随增湿次数的增加，不同试样尺寸的红土，其竖向膨胀率、横向膨胀率、体积膨胀率呈“缓慢增大—急剧增大—缓慢减小”的变化趋势。大尺寸试样的横向膨胀率、体积膨胀率小于小尺寸试样的相应值。

(2) 表 4-21 给出了不同增湿次数、不同试样尺寸下红土的膨胀率。

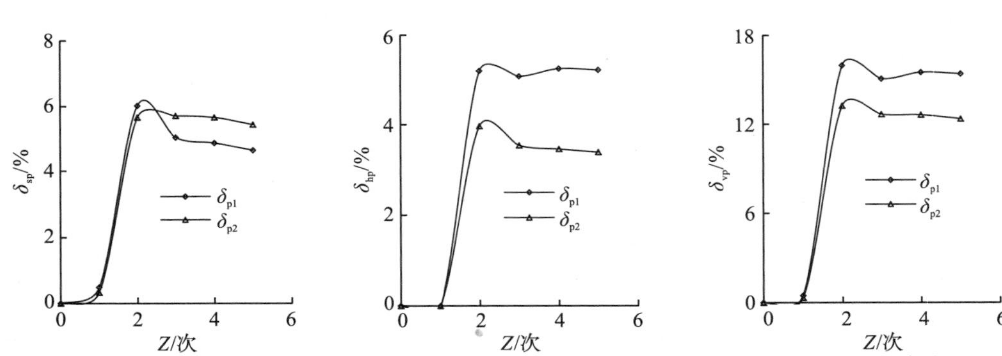

图 4-21 红土膨胀率的尺寸效应随增湿次数的变化

表 4-21 不同增湿次数、不同试样尺寸下红土的膨胀率

增湿次数 Z/次	竖向膨胀率 δ_{sp}/%		横向膨胀率 δ_{hp}/%		体积膨胀率 δ_{vp}/%	
	D=61.8mm	D=80.0mm	D=61.8mm	D=80.0mm	D=61.8mm	D=80.0mm
1	0.5	0.3	0	0	0.5	0.3
2	6.0	5.7	5.2	4.0	16.0	13.2
5	4.7	5.4	5.2	3.4	15.4	12.4

可见，增湿 1 次时，直径为 61.8mm 和 80.0mm 试样的竖向膨胀率、体积膨胀率略微增大，$\delta_{sp1}>\delta_{sp2}$，$\delta_{vp1}>\delta_{p2}$。

增湿 2 次时，直径为 61.8mm 和 80.0mm 试样的竖向膨胀率、横向膨胀率、体积膨胀率迅速增大。$\delta_{sp1}>\delta_{sp2}$，相比于增湿 1 次，$\delta_{sp1}$、$\delta_{sp2}$ 分别增大了 1100.0%、1800.0%；相比于 δ_{sp1}，δ_{sp2} 减小了 5.0%。$\delta_{hp1}>\delta_{hp2}$，相比于 δ_{hp1}，δ_{hp2} 减小了 23.1%。$\delta_{vp1}>\delta_{vp2}$，相比于增湿 1 次，$\delta_{vp1}$、$\delta_{vp2}$ 分别增大了 3100.0%、4300.0%；相比于 δ_{vp1}，δ_{vp2} 减小了 17.5%。

增湿 5 次时，直径为 61.8mm 和 80.0mm 试样的竖向膨胀率、横向膨胀率、体积膨胀率缓慢减小。$\delta_{sp1}<\delta_{sp2}$，相比于增湿 2 次，$\delta_{sp1}$、$\delta_{sp2}$ 分别减小了 21.7%、5.3%；相比于 δ_{sp1}，δ_{sp2} 增大了 14.9%。$\delta_{hp1}>\delta_{hp2}$，相比于增湿 2 次，$\delta_{hp1}$、$\delta_{hp2}$ 分别减小了 0、15.0%；相比于 δ_{hp1}，δ_{hp2} 减小了 34.6%。$\delta_{vp1}>\delta_{vp2}$，相比于增湿 2 次，$\delta_{vp1}$、$\delta_{vp2}$ 分别减小了 3.8%、6.1%；相比于 δ_{vp1}，δ_{vp2} 减小了 19.5%。

(3) 相同增湿次数下，当增湿次数从 1 次分别增大到 2、3、4、5 次时，直径为 61.8mm 试样的竖向膨胀率总体上小于直径为 80.0mm 试样的竖向膨胀率，而直径为 61.8mm 试样的横向膨胀率和体积膨胀率大于直径为 80.0mm 试样的相应膨胀率。相比于 δ_{sp1}，δ_{sp2} 分别增大了−32.7%、−6.0%、13.1%、16.0%、16.8%；相比于 δ_{hp1}，δ_{hp2} 分别减小了 0%、23.7%、30.3%、34.1%、35.1%；相比于 δ_{vp1}，δ_{vp2} 分别减小了 31.3%、17.1%、16.0%、18.6%、19.8%。这说明在竖向上，大尺寸试样膨胀快；在横向上，小尺寸试样膨胀快。综合体现在体积膨胀上，小尺寸试样的体积膨胀率大于大尺寸试样的体积膨胀率。

(4) 就发展过程而言，不同试样尺寸下，红土的竖向膨胀、横向膨胀、体积膨胀过程可以分为缓慢膨胀阶段、快速膨胀阶段、稳定膨胀阶段。直径为 61.8mm、80.0mm 试样的各阶段对应的增湿次数基本一致，分别为 0～1 次、1～2 次、2～5 次。

4.4.2.2　初始干密度 1.35g·cm^{-3}、初始含水率 6.0%

图 4-22 给出了增湿过程中，初始干密度ρ_d为 1.35g·cm^{-3}、初始含水率ω_0为 6.0%、不同试样尺寸下，红土样的竖向膨胀率δ_{sp}、横向膨胀率δ_{hp}、体积膨胀率δ_{vp}随增湿次数 Z 的变化。δ_{p1}、δ_{p2} 分别表示直径为 61.8mm、80.0mm 试样的膨胀率。

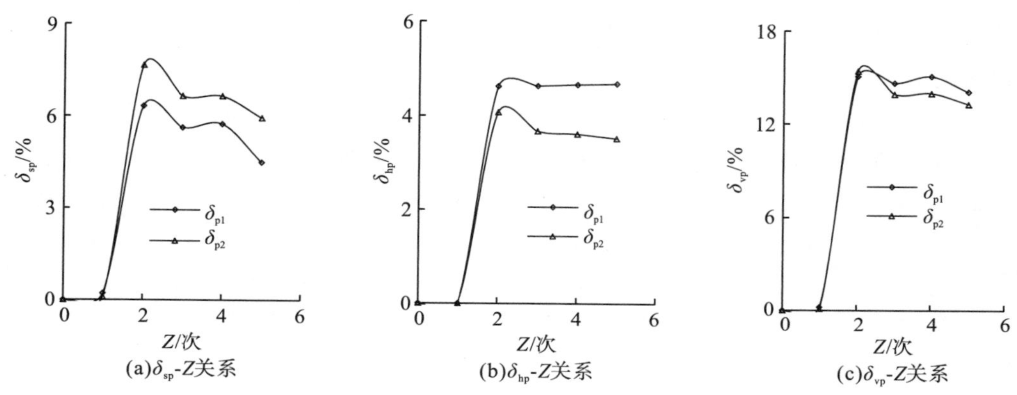

图 4-22　红土膨胀率的尺寸效应随增湿次数的变化

图 4-22 表明：

(1) 在初始干密度为 1.35g·cm^{-3}、初始含水率为 6.0%的条件下，增湿过程中，随增湿次数的增加，不同试样尺寸的红土，其竖向膨胀率、横向膨胀率、体积膨胀率呈“缓慢增大—急剧增大—缓慢减小”的变化趋势。大尺寸试样的竖向膨胀率大于小尺寸试样的竖向膨胀率，大尺寸试样的横向膨胀率、体积膨胀率小于小尺寸试样的相应值。

(2) 表 4-22 给出了不同增湿次数、不同试样尺寸下红土的膨胀率。

表 4-22　不同增湿次数、不同试样尺寸下红土的膨胀率

增湿次数 Z/次	竖向膨胀率δ_{sp}/%		横向膨胀率δ_{hp}/%		体积膨胀率δ_{vp}/%	
	D=61.8mm	D=80.0mm	D=61.8mm	D=80.0mm	D=61.8mm	D=80.0mm
1	0.2	0.1	0	0	0.2	0.1
2	6.3	7.7	4.6	4.1	15.1	15.4
5	4.5	6.0	4.7	3.5	14.1	13.3

可见，增湿 1 次时，直径为 61.8mm 和 80.0mm 试样的竖向膨胀率、体积膨胀率略微增大，$\delta_{sp1}>\delta_{sp2}$，$\delta_{vp1}>\delta_{vp2}$。

增湿 2 次时，直径为 61.8mm 和 80.0mm 试样的竖向膨胀率、横向膨胀率、体积膨胀率迅速增大。竖向膨胀率 $\delta_{sp1}<\delta_{sp2}$，相比于增湿 1 次，$\delta_{sp1}$、$\delta_{sp2}$ 分别增大了 3050.0%、7600.0%；相比于 δ_{sp1}，δ_{sp2} 增大了 22.2%。横向膨胀率 $\delta_{hp1}>\delta_{hp2}$，相比于 δ_{hp1}，δ_{hp2} 减小了 10.9%。体

积膨胀率 $\delta_{vp1}<\delta_{vp2}$，相比于增湿 1 次，$\delta_{vp1}$、$\delta_{vp2}$ 分别增大了 7450.0%、15300.0%；相比于 δ_{vp1}，δ_{vp2} 增大了 2.0%。

增湿 5 次时，直径为 61.8mm 和 80.0mm 试样的竖向膨胀率、体积膨胀率缓慢减小。竖向膨胀率 $\delta_{sp1}<\delta_{sp2}$，相比于增湿 2 次，$\delta_{sp1}$、$\delta_{sp2}$ 分别减小了 28.6%、22.1%；相比于 δ_{sp1}，δ_{sp2} 增大了 33.3%。横向膨胀率 $\delta_{hp1}>\delta_{hp2}$，相比于增湿 2 次，$\delta_{hp1}$、$\delta_{hp2}$ 分别增大了 2.2%、−14.6%；相比于 δ_{hp1}，δ_{hp2} 减小了 25.5%。体积膨胀率 $\delta_{vp1}>\delta_{vp2}$，相比于增湿 2 次，$\delta_{vp1}$、$\delta_{vp2}$ 分别减小了 6.6%、13.6%；相比于 δ_{vp1}，δ_{vp2} 减小了 5.7%。

不论试样尺寸大小，增湿次数较少时，红土在竖向和横向基本不膨胀；增湿次数较多时，红土在竖向和横向上快速膨胀；增湿次数继续增多时，红土在竖向和横向上的膨胀程度减弱。综合表现为体积膨胀的相同变化趋势。

(3) 相同增湿次数下，当增湿次数从 1 次分别增大到 2、3、4、5 次时，直径为 61.8mm 试样的竖向膨胀率总体上小于直径为 80.0mm 试样的竖向膨胀率，而直径为 61.8mm 试样的横向膨胀率和体积膨胀率大于直径为 80.0mm 试样的相应膨胀率。相比于 δ_{sp1}，δ_{sp2} 分别增大了−52.4%、20.9%、18.1%、15.7%、32.2%；相比于 δ_{hp1}，δ_{hp2} 分别减小了 0%、11.9%、20.7%、22.5%、24.8%；相比于 δ_{vp1}，δ_{vp2} 分别减小了 52.4%、−2.2%、4.9%、7.3%、5.7%。这说明在竖向上，大尺寸试样膨胀快；在横向上，小尺寸试样膨胀快。综合体现在体积膨胀上，小尺寸试样的体积膨胀率大于大尺寸试样的体积膨胀率。

(4) 就发展过程而言，不同试样尺寸下，红土的竖向膨胀、横向膨胀、体积膨胀过程可以分为缓慢膨胀阶段、快速膨胀阶段、稳定膨胀阶段。直径为 61.8mm、80.0mm 试样各阶段对应的增湿次数基本一致，分别为 0～1 次、1～2 次、2～5 次。

4.4.3 膨胀率的尺寸效应随初始干密度的变化

图 4-23 给出了增湿过程中经历 4 次增湿作用 (Z4)、不同试样尺寸下，达到膨胀稳定时，红土样的竖向膨胀率 δ_{sp}、横向膨胀率 δ_{hp}、体积膨胀率 δ_{vp} 随初始干密度 ρ_d 的变化曲线。δ_{p1}、δ_{p2} 分别表示直径为 61.8mm、80.0mm 的膨胀试样。

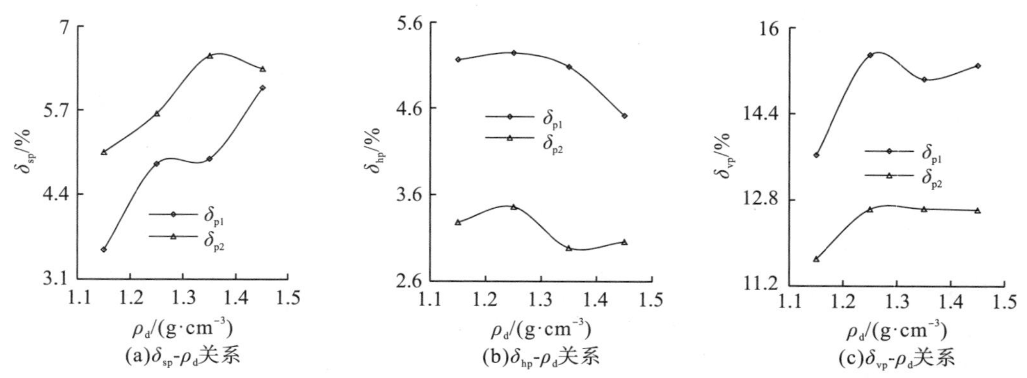

图 4-23 红土膨胀率的尺寸效应随初始干密度的变化 (Z4)

图 4-23 表明：

(1) 总体上，增湿过程中，增湿 4 次，随初始干密度的增大，达到膨胀稳定时，红土的竖向膨胀率、体积膨胀率呈波动增大的变化趋势，横向膨胀率呈波动减小的变化趋势。大尺寸试样的竖向膨胀率大于小尺寸试样的竖向膨胀率，大尺寸试样的横向膨胀率、体积膨胀率小于小尺寸试样的相应值。

(2) 表 4-23 给出了不同初始干密度、不同试样尺寸下红土对应的膨胀率。

表 4-23　不同初始干密度、不同试样尺寸下红土的膨胀率

初始干密度 $\rho_d/(g\cdot cm^{-3})$	竖向膨胀率 δ_{sp}/%		横向膨胀率 δ_{hp}/%		体积膨胀率 δ_{vp}/%	
	D=61.8mm	D=80.0mm	D=61.8mm	D=80.0mm	D=61.8mm	D=80.0mm
1.15	3.6	5.1	5.2	3.3	13.6	11.7
1.25	4.9	5.7	5.3	3.5	15.5	12.6
1.35	5.0	6.6	5.1	3.0	15.1	12.6
1.45	6.1	6.4	4.5	3.1	15.3	12.6

可见，当初始干密度由 $1.15g\cdot cm^{-3}$ 增大至 $1.45g\cdot cm^{-3}$ 时，直径为 61.8mm 的红土样，其竖向膨胀率增大了 69.4%；横向膨胀率减小了 13.5%；体积膨胀率增大了 12.5%。直径为 80.0mm 时，其竖向膨胀率增大了 25.5%；横向膨胀率减小了 6.1%；体积膨胀率增大了 7.7%。这说明不论试样尺寸大小，初始干密度越大，红土样在竖向上的膨胀性越大，在横向上的膨胀性越小，综合表现为体积膨胀率的增大。

表 4-24 给出了不同初始干密度、不同试样尺寸下，红土膨胀率的变化程度。

表 4-24　不同初始干密度、不同试样尺寸下红土膨胀率的变化

膨胀率变化		初始干密度 $\rho_d/(g\cdot cm^{-3})$			
		1.15	1.25	1.35	1.45
竖向膨胀率	相比于 δ_{sp1},δ_{sp2} 的变化/%	42.7	16.3	32.0	4.9
横向膨胀率	相比于 δ_{hp1},δ_{hp2} 的变化/%	−36.5	−34.0	−41.2	−31.1
体积膨胀率	相比于 δ_{vp1},δ_{vp2} 的变化/%	−14.7	−18.7	−16.6	−17.6

可见，相同初始干密度下，直径为 61.8mm 红土样的竖向膨胀率(δ_{sp1})均小于直径为 80.0mm 红土样对应的竖向膨胀率(δ_{sp2})，$\delta_{sp1}<\delta_{sp2}$；直径为 61.8mm 红土样的横向膨胀率($\delta_{sp1}$)均大于直径为 80.0mm 红土样对应的横向膨胀率(δ_{hp2})，$\delta_{hp1}>\delta_{hp2}$；直径为 61.8mm 红土样的体积膨胀率($\delta_{vp1}$)均大于直径为 80.0mm 红土样对应的体积膨胀率(δ_{vp2})，$\delta_{vp1}>\delta_{vp2}$。这说明增湿过程中，初始干密度一定时，试样尺寸越大，竖向上的膨胀越强，横向上的膨胀越弱，综合表现为体积膨胀的减小。

4.4.4 膨胀率的尺寸效应随初始含水率的变化

图 4-24 给出了增湿过程中经历 3 次增湿作用(Z3)、初始干密度ρ_d为 1.35g·cm^{-3}、不同试样尺寸下，达到膨胀稳定时，红土样的竖向膨胀率δ_{sp}、横向膨胀率δ_{hp}随初始含水率ω_0的变化曲线。δ_{p1}、δ_{p2}分别代表直径为 61.8mm、80.0mm 的膨胀试样。

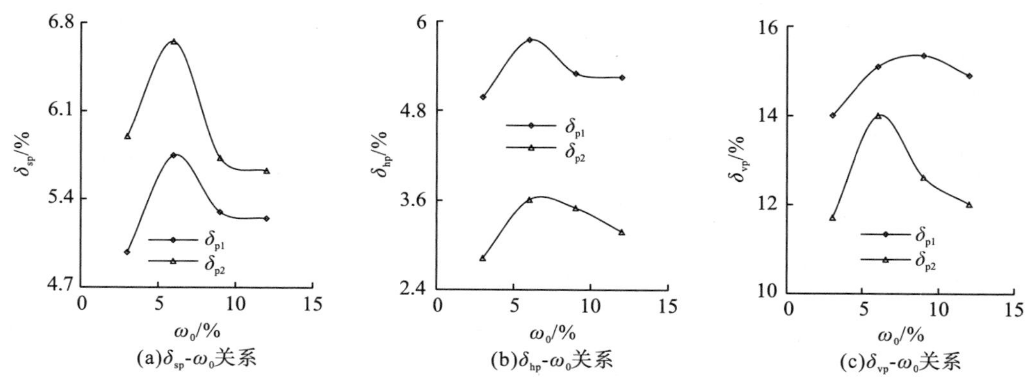

图 4-24 红土膨胀率的尺寸效应随初始含水率的变化

图 4-24 表明：

(1) 总体上，增湿过程中，增湿 3 次时，随初始含水率的增大，达到膨胀稳定时，红土的竖向膨胀率、横向膨胀率、体积膨胀率呈先增加后减小的凸形变化趋势。相同初始含水率下，大尺寸试样的竖向膨胀率大于小尺寸试样的竖向膨胀率，大尺寸试样的横向膨胀率和体积膨胀率小于小尺寸试样的相应值。

(2) 表 4-25 给出了不同初始含水率、不同试样尺寸下红土的膨胀率。可见，初始含水率由 3.0%增大到 6.0%时，红土样的竖向膨胀率、横向膨胀率、体积膨胀率增大。直径为 61.8mm 的试样，对应膨胀率分别增大了 16.0%、16.0%、7.9%；直径为 80.0mm 的试样，对应膨胀率分别增大了 13.6%、28.6%、19.7%。初始含水率由 6.0%增大至 12.0%时，红土样的竖向膨胀率、横向膨胀率、体积膨胀率减小。直径为 61.8mm 的试样，对应膨胀率分别减小了 8.6%、8.6%、1.3%。直径为 80.0mm 的试样，对应膨胀率分别减小了 16.4%、11.1%、14.2%。这说明初始含水率偏小或偏大，红土的膨胀性都较弱，只有初始含水率适中时，红土的膨胀性才较强。

(3) 相同初始含水率下，当初始含水率分别为 3.0%、6.0%、9.0%、12.0%时，相比于直径为 61.8mm 的试样，直径为 80.0mm 试样的竖向膨胀率分别增大了 18.0%、15.5%、7.5%、5.7%，横向膨胀率分别减小了 44.0%、37.9%、34.0%、39.6%，体积膨胀率分别减小了 16.4%、7.3%、18.2%、19.5%。这说明增湿过程中，初始含水率一定时，试样尺寸越大，在竖向上的膨胀性越强，在横向上的膨胀性越弱，综合表现为大尺寸试样体积膨胀率小于小尺寸试样体积膨胀率。

表 4-25　不同初始含水率、不同试样尺寸下红土的膨胀率

初始含水率 ω_0/%	竖向膨胀率 δ_{sp} /%		横向膨胀率 δ_{hp} /%		体积膨胀率 δ_{vp} /%	
	D=61.8mm	D=80.0mm	D=61.8mm	D=80.0mm	D=61.8mm	D=80.0mm
3.0	5.5	5.9	5.0	2.8	14.0	11.7
6.0	5.8	6.7	5.8	3.6	15.1	14.0
9.0	5.3	5.7	5.3	3.5	15.4	12.6
12.0	5.3	5.6	5.3	3.2	14.9	12.0

4.4.5　收缩率的尺寸效应随脱湿时间的变化

4.4.5.1　初始干密度 $1.35\text{g}\cdot\text{cm}^{-3}$、初始含水率 8.0%

图 4-25 给出了脱湿过程中，经历 1 次脱湿作用(T1)、初始含水率ω_0为 8.0%、初始干密度ρ_d 为 $1.35\text{g}\cdot\text{cm}^{-3}$、不同试样尺寸下，红土样的竖向收缩率$\delta_{ss}$、横向收缩率$\delta_{hs}$、体积收缩率$\delta_{vs}$随脱湿时间 t_t 的变化曲线。δ_{s1}、δ_{s2} 分别代表直径为 61.8mm、80.0mm 试样的收缩率。

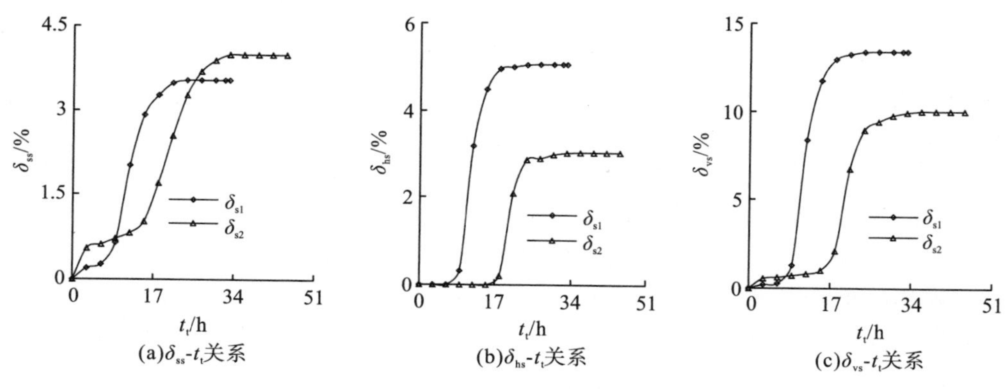

图 4-25　红土收缩率的尺寸效应随脱湿时间的变化

图 4-25 表明：

(1) 初始含水率为 8.0%、初始干密度为 $1.35\text{g}\cdot\text{cm}^{-3}$ 的条件下，脱湿过程中，脱湿 1 次时，随脱湿时间的延长，不同试样尺寸下红土的竖向收缩率、横向收缩率、体积收缩率都呈“S”形变化。脱湿时间较短时，竖向收缩率、横向收缩率、体积收缩率缓慢增大；脱湿时间较长时，竖向收缩率、横向收缩率、体积收缩率显著增大；脱湿时间继续延长时，竖向收缩率、横向收缩率、体积收缩率增长缓慢并趋于稳定。相同脱湿时间下，达到收缩稳定时，大尺寸试样的竖向收缩率大于小尺寸试样的竖向收缩率，大尺寸试样的横向收缩率和体积收缩率小于小尺寸试样的相应值。

(2) 就竖向收缩率而言，直径为 61.8mm 的试样，脱湿 0～6h 时，竖向收缩率缓慢增大到 0.3%；脱湿 6～21h，竖向收缩率快速增大到 3.5%，相比于脱湿 6h，增大了 1066.7%；

脱湿 21～33h，相比于脱湿 21h，坚向收缩率只略微增长，增长趋势不明显。直径为 80.0mm 的试样，脱湿 0～15h 时，竖向收缩率缓慢增大到 1.0%；脱湿 15～30h，竖向收缩率快速增大到 3.9%，相比于脱湿 15h，增大了 290.0%；脱湿 30～45h，竖向收缩率达到 4.0%，相比于脱湿 30h，增大了 2.6%。

(3) 就横向收缩率而言，直径为 61.8mm 的试样，脱湿 0～6h，横向收缩率为 0；脱湿 6～18h，横向收缩率快速增大到 5.0%；脱湿 18～33h，横向收缩率达到 5.1%，相比于脱湿 18h，增大了 2.0%。直径为 80.0mm 的试样，脱湿 0～15h，横向收缩率为 0；脱湿 15～24h，横向收缩率快速增大到 2.9%；脱湿 24～45h，横向收缩率达到 3.0%，相比于脱湿 24h，增大了 3.4%。

(4) 就体积收缩率而言，直径为 61.8mm 的试样，脱湿 0～6h，体积收缩率达到 0.3%；脱湿 6～18h，体积收缩率达到 13.0%，相比于脱湿 6h，增大了 4233.3%；脱湿 18～33h，体积收缩率达到 13.4%，相比于脱湿 18h，增大了 3.1%。直径为 80.0mm 的试样，脱湿 0～15h，体积收缩率达到 1.0%；脱湿 15～24h，体积收缩率达到 9.0%，相比于脱湿 15h，增大了 800.0%；脱湿 24～45h，体积收缩率达到 10.0%，相比于脱湿 24h，增大了 11.1%。

以上变化说明，脱湿过程中，尽管短时间下，大、小尺寸试样的竖向收缩存在交叉现象，但长时间下大尺寸试样的竖向收缩程度最终高于小尺寸试样的竖向收缩程度；而试样尺寸越小，横向收缩越大。综合表现为尺寸越大的试样体积收缩越小。

(5) 就收缩阶段而言，初始干密度为 1.35g · cm^{-3} 时，就竖向收缩率来看，直径为 61.8mm 试样的缓慢收缩段的脱湿时间为 0～6h，快速收缩段的脱湿时间为 6～21h，缓慢收缩至稳定段对应的脱湿时间为 21～33h；直径为 80.0mm 试样的缓慢收缩段的脱湿时间为 0～15h，快速收缩段的脱湿时间为 15～30h，缓慢收缩至稳定段对应的脱湿时间为 30～45h。就横向收缩率来看，直径为 61.8mm 试样的缓慢收缩段的脱湿时间为 0～6h，快速收缩段的脱湿时间为 6～18h，缓慢收缩至稳定段对应的脱湿时间为 18～33h；直径为 80.0mm 试样的缓慢收缩段的脱湿时间为 0～15h，快速收缩段的脱湿时间为 15～24h，缓慢收缩至稳定段对应的脱湿时间为 24～45h。而体积收缩率的各个阶段对应的脱湿时间与横向收缩率的相应时间一致。这说明脱湿过程中，初始干密度相同情况下，竖向收缩、横向收缩阶段对应的脱湿时间不一致；大尺寸试样的收缩阶段长于小尺寸试样的收缩阶段；试样尺寸越大，收缩发生的过程越长。

(6) 相同脱湿时间下，当脱湿时间按 6h、18h、24h、33h 延长时，直径为 61.8mm 试样的竖向收缩率 δ_{ss1} 和体积收缩率 δ_{vs1} 与直径为 80.0mm 试样的竖向收缩率 δ_{ss2} 和体积收缩率 δ_{vs2} 出现交叉现象。相比于 δ_{ss1}，δ_{ss2} 的变化程度分别为 129.6%、-48.0%、-7.6%、13.0%；相比于 δ_{vs1}，δ_{vs2} 的变化程度分别为 129.6%、-83.6%、-33.2%、-25.9%。直径为 61.8mm 试样的横向收缩率均大于直径为 80.0mm 试样的横向收缩率，$\delta_{hs1}>\delta_{hs2}$；相比于 δ_{hs1}，δ_{hs2} 分别减小了 0、95.8%、43.3%、40.2%。这说明总体上，尽管不同尺寸试样在竖向上的收缩存在交错，但最终大尺寸试样在竖向上的收缩程度高于小尺寸试样，而小尺寸试样在横向上的收缩程度高于大尺寸试样，综合表现为大尺寸试样的体积收缩程度低于小尺寸试样。

4.4.5.2　初始干密度 $1.35g \cdot cm^{-3}$、初始含水率 6.0%

图 4-26 给出了脱湿过程中经历 1 次脱湿作用、初始含水率ω_0为 6.0%、初始干密度ρ_d为 $1.35g \cdot cm^{-3}$、不同试样尺寸下，红土样的竖向收缩率δ_{ss}、横向收缩率δ_{hs}、体积收缩率δ_{vs}随脱湿时间 t_t 的变化曲线。δ_{s1}、δ_{s2} 分别表示直径为 61.8mm、80.0mm 试样的膨胀率。

图 4-26 表明：

(1) 脱湿过程中，不同尺寸下，随脱湿时间的延长，红土的竖向收缩率、横向收缩率、体积收缩率都呈"S"形变化；初始含水率一定时，试样的尺寸越小，竖向收缩、横向收缩、体积收缩稳定需要的时间越短。

(2) 就竖向收缩率而言，直径为 61.8mm 的试样，脱湿 0～9h 时，竖向收缩率缓慢增大到 0.9%；脱湿 9～18h，竖向收缩率快速增大到 3.4%，相比于脱湿 9h，增大了 277.8%；脱湿 18～36h，竖向收缩率达到 3.5%，相比于脱湿 18h，增大了 2.9%。直径为 80.0mm 的试样，脱湿 0～9h 时，竖向收缩率缓慢增大到 0.8%；脱湿 9～21h，竖向收缩率快速增大到 3.7%，相比于脱湿 9h，增大了 362.5%；脱湿 21～42h，竖向收缩率达到 4.0%，相比于脱湿 21h，增大了 8.1%。

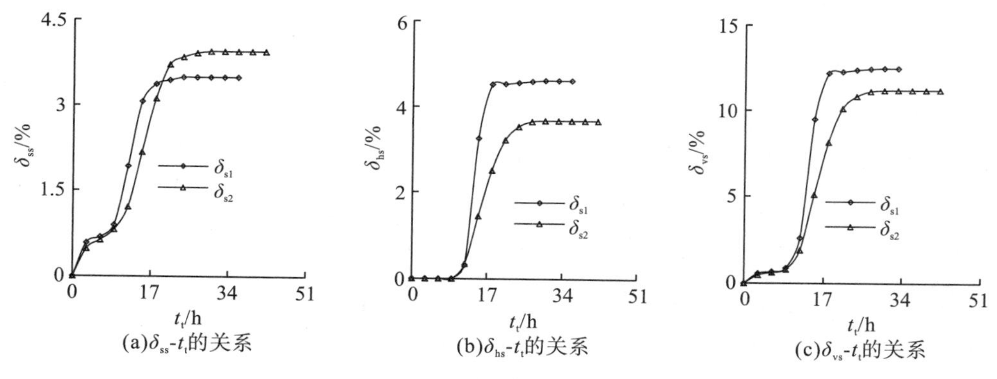

图 4-26　红土收缩率的尺寸效应随脱湿时间的变化

(3) 就横向收缩率而言，直径为 61.8mm 的试样，脱湿 0～9h，横向收缩率为 0；脱湿 9～18h，横向收缩率快速增大到 4.5%；脱湿 18～36h，横向收缩率达到 4.6%，相比于脱湿 18h，增大了 2.2%。直径为 80.0mm 的试样，脱湿 0～9h，横向收缩率为 0；脱湿 9～24h，横向收缩率快速增大到 3.5%；脱湿 24～42h，横向收缩率达到 3.7%，相比于脱湿 24h，增大了 5.7%。

(4) 就体积收缩率而言，直径为 61.8mm 的试样，脱湿 0～9h，体积收缩率达到 0.9%；脱湿 9～18h，体积收缩率达到 12.6%，相比于脱湿 9h，增大了 1300.0%；脱湿 18～33h，体积收缩率达到 12.5%，相比于脱湿 18h，减小了 0.8%。直径为 80.0mm 的试样，脱湿 0～9h，体积收缩率达到 0.8%；脱湿 9～24h，体积收缩率达到 10.9%，相比于脱湿 9h，增大了 1262.5%；脱湿 24～42h，体积收缩率达到 11.2%，相比于脱湿 24h，增大了 2.8%。

(5) 就收缩阶段而言，初始干密度为 $1.35g \cdot cm^{-3}$、初始含水率为 6.0%时，就竖向收缩率来看，直径为61.8mm试样的缓慢收缩段的脱湿时间为0～9h，快速收缩段的脱湿时间为9～18h，缓慢收缩至稳定段对应的脱湿时间为18～36h；直径为80.0mm试样的缓慢收缩段的脱湿时间为 0～9h，快速收缩段的脱湿时间为 9～21h，缓慢收缩至稳定段对应的脱湿时间为21～42h。就横向收缩率来看，直径为61.8mm试样的缓慢收缩段的脱湿时间为0～9h，快速收缩段的脱湿时间为9～18h，缓慢收缩至稳定段对应的脱湿时间为18～36h;直径为80.0mm试样的缓慢收缩段的脱湿时间为0～9h,快速收缩段的脱湿时间为9～24h，缓慢收缩至稳定段对应的脱湿时间为24～42h。而体积收缩率的各个阶段对应的脱湿时间与横向收缩率的相应时间一致。这说明脱湿过程中，初始干密度、初始含水率一定时，试样尺寸越大，竖向收缩、横向收缩、体积收缩稳定所需时间越长，竖向收缩率越大，横向收缩率、体积收缩率越小。

(6)相同脱湿时间下，当脱湿时间达到9h、18h、21h、33h时，直径为61.8mm试样的竖向收缩率δ_{ss1}与直径为80.0mm试样的竖向收缩率δ_{ss2}之间出现交叉现象。相比于δ_{ss1}，δ_{ss2}的变化程度分别为-9.1%、-7.7%、7.8%、12.9%。直径为61.8mm试样的横向收缩率和体积收缩率均大于直径为 80.0mm 试样的相应值，$\delta_{hs1}>\delta_{hs2}$，$\delta_{vs1}>\delta_{vs2}$。相比于 δ_{hs1}，δ_{hs2}分别减小了0、44.7%、29.2%、20.7%；相比于δ_{vs1}，δ_{vs2}分别减小了8.0%、33.3%、17.8%、10.4%。这说明总体上，大尺寸试样在竖向上的收缩程度高于小尺寸试样，而小尺寸试样在横向上的收缩程度高于大尺寸试样，综合表现为大尺寸试样的体积收缩程度低于小尺寸试样。

4.4.6 收缩率的尺寸效应随脱湿次数的变化

4.4.6.1 初始干密度1.25g·cm^{-3}、初始含水率8.0%

图4-27给出了脱湿过程中初始干密度ρ_d为1.25g·cm^{-3}、初始含水率ω_0为8.0%、不同试样尺寸下，红土样的竖向收缩率δ_{ss}、横向收缩率δ_{hs}、体积收缩率δ_{vs}随脱湿次数T的变化曲线。δ_{s1}、δ_{s2}分别表示直径为61.8mm、80.0mm试样的收缩率。

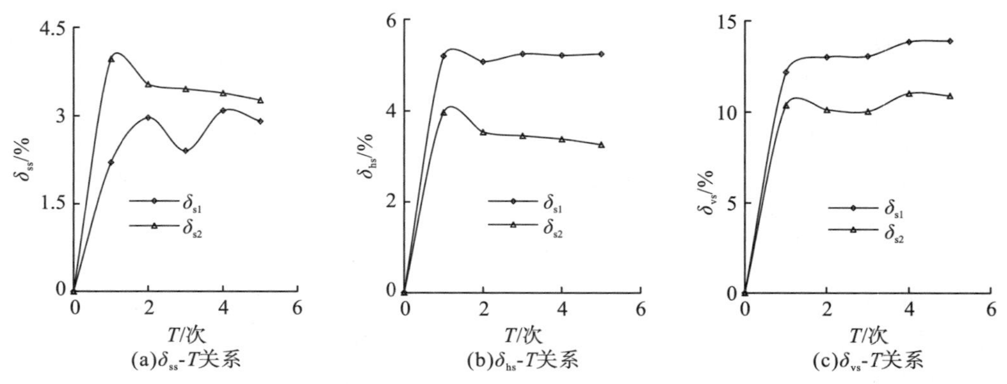

(a)δ_{ss}-T关系 (b)δ_{hs}-T关系 (c)δ_{vs}-T关系

图4-27 红土收缩率的尺寸效应随脱湿次数的变化

图 4-27 表明：

(1)初始干密度为 $1.25g \cdot cm^{-3}$、初始含水率为 8.0%的条件下，脱湿过程中，不同试样尺寸下，随脱湿次数的增加，红土的竖向收缩率、横向收缩率、体积收缩率呈先急剧增大后缓慢波动增大或减小的变化趋势。相同脱湿次数下，大尺寸试样的竖向收缩率大于小尺寸试样的竖向收缩率，大尺寸试样的横向收缩率和体积收缩率小于小尺寸试样的相应值。

(2)表 4-26 给出了脱湿过程中，红土的收缩率随试样尺寸的变化情况。可见，总体上，相比于直径为 61.8mm 的试样，直径为 80.0mm 试样的竖向收缩率较大，横向收缩率和体积收缩率较小。脱湿次数由 0 次增加到 5 次时，对于直径为 61.8mm 和 80.0mm 的试样，收缩率均先急剧增大后缓慢变化。这说明脱湿过程中，试样尺寸越小，在竖向上的收缩程度越低，在横向上的收缩程度越高，相应地引起体积的收缩程度越大。

表 4-26　不同脱湿次数下红土的收缩率随试样尺寸的变化

脱湿次数 T/次	竖向收缩率 δ_{ss}/%		横向收缩率 δ_{hs}/%		体积收缩率 δ_{vs}/%	
	D=61.8mm	D=80.0 mm	D=61.8 mm	D=80.0 mm	D=61.8 mm	D=80.0 mm
0	0	0	0	0	0	0
1	2.2	4.0	5.2	4.0	12.2	10.4
2	3.0	3.5	5.1	3.5	13.0	10.1
3	2.4	3.5	5.3	3.5	13.1	10.0
4	3.1	3.4	5.2	3.4	13.9	11.0
5	2.9	3.3	5.3	3.3	13.9	10.9

(3)就发展阶段来看，直径为 61.8mm 和 80.0mm 的试样，快速收缩段对应的脱湿次数为 0～1 次，缓慢收缩段对应的脱湿次数为 1～5 次，而要达到收缩至稳定阶段则需要更多次的脱湿。

(4)相同脱湿次数下，当脱湿次数分别为 1、2、3、4、5 次时，直径为 61.8mm 试样的竖向收缩率均小于直径为 80.0mm 试样的竖向收缩率，$\delta_{ss1}<\delta_{ss2}$。相比于 δ_{ss1}，δ_{ss2} 分别增大了 81.8%、16.7%、45.8%、9.7%、13.8%。直径为 61.8mm 试样的横向收缩率和体积收缩率均大于直径为 80.0mm 试样的相应值，即 $\delta_{hs1}>\delta_{hs2}$，$\delta_{vs1}>\delta_{vs2}$。相比于 δ_{hs1}，δ_{hs2} 分别减小了 23.1%、31.4%、34.0%、34.6%、37.7%；相比于 δ_{vs1}，δ_{vs2} 分别减小了 14.8%、22.3%、23.7%、20.9%、21.6%。这说明初始干密度、初始含水率、脱湿次数一定时，试样的尺寸越大，红土在竖向上的收缩程度越大，横向上的收缩程度越小，综合表现为大尺寸试样的体积收缩程度低于小尺寸试样的体积收缩程度。

4.4.6.2　初始干密度 $1.35g \cdot cm^{-3}$、初始含水率 12.0%

图 4-28 给出了脱湿过程中初始干密度 ρ_d 为 $1.35g \cdot cm^{-3}$、初始含水率 ω_0 为 12.0%、不同试样尺寸下，红土样的竖向收缩率 δ_{ss}、横向收缩率 δ_{hs}、体积收缩率 δ_{vs} 随脱湿次数 T 的变化曲线。δ_{s1}、δ_{s2} 分别表示直径为 61.8mm、80.0mm 试样的收缩率。

图 4-28 表明：

(1) 初始干密度为 1.35g·cm^{-3}、初始含水率为 12.0%的条件下，脱湿过程中，不同试样尺寸下，随脱湿次数的增加，红土的竖向收缩率、横向收缩率、体积收缩率呈先急剧增大后缓慢波动增大或减小的变化趋势。

(2) 表 4-27 给出了脱湿过程中，红土的收缩率随试样尺寸的变化情况。可见，相比于直径为 61.8mm 的试样，直径为 80.0mm 试样的竖向收缩率较大，横向收缩率和体积收缩率较小。随脱湿次数的增加，直径为 61.8mm 和 80.0mm 试样的收缩率急剧增大后缓慢变化。直径为 61.8mm 试样的竖向收缩率、横向收缩率以及体积收缩率增大，而直径为 80.0mm 试样的竖向收缩率、横向收缩率以及体积收缩率减小(或波动减小)。这说明脱湿过程中，试样尺寸越小，在竖向上的收缩程度越低，在横向上的收缩程度越高，相应地引起体积的收缩程度越大。

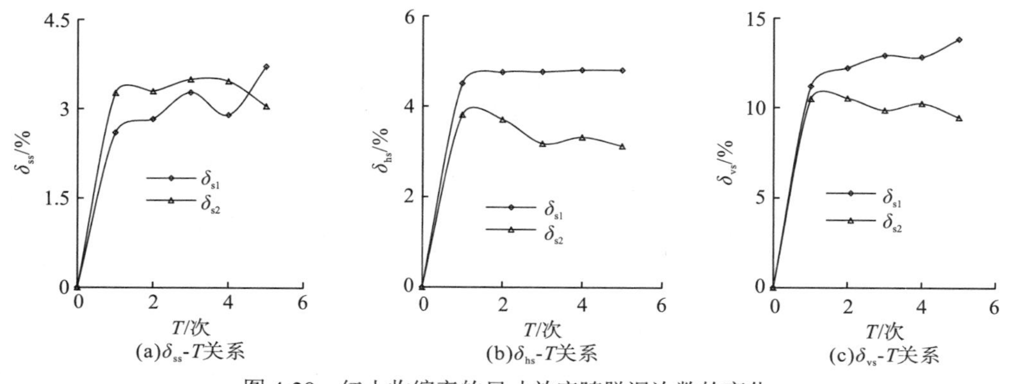

(a) δ_{ss}-T关系　(b) δ_{hs}-T关系　(c) δ_{vs}-T关系

图 4-28　红土收缩率的尺寸效应随脱湿次数的变化

表 4-27　不同脱湿次数下红土的收缩率随试样尺寸的变化

脱湿次数 T/次	竖向收缩率 δ_{ss}/%		横向收缩率 δ_{hs}/%		体积收缩率 δ_{vs}/%	
	D=61.8mm	D=80.0mm	D=61.8mm	D=80.0mm	D=61.8mm	D=80.0mm
0	0	0	0	0	0	0
1	2.6	3.3	4.5	3.8	11.2	10.5
2	2.8	3.3	4.8	3.7	12.2	10.5
3	3.3	3.5	4.8	3.2	12.9	9.9
4	2.9	3.5	4.8	3.3	12.8	10.3
5	3.7	3.1	4.8	3.1	13.8	9.5

(3) 就发展阶段来看，直径为 61.8mm 和 80.0mm 的试样，快速收缩段对应的脱湿次数为 0～1 次，缓慢收缩段对应的脱湿次数为 1～5 次，而要达到收缩至稳定阶段则需要更多次的脱湿。

(4) 相同脱湿次数下，当脱湿次数分别为 1、2、3、4、5 次时，直径为 61.8mm 试样的竖向收缩率总体上小于直径为 80.0mm 试样的竖向收缩率，即 $\delta_{ss1}<\delta_{ss2}$。相比于 δ_{ss1}，δ_{ss2} 分别增大了 26.9%、17.9%、6.1%、20.7%、−16.2%。直径为 61.8mm 试样的横向收缩率和体积收缩率均大于直径为 80.0mm 试样的横向收缩率和体积收缩率，即 $\delta_{hs1}>\delta_{hs2}$，$\delta_{vs1}>\delta_{vs2}$。

相比于 δ_{hs1}，δ_{hs2} 分别减小了 15.6%、22.9%、33.3%、31.3%、35.4%；相比于 δ_{vs1}，δ_{vs2} 分别减小了 6.3%、13.9%、23.3%、19.5%、31.2%。

这说明初始干密度、初始含水率、脱湿次数一定时，试样的尺寸越大，红土在竖向上的收缩程度越大，横向上的收缩程度越小，综合表现为大尺寸试样的体积收缩程度低于小尺寸试样的体积收缩程度。

4.4.7　收缩率的尺寸效应随初始干密度的变化

图 4-29 给出了脱湿过程中，经历 4 次脱湿作用(*T*4)、初始含水率 ω_0 为 8.0%、不同试样尺寸下，红土样的竖向收缩率 δ_{ss}、横向收缩率 δ_{hs}、体积收缩率 δ_{vs} 随初始干密度 ρ_d 的变化曲线。δ_{s1}、δ_{s2} 分别表示直径为 61.8mm、80.0mm 试样的收缩率。

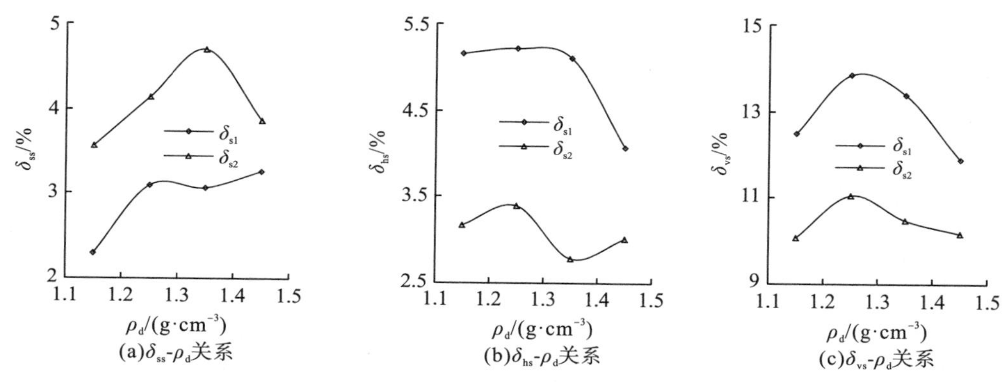

图 4-29　红土收缩率的尺寸效应随初始干密度的变化

图 4-29 表明：

(1) 总体上，大尺寸试样的竖向收缩率大于小尺寸试样的竖向收缩率，大尺寸试样的横向收缩率、体积收缩率小于小尺寸试样的相应值。

(2) 表 4-28 给出了脱湿过程中，不同初始干密度下，红土的收缩率随试样尺寸的变化。可见，总体上，初始干密度由 1.15g·cm^{-3} 增大至 1.45g·cm^{-3} 时，试样尺寸越小，竖向收缩率的增大程度越高，横向收缩率减小程度越大。

表 4-28　不同试样尺寸下红土收缩率随初始干密度的变化

初始干密度 ρ_d/(g·cm^{-3})	$\delta_{ss-\rho_d}$/%		$\delta_{hs-\rho_d}$/%		$\delta_{vs-\rho_d}$/%	
	D=61.8mm	*D*=80.0mm	*D*=61.8mm	*D*=80.0mm	*D*=61.8mm	*D*=80.0mm
1.15→1.25(1.35)	34.3	31.7	1.2	6.9	10.8	9.5
1.25(1.35)→1.45	5.5	−17.7	−21.8	−10.9	−14.2	−7.8
1.15→1.45	41.7	8.4	−20.9	−4.7	−5.0	1.0

注：$\delta_{ss-\rho_d}$ 代表竖向收缩率随干密度的变化；$\delta_{hs-\rho_d}$ 代表横向收缩率随干密度的变化；$\delta_{vs-\rho_d}$ 代表体积收缩率随初始干密度的变化。初始干密度 1.25g·cm^{-3} 对应直径为 61.8mm 的试样，初始干密度 1.35g·cm^{-3} 对应直径为 80.0mm 的试样。

(3) 相同初始干密度下，当初始干密度分别为 1.15g·cm^{-3}、1.25g·cm^{-3}、1.35g·cm^{-3}、1.45g·cm^{-3}时，直径为 61.8mm 红土样的竖向收缩率 δ_{ss1} 均小于直径为 80.0mm 红土样对应的竖向收缩率 δ_{ss2}，即 $\delta_{ss1}<\delta_{ss2}$；直径为 61.8mm 红土样的横向收缩率 δ_{hs1} 和体积收缩率 δ_{vs1} 均大于直径为 80.0mm 红土样对应的横向收缩率 δ_{hs2} 和体积收缩率 δ_{vs2}，即 $\delta_{hs1}>\delta_{hs2}$，$\delta_{vs1}>\delta_{vs2}$。相比于 δ_{ss1}，δ_{ss2} 分别增大了 55.2%、34.0%、53.6%、18.7%；相比于 δ_{hs1}，δ_{hs2} 分别减小了 38.6%、35.1%、45.4%、26.0%；相比于 δ_{vs1}，δ_{vs2} 分别减小了 19.4%、20.3%、21.7%、14.3%。这说明脱湿过程中，脱湿次数、初始干密度一定时，试样尺寸越大，竖向上的收缩越强，横向上的收缩越弱，综合表现为体积收缩的减小。

4.4.8 收缩率的尺寸效应随初始含水率的变化

图 4-30 给出了脱湿过程中经历 4 次脱湿作用(*T*4)、初始干密度ρ_d为 1.35g·cm^{-3}、不同试样尺寸下，红土样的竖向收缩率δ_{ss}、横向收缩率δ_{hs}、体积收缩率δ_{vs}随初始含水率 ω_0 的变化曲线。δ_{s1}、δ_{s2} 分别表示直径为 61.8mm、80.0mm 试样的收缩率。

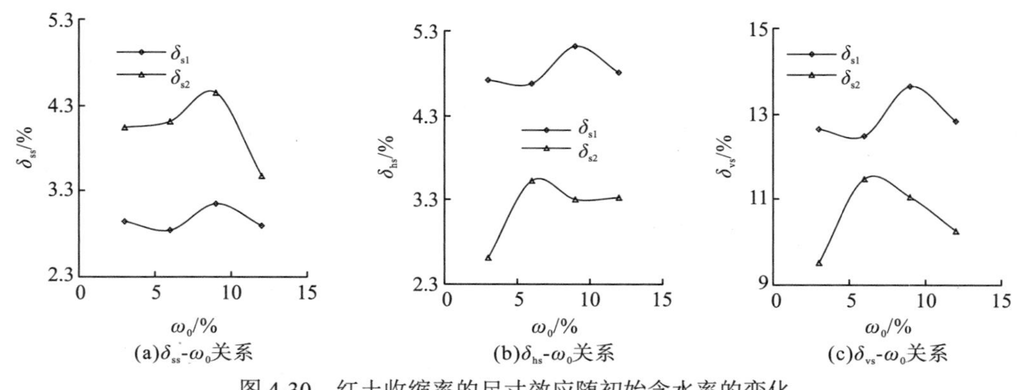

图 4-30 红土收缩率的尺寸效应随初始含水率的变化

图 4-30 表明：

(1) 脱湿过程中，脱湿 4 次、初始干密度为 1.35g·cm^{-3}的条件下，随初始含水率的增大，达到收缩稳定时，直径为 80.0mm 红土样的竖向收缩率、横向收缩率、体积收缩率呈先增大后减小的波动变化趋势；总体上，竖向收缩率减小、横向收缩率和体积收缩率增大。相同初始含水率下，大尺寸试样的竖向收缩率大于小尺寸试样，大尺寸试样的横向收缩率和体积收缩率小于小尺寸试样。

(2) 表 4-29 给出了不同试样尺寸下红土的收缩率随初始含水率的变化情况。可见，总体上，初始含水率由 3.0%增大至 12.0%时，相比于直径为 61.8mm 的红土样，直径为 80.0mm 试样的竖向收缩率的减小程度更大，横向收缩率、体积收缩率的增大程度更大。

(3) 相同初始含水率下，当初始含水率分别为 3.0%、6.0%、9.0%、12.0%时，直径为 61.8mm 红土样的竖向收缩率小于直径为 80.0mm 红土样的竖向收缩率，即 $\delta_{ss1}<\delta_{ss2}$；直径为 61.8mm 红土样的横向收缩率和体积收缩率均大于直径为 80.0mm 红土样的横向收缩率

和体积收缩率，即 $\delta_{hs1}>\delta_{hs2}$，$\delta_{vs1}>\delta_{vs2}$。相比于 δ_{ss1}，δ_{ss2} 分别增大了 37.3%、44.6%、41.3%、19.7%；相比于 δ_{hs1}，δ_{hs2} 分别减小了 44.5%、24.8%、35.5%、31.0%；相比于 δ_{vs1}，δ_{vs2} 分别减小了 24.7%、8.2%、19.1%、20.1%。这说明初始含水率一定时，试样尺寸越大，在竖向上的收缩性越强，在横向上的收缩性越弱，综合表现为体积收缩越小。

表 4-29　不同试样尺寸下红土的收缩率随初始含水率的变化

初始含水率 ω_0/%	$\delta_{ss-\omega_0}$ /%		$\delta_{hs-\omega_0}$ /%		$\delta_{vs-\omega_0}$ /%	
	D=61.8mm	D=80.0mm	D=61.8mm	D=80.0mm	D=61.8mm	D=80.0mm
3.0→9.0	6.8	9.9	8.5	26.0	7.8	15.8
9.0→12.0	−7.9	−22.0	−6.1	0.6	−5.9	−7.1
3.0→12.0	−1.7	−14.3	1.9	26.7	1.4	7.7

注：$\delta_{ss-\omega_0}$ 代表竖向收缩率随含水率的变化；$\delta_{hs-\omega_0}$ 代表横向收缩率随含水率的变化；$\delta_{vs-\omega_0}$ 代表体积收缩率随含水率的变化。

第 5 章　干湿循环下红土的裂缝特性

5.1　试 验 设 计

5.1.1　试验土料

试验用土取自云南昆明世博园附近地区的典型红土，呈红褐色。该红土的风干含水率为 3.4%，其基本性质见表 5-1。由表 5-1 可以看出，该红土的颗粒组成以粉粒和黏粒为主，占 90.4%；塑性指数为 12.1，介于 10 和 17 之间；相对密度较大，最大干密度较大，属于粉质红土。

表 5-1　红土的基本性质

相对密度 G_s	塑限指数 I_p	最优含水率 ω_{op}/%	最大干密度 ρ_{dmax}/(g·cm^{-3})	颗粒组成/%		
				砂粒（≥0.075mm）	粉粒（0.005～0.075mm）	黏粒（<0.005mm）
2.76	12.1	26.9	1.50	9.6	47.5	42.9

5.1.2　试验方案

5.1.2.1　试验方案

以云南红土为研究对象，以增湿、脱湿、干湿循环作为控制条件，考虑初始含水率 ω_0、初始干密度 ρ_d、干湿循环温度 T_w、干湿循环时间 t 等影响因素，通过反复增湿、脱湿的干湿循环试验，研究干湿循环过程中不同影响因素下红土的裂缝发展特性。

在初始干密度为 1.40g·cm^{-3} 的条件下，选取红土样的初始含水率为 22.9(23.0)%、24.9(25.0)%、26.9(27.0)%、28.9(29.0)%。在初始含水率为 26.9(27.0)%的条件下，选取红土样的初始干密度为 1.20g·cm^{-3}、1.30g·cm^{-3}、1.40g·cm^{-3}、1.50g·cm^{-3}。在初始干密度为 1.40g·cm^{-3}、初始含水率为 26.9%的条件下，分别设置红土样的试验温度为 20℃、30℃、40℃及 50℃。

5.1.2.2　试验开展

1. 红土样的制备

根据选取的初始含水率，加水浸润松散红土样 24h，采用分层击样法制备直径为

61.8mm、高为 20mm、体积为 $60cm^3$ 的环刀试样。

2. 干湿循环的控制

根据昆明地区降雨天数约占全年天数三分之一的特点，可知干湿循环过程中脱湿过程远比增湿过程长，所以控制增湿、脱湿时间比为 1∶2。控制增湿时间为 12h、脱湿时间为 24h。在研究不同初始含水率下的时间影响时，基于红土裂缝达到稳定的时间，控制增湿时间为 3h、脱湿时间为 21h。

3. 干湿循环试验的开展

根据不同初始含水率制备不同初始干密度的环刀试样，放入高为 40mm 的托盘内水平放置，沿托盘边缘向托盘内加水，为了防止水分浸没红土样上表面造成红土样表面劣化，影响裂缝提取，增湿时保证水位略低于环刀上口而不浸没红土样上表面，水分由下至上通过透水石和滤纸渗入红土样，观察红土样表面有无裂缝产生及裂缝变化情况。增湿 12h(3h)后取出红土样即完成一个增湿过程。将增湿结束后的红土样置于 40℃的干燥箱内恒温脱湿，脱湿 24h(21h)后即完成一个脱湿过程，取出红土样观察表面有无裂缝产生及裂缝变化情况。脱湿结束后即完成一次干湿循环，待红土样冷却至室温后重复上述增湿、脱湿试验，重复多次以完成多次干湿循环作用。

4. 裂缝的观测

在增湿、脱湿以及干湿循环试验中，观测不同影响因素下红土样表面裂缝的发展变化情况，并使用数码相机获取红土样表面的裂缝图像。

需要说明的是，干湿循环试验中，对红土试样先进行增湿后进行脱湿，每个初始干密度的红土试样，其裂缝均是在增湿过程中产生，在脱湿过程中变化。增湿结束后的裂缝即同一循环中脱湿 0 时刻的裂缝，脱湿结束试样进入下一循环，所以脱湿结束后的裂缝即为下一次增湿 0 时刻的裂缝。

在同一次循环中，如果脱湿结束后的裂缝大于增湿 0 时刻的裂缝(循环后的裂缝大于循环前的裂缝)，说明在该循环中裂缝有扩展，并未达到稳定，则应进行下一次循环。本试验经过 8 次循环后，脱湿结束后的裂缝与增湿前的裂缝基本一致，说明裂缝随干湿循环次数的变化趋于稳定，则停止试验。

5. 图像的处理

对相机获取的裂缝图像，使用 MATLAB 图像处理功能进行图像数字化处理，分离并提取裂缝特征参数。分析干湿循环过程中不同影响因素下红土的裂缝特征参数的变化特性。

5.2　试验现象观测

干湿循环试验中，对不同影响因素下的所有红土样跟踪观测表明，初始含水率、初始干密度、干湿循环温度、干湿循环时间以及增湿过程、脱湿过程、干湿循环次数都会影响红土样的裂缝发展。

5.2.1 不同初始含水率

(1) 初始含水率为 22.9%的红土样，在干湿循环试验中始终不产生裂缝，也不产生土壁分离现象，红土样表面很好地保留了原始特征。

(2) 初始含水率为 24.9%的红土样，在第 1 次干湿循环中无裂缝产生，也无土壁分离现象；第 2 次增湿的初始阶段可以观察到红土样边缘与环刀接触处有裂缝产生，随增湿时间的延长裂缝逐渐愈合，到增湿后期很难观察到裂缝的存在；第 2 次脱湿中，随脱湿时间的延长，逐渐显现出裂缝，边缘处无土壁分离现象；第 3 次增湿中伴随着新裂缝的产生，裂缝已经无法完全愈合，部分裂缝始终存在裂缝条数增加的情况；第 3 次脱湿中，裂缝长度增长、宽度变宽，脱湿结束后裂缝表现明显，红土样发生轻微的土壁分离现象；随干湿循环次数的增加，裂缝条数增加、长度增长、宽度变宽，土壁分离现象加剧，除裂缝外，红土样表面并无明显劣化。

(3) 初始含水率为 26.9%的红土样，第 1 次干湿循环中红土样表面基本保持原样；第 2 次增湿的初始阶段在红土样外缘处有裂缝产生，随增湿时间的延长部分裂缝愈合，到增湿后期仍可以观察到裂缝存在；第 2 次脱湿中，裂缝逐渐明显，红土样边缘处发生轻微土壁分离；随干湿循环次数的增加，有部分新的裂缝产生、已有裂缝发生扩展使裂缝特征越来越明显，土壁分离严重，红土样表面有部分土颗粒脱落，红土样劣化。

(4) 初始含水率为 28.9%的红土样，第 1 次增湿中基本无变化；第 1 次脱湿中红土样边缘逐渐发生土壁分离，边缘处有小土块脱落或粘在环刀壁面上；第 2 次增湿的初始阶段在红土样外缘处有部分裂缝产生，与其他初始含水率的红土样相比，初始含水率为 28.9%的红土样裂缝条数较多，宽度较宽，增湿后期愈合效果差，保留了较多裂缝；第 2 次脱湿中裂缝持续扩展，长度增长、宽度变宽，并有新裂缝产生；随干湿循环次数的增加，裂缝继续扩展，条数增加、长度增长、宽度变宽。红土样土壁分离现象及红土样表面尤其是边缘附近劣化较其余初始含水率的红土样更严重。不同初始含水率下红土样的裂缝图像如图 5-1 所示。

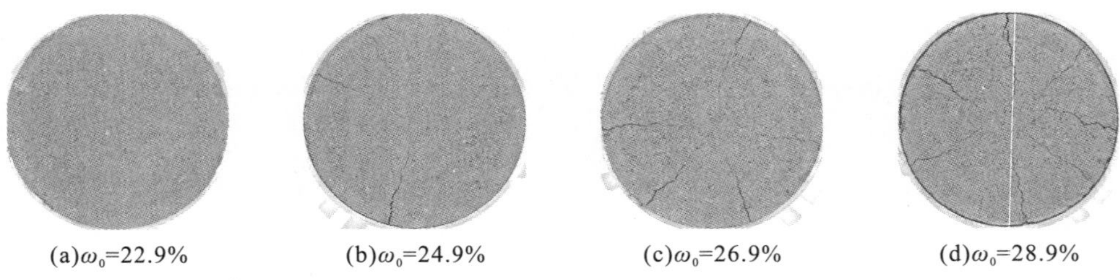

(a)ω_0=22.9%　(b)ω_0=24.9%　(c)ω_0=26.9%　(d)ω_0=28.9%

图 5-1　不同初始含水率下干湿循环红土的裂缝发展

(5) 对比图 5-1 中四个不同初始含水率的红土样发现，在干湿循环试验中初始含水率越高的红土样越容易劣化，红土样表面越容易产生裂缝，初始含水率低的红土样裂缝愈合能力较强，随初始含水率增加愈合能力逐渐减弱；裂缝均从红土样边缘处产生，随干湿循环次数的增加逐渐向中心扩展，呈向心状分布。随干湿循环试验的进行，裂缝不会无限扩展，在循环后期逐渐达到稳定状态。干湿循环次数及含水率均对裂缝的产生和扩展有影响。

5.2.2　不同初始干密度

图 5-2 给出了不同初始干密度下，干湿循环红土样表面裂缝的发展变化情况。

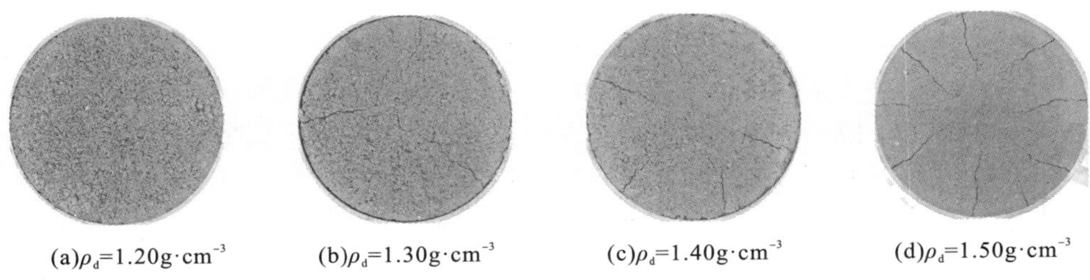

(a)ρ_d=1.20g·cm^{-3}　(b)ρ_d=1.30g·cm^{-3}　(c)ρ_d=1.40g·cm^{-3}　(d)ρ_d=1.50g·cm^{-3}

图 5-2　不同初始干密度下干湿循环红土的裂缝发展

图 5-2 表明：

(1) 在增湿试验中，初始干密度为 1.20g·cm^{-3} 的红土样始终不产生裂缝，初始干密度为 1.30g·cm^{-3}、1.40g·cm^{-3} 的红土样在第 3 次增湿后外缘靠近环刀处产生短小裂缝，初始干密度为 1.50g·cm^{-3} 的红土样在第 2 次增湿后边缘处产生裂缝。随浸泡时间的延长，红土样吸水膨胀，裂缝有愈合现象，部分裂缝闭合消失。

(2) 在脱湿试验中，与增湿过程相似，初始干密度为 1.20g·cm^{-3} 的红土样始终无裂缝，初始干密度为 1.30g·cm^{-3}、1.40g·cm^{-3} 的红土样在第 3 次脱湿后保留了增湿中产生的裂缝，并能观测到新的裂缝产生。初始干密度为 1.50g·cm^{-3} 的红土样在第 2 次脱湿后保留了增湿中产生的裂缝，数量基本不变。

(3) 在干湿循环试验中，经过多次干湿循环后初始干密度为 1.20g·cm^{-3} 的红土样仍然无裂缝产生；随着循环次数的增加，初始干密度为 1.30g·cm^{-3}、1.40g·cm^{-3}、1.50g·cm^{-3} 的红土样裂缝均从边缘向中心扩展，呈先增加后稳定的趋势；到了干湿循环试验后期，增湿后的裂缝反而比脱湿后的裂缝明显。

综上所述，初始干密度和循环次数都对裂缝发展有影响，在干湿循环试验中，裂缝随循环次数增加而增加；初始干密度越大的红土样越容易产生裂缝，裂缝由红土样边缘处产生并向中心扩展，呈向心状分布，如图 5-2(d) 所示。

5.2.3　不同干湿循环温度

在干湿循环试验中，相同初始状态的红土样，低温脱湿后无裂缝产生，随脱湿温度的升高，红土样在增湿中产生裂缝，开裂现象越来越明显，当脱湿温度过高时，红土样在脱湿中产生裂缝，试样破碎严重无法定量提取裂缝信息。温度越高，红土样越容易遭到破坏。不同温度下干湿循环后红土样的劣化图像如图 5-3 所示。

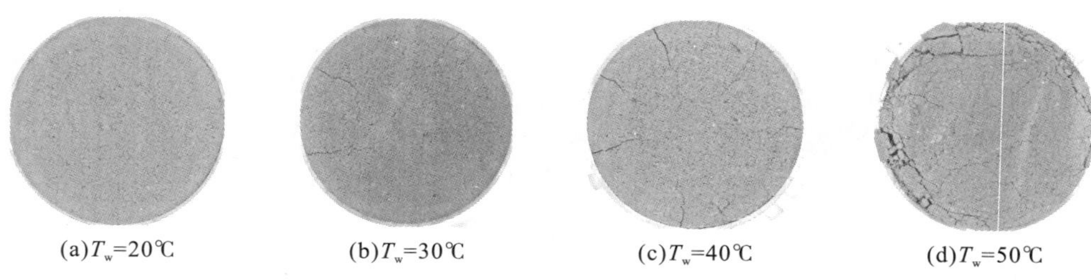

(a)T_w=20℃　(b)T_w=30℃　(c)T_w=40℃　(d)T_w=50℃

图 5-3　不同温度下干湿循环红土的裂缝发展

脱湿温度为 20℃时，红土样始终无裂缝产生，表面破坏较少，基本保持初始状态；当脱湿温度达到 30℃时，红土样产生少量裂缝，此时裂缝产生于增湿过程中，在干湿循环中有少量扩展；当脱湿温度达到 40℃时，红土样在增湿中产生裂缝，在干湿循环中扩展迅速，与在 30℃脱湿时相比，裂缝数量较多、长度较长、面积较大，产生时间早，将试样截断，发现红土样内部在水平向有类似于剪切面的断裂面，如图 5-4(a)所示；当脱湿温度达到 50℃时，红土样在第 1 次脱湿中开始劣化，表面受到破坏，裂缝数量多、细小且相互交错不成条状，多次干湿循环后，截断面上有大量的水平向断裂面，如图 5-4(b)所示，表明红土样破坏严重，有土颗粒脱落，无法用软件分析定量。

(a)T_w=40℃　(b)T_w=50℃

图 5-4　不同温度下干湿循环红土样的竖直断面

5.2.4　不同干湿循环时间

5.2.4.1　初始干密度的影响

1. 增湿过程的试验现象

增湿过程表明：不同初始干密度下，第 1 次增湿，所有红土样均不开裂，试样表面无明显变化。初始干密度为 1.30g·cm^{-3}、1.40g·cm^{-3} 的红土样，在第 2 次增湿过程也未开裂；干密度为 1.30g·cm^{-3} 时，第 3 次增湿 14min 左右出现开裂，随后增湿过程中裂缝闭合不明显；干密度为 1.40g·cm^{-3} 时，第 3 次增湿 4min 左右出现开裂，随后增湿过程初期裂缝轻微闭合。只有初始干密度为 1.50g·cm^{-3} 的红土样，在第 2 次增湿约 14min 时边缘处开始产生裂缝[图 5-5(a)]，随增湿时间 t_z 的延长，裂缝逐渐向中心扩展直至稳定，在第 3 次及以后的增湿过程初期裂缝严重闭合。表明随增湿过程的深入，红土样已有裂缝先迅速闭合，在水分渗透至试样上表面后闭合的裂缝先逐渐打开再发展扩大，同时伴随着新裂缝的出现，最终达到稳定状态。初始干密度越小的试样，开裂所需的循环次数越多、增湿时间越久；初始干密度越大的试样，闭合效果越好。

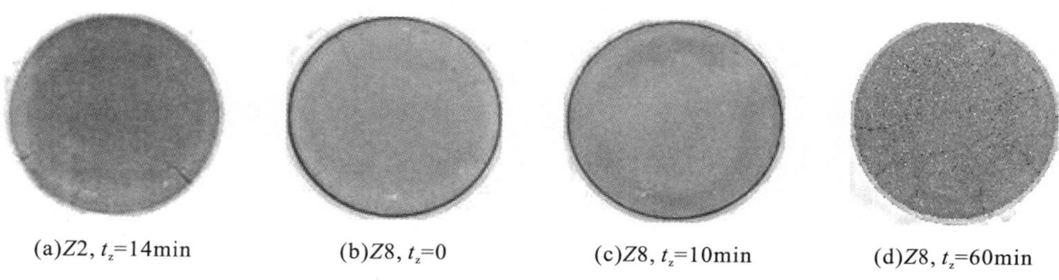

(a)$Z2$, t_z=14min　(b)$Z8$, t_z=0　(c)$Z8$, t_z=10min　(d)$Z8$, t_z=60min

图 5-5　增湿过程中红土的裂缝发展

图 5-5(b)、(c)、(d)给出了增湿过程中初始干密度为 1.50g·cm^{-3}、增湿 8 次时，红土样的裂缝发展随增湿时间的变化情况。可见，增湿 8 次的 0 时刻，红土样存在裂缝；增湿时间延长到 10min 时，裂缝闭合；增湿时间延长到 60min 时，裂缝逐渐张开并趋于稳定。

2. 脱湿过程的试验现象

脱湿过程表明：所有试样在初次脱湿全过程中表面均无裂缝；在后续的脱湿中，随时间延长裂缝呈先微小张开，后逐渐收缩变细直至稳定的现象，其中大部分裂缝是增湿后留下的。初始干密度越大的试样，在脱湿后期收缩越明显。初始干密度为 1.20g·cm^{-3} 的试样，在整个脱湿过程中始终无裂缝产生；初始干密度为 1.30g·cm^{-3}、1.40g·cm^{-3} 的试样，从第 3 次脱湿开始出现裂缝。初始干密度为 1.50g·cm^{-3} 时，不同脱湿时间 t_t 下红土样表面裂缝的发展变化如图 5-6 所示。可见，从第 2 次脱湿开始出现裂缝[图 5-6(a)]；脱湿时间延长到 10h 时，裂缝扩展增大［图 5-6(b)］；脱湿时间进一步延长至 24h 时，裂缝逐渐闭合并趋于稳定［图 5-6(c)］。

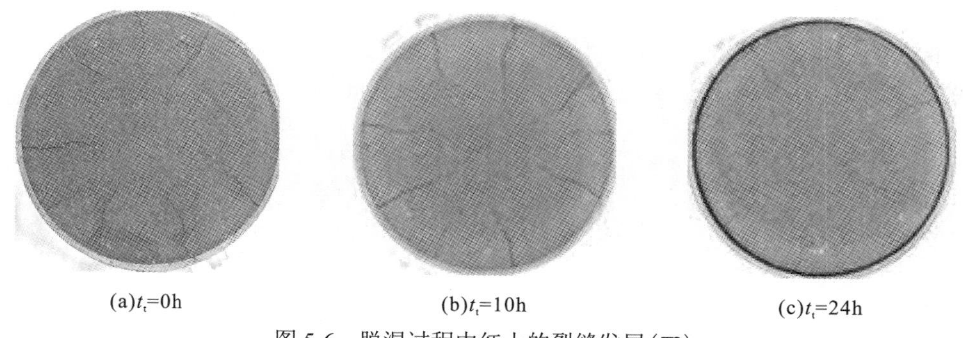

(a)t_t=0h　(b)t_t=10h　(c)t_t=24h

图 5-6　脱湿过程中红土的裂缝发展($T2$)

3. 干湿循环过程的试验现象

图 5-7 给出了不同初始干密度下干湿循环 8 次时，红土样表面裂缝的发展变化情况。

图 5-7 表明：不同初始干密度的试样，同样经过 8 次干湿循环后，试样表面情况基本稳定，与试验前比较，初始干密度为 1.20g·cm^{-3} 的试样表面基本无变化，如图 5-7(a)所示；初始干密度为 1.30g·cm^{-3} 的试样表面轻微开裂，裂缝长度较短、数量较少，分布在靠近环刀的边缘处，如图 5-7(b)所示；初始干密度为 1.40g·cm^{-3} 的试样表面裂缝较多、长度较长，如图 5-7(c)所示；初始干密度为 1.50g·cm^{-3} 的试样表面开裂严重，裂缝数量最多、长度最长，裂缝已经从试样边缘处扩展到接近试样中心，如图 5-7(d)所示。

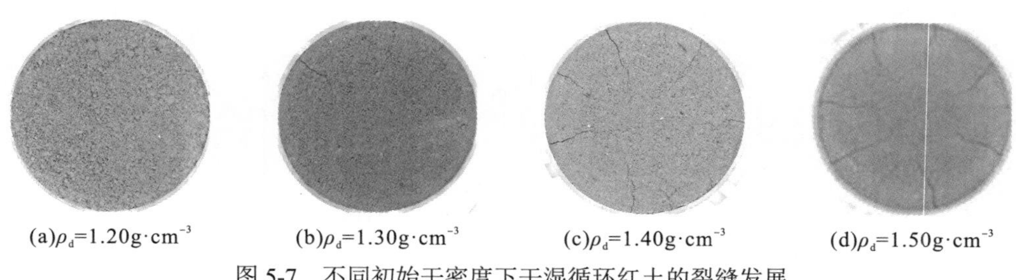

(a)ρ_d=1.20g·cm^{-3} (b)ρ_d=1.30g·cm^{-3} (c)ρ_d=1.40g·cm^{-3} (d)ρ_d=1.50g·cm^{-3}

图 5-7 不同初始干密度下干湿循环红土的裂缝发展

5.2.4.2 初始含水率的影响

1. 增湿过程的试验现象

增湿过程表明：

(1)不同初始含水率下，所有试样在初次增湿的全过程中均不开裂，试样表面无明显变化。裂缝的产生均从试样边缘处开始，在本次的增湿中，随增湿时间的延长裂缝逐渐扩展直至稳定，在后续的增湿过程中，随时间的延长，已有裂缝先迅速收缩，在水分渗透试样上表面后闭合的裂缝先逐渐打开再发展扩大，同时伴随着新裂缝的出现，最终达到一个稳定状态。初始含水率越小的试样，开裂所需的循环次数越多、增湿时间越久；初始含水率越大的试样，在后续的增湿过程中闭合效果越好。

(2)初始含水率为 23.0%的红土试样，在整个干湿循环过程中均没有裂缝产生；初始含水率为 25.0%的红土样，在第 3 次增湿的 9min 左右边缘处开始有裂缝产生，随后的增湿过程中裂缝闭合不明显；初始含水率为 27.0%的试样，在第 3 次增湿的 2min 左右开始出现裂缝，随后的增湿过程中裂缝轻微闭合；初始含水率为 29.0%时，在第 2 次增湿约 11min 时出现开裂，见图 5-8(a)，在 3 次及以后的增湿过程初期裂缝出现收缩甚至完全闭合。

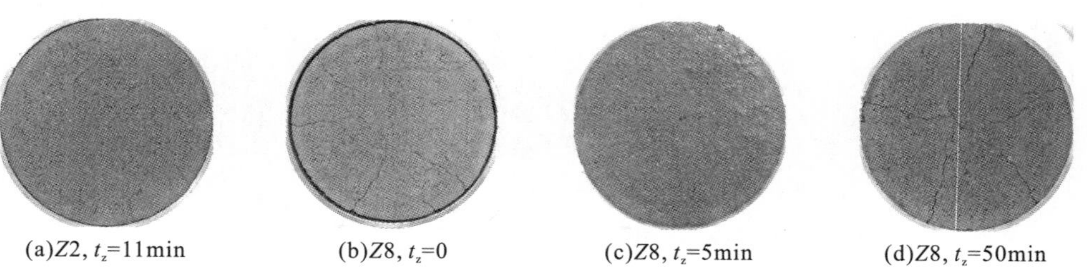

(a)Z2, t_z=11min (b)Z8, t_z=0 (c)Z8, t_z=5min (d)Z8, t_z=50min

图 5-8 增湿过程中红土的裂缝发展(ω_0=29.0%)

(3) 图 5-8(b)、(c)、(d)给出了增湿过程中初始含水率为 29.0%、增湿次数为 8 次时的红土试样的裂缝随增湿时间的发展变化情况。可见，第 8 次增湿的 0 时刻，试样表面存在裂缝；增湿时间延长到 5min 时，裂缝完全闭合；增湿时间延长到 50min 时，裂缝逐渐扩张最终达到稳定状态。

2. 脱湿过程的试验现象

脱湿过程表明：

(1) 不同初始含水率下，所有试样在初次脱湿全过程表面均无裂缝；在后续的脱湿过程中，随时间延长裂缝呈先扩张后逐渐收缩变细直至稳定的现象，其中大部分裂缝是增湿后留下的。初始含水率越大的试样，在脱湿过程后期收缩越明显。

(2) 初始含水率为 23.0%的红土试样，在整个脱湿过程中都没有裂缝产生；初始含水率为 25.0%和 27.0%的试样，从第 3 次脱湿开始有裂缝出现。初始含水率为 29.0%的红土试样，在脱湿过程中裂缝发展情况如图 5-9 所示，土样从第 2 次脱湿开始出现裂缝[图 5-9(a)]；随着脱湿时间延长至 10h[图 5-9(b)]，裂缝扩张到最大；脱湿时间延长至 15h 时[图 5-9(c)]，裂缝逐渐闭合至稳定状态。

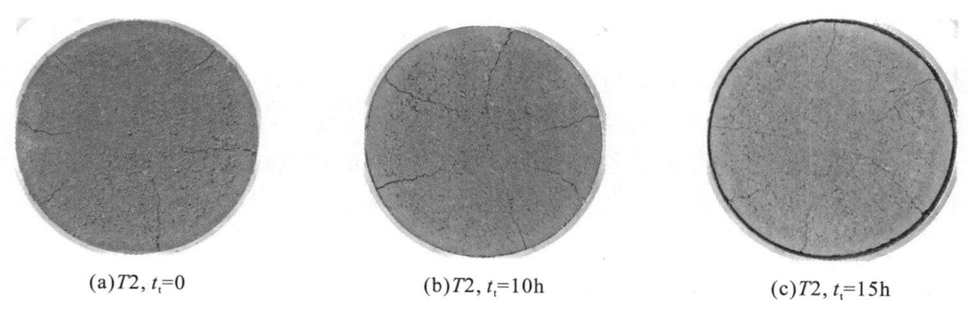

(a) $T2$, t_t=0　　(b) $T2$, t_t=10h　　(c) $T2$, t_t=15h

图 5-9　脱湿过程中红土的裂缝发展(ω_0=29.0%)

3. 干湿循环过程的试验现象

图 5-10 给出了不同初始含水率ω_0、干湿循环 8 次时，红土样表面裂缝的发展变化情况。

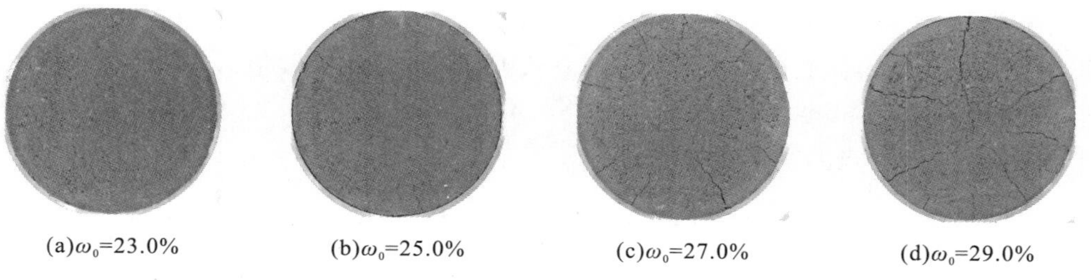

(a) ω_0=23.0%　　(b) ω_0=25.0%　　(c) ω_0=27.0%　　(d) ω_0=29.0%

图 5-10　不同初始含水率下干湿循环红土的裂缝发展

图 5-10 表明：不同初始含水率的红土样，经过 8 次干湿循环后，试样表面的裂缝状态基本稳定。初始含水率为 23.0%时，干湿循环前后试样表面没有明显变化，很好地保留

着试验前的原始特征，如图 5-10(a)所示；初始含水率为 25.0%时，试样表面有轻微开裂，裂缝长度比较短，条数比较少，分居在试样边缘处，并且试样侧壁与环刀内壁有轻微分离，如图 5-10(b)所示；初始含水率为 27.0%时试样表面产生多条裂缝，长度比较长，试样侧壁与环刀内壁有较严重的分离现象，如图 5-10(c)所示；初始含水率为 29.0%时，试样表面开裂严重并伴随严重的裂化现象，裂缝长度大、条数多，试样内壁与环刀内壁产生严重分离，如图 5-10(d)所示。

5.3 裂缝图像处理

5.3.1 红土裂缝图像的特点

云南红土性质特殊，孔隙比高，颜色较深，试验中采用的红土呈红褐色，随含水率的增加颜色更深，与裂缝亮度接近；试验用土采用击实制样，干密度较低时表面孔隙较多且具有一定的连续性，使裂隙图像杂点干扰太多，不易剔除，试验用土采用环刀制样，红土样表面是一个圆形区域，不易裁剪分离。以上这些原因造成红土裂隙的提取难度较大。通过大量的试验观察和多次图像处理发现裂缝图像具有以下特点：裂缝由红土样边缘与环刀接触处向中心扩展，呈向心状条形分布；与红土样表面孔隙相比，裂缝所占面积较大，分布连续，裂缝像素点之间的连接方式为边与边的连接，而孔隙造成的杂点面积较小，分布离散，像素点之间的连接方式多为顶点与顶点的连接。

5.3.2 裂缝图像前处理

根据以上裂缝与杂点的区别，图像处理经过以下过程：图像灰度化、光照规整、图像去噪、图像增强、图像二值化、红土样分离、裂缝识别、图像细化、图像去毛刺。

5.3.2.1 图像灰度化

相机获取的图像为真彩图像，包含亮度和色彩等信息，每个像素点都由红、绿、蓝三组颜色分量构成，先通过浮点数算法按下式确定像素点的灰度值：

$$\text{gray} = 0.2989X_{\text{R}} + 0.5870X_{\text{G}} + 0.1140X_{\text{B}} \tag{5-1}$$

式中，gray——像素点的灰度值；

X_{R}——像素点的红色分量；

X_{G}——像素点的绿色分量；

X_{B}——像素点的蓝色分量。

再将图 5-11(a)中三个分量的亮度值均用灰度值替换，形成三个颜色分量的值相等的特殊真彩图像，即将真彩图像转成了灰度图像。灰度图中灰度取值范围为 0～255，0 表示黑色，255 表示白色，像素点的灰度值越大，像素点的亮度越白。红土裂缝的灰度图像如图 5-11(b)所示。

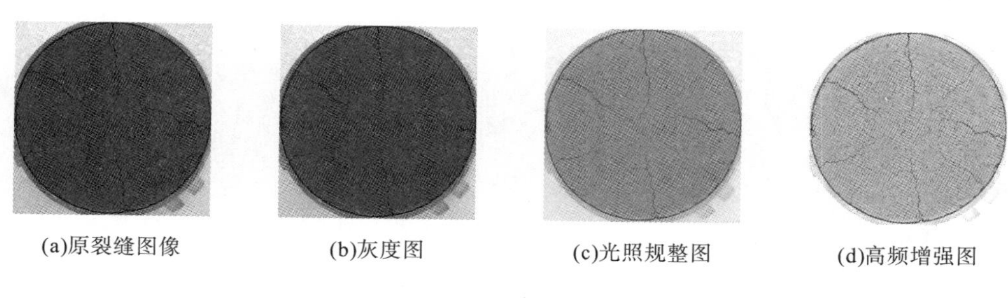

(a)原裂缝图像　(b)灰度图　(c)光照规整图　(d)高频增强图

图 5-11　裂缝图像处理过程(一)

5.3.2.2　光照规整

原真彩图像中可能存在光照不均匀的情况，为满足后续处理的要求，需要对灰度图进行光照规整，实现灰度校正，消除光照不均的影响。目前常用的方法有灰度校正、直方图均衡化、同态滤波、Gamma 校正等。本次研究中采用 Gamma 校正进行光照规整，在消除光照不均的同时扩展高光部分、压缩暗调部分增强图像对比度，使裂缝与土体、土体与背景之间灰度区别明显。光照规整图像如图 5-11(c)所示。

5.3.2.3　图像去噪

图像获取过程中，相机抖动以及不均匀光照、传输和显示过程中的电磁波干扰等因素都会对图像产生噪声干扰，常用的去噪方法有均值滤波去噪、中值滤波去噪、形态学去噪、高斯滤波降噪、小波降噪等方法，本书采用中值滤波去噪，将一点的值用该点周围像素值的中值替代，消除图像传输和显示等过程中的孤立噪声点，强化图像的表面特征。

5.3.2.4　图像增强

采用适当的频域滤波器对图像进行增强处理，使高频成分通过，削弱低频成分，锐化图像边界，淡化背景颜色，消除模糊，使裂缝边缘突出，增强裂缝与土体的颜色对比度。如图 5-11(d)所示，经过高频增强后的图像背景被完全消除，只存在圆形区。

5.3.2.5　图像二值化

将上述处理过的灰度图像转换成二值图像，根据灰度直方图，裂缝部分与土块部分灰度值的不同，可以通过阈值法将红土样划分为裂缝部分和土体部分。先按下式计算全局二值化阈值：

$$f'(x,y)=\begin{cases}1, f(x,y)\geqslant Q\\0, f(x,y)<Q\end{cases}\tag{5-2}$$

式中，$f(x,y)$——灰度图像；

$f'(x,y)$——二值图像；

Q——二值化阈值。

再对灰度图像的像素点进行分析，将灰度值大于阈值的土体及背景部分的灰度值设置为 255，返回 1。将灰度值小于阈值的裂缝部分的灰度值设置为 0，即将灰度图转化成了二值图，如图 5-12(a)所示。

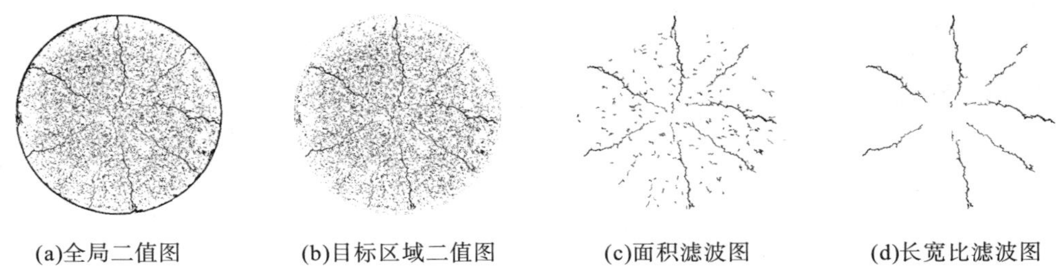

(a)全局二值图　(b)目标区域二值图　(c)面积滤波图　(d)长宽比滤波图

图 5-12　裂缝图像处理过程(二)

因为对裂缝的提取是针对白色连通域进行，所以应将二值图像取反，背景用黑色部分表示，裂缝用白色部分表示。

5.3.2.6　红土样分离

在多次干湿循环作用后，土体与环刀壁面发生土壁分离，在土体与环刀之间存在一个环形缝隙，该缝隙不属于土体内部裂缝但与红土样裂缝连接，对裂缝提取造成干扰。由于其所在位置特殊，处于土体与环刀之间，在灰度图中其灰度值最大，土体灰度值次之，环刀灰度值最小，根据灰度值的不同，选取土体部分为目标区域，对像素点的灰度值进行分析，若灰度值处于目标区域内，则返回 1，否则返回 0，即得到分离红土样的二值图。

目标区域二值化可表示为

$$f''(x,y)=\begin{cases}1, & \text{low}\leqslant f(x,y)\leqslant \text{high}\\ 0, & f(x,y)\leqslant \text{low}\mid f(x,y)\leqslant \text{high}\end{cases} \tag{5-3}$$

式中，$f(x,y)$——灰度图像；

$f''(x,y)$——目标区域二值图；

low——目标区域最小值；

high——目标区域最大值。

将全局二值化图与分离试样的二值图叠加重构裂缝区域的二值图像，将红土样部分完全分离出来，如图 5-12(b)所示。

5.3.2.7　裂缝识别

由于云南红土孔隙比高，加上干湿循环试验中试样膨胀收缩及水分侵蚀，上述二值图像中存在大量离散的非条状的杂点干扰，根据杂点与裂缝的区别，引入面积滤波与长宽比滤波的方法进行裂缝识别。

1. 面积滤波

红土样表面孔隙造成的杂点在上述二值图像中也表现为白色区域，特点为分布离散，像素点之间的连接方式多为顶点与顶点的连接。根据其特点设置面积阈值，剔除小面积连通域对象，保留面积大于阈值的四连通域对象。面积滤波后图像如图 5-12(c)所示。

2. 长宽比滤波

裂缝由红土样边缘处向中心扩展，呈向心状、细长条状，而杂点无规则形状，分布散乱。根据裂缝呈长条形的特点，用一个最小外接矩形外接二值图像连通域，裂缝部分连通域的外接矩形长与宽之比应大于杂点连通域外接矩形的长与宽之比，设置长宽比阈值，将长宽比小于阈值的连通域剔除，保留长宽比大于阈值的连通域。长宽比滤波图像如图 5-12(d)所示。

经过以上步骤，可以滤去图像背景、孔隙等干扰信息，保留完整的裂缝区域二值图像。此时的裂缝图像包含了一定的宽度信息，并且有弯曲，其长度并不等于外接矩形的长度，不能直接以外接矩形的长度作为裂缝长度。要得到裂缝的长度、宽度信息还需进行以下处理。

5.3.2.8　图像细化

图像细化指二值图像中将原本具有一定宽度的连通域层层剥离，去掉外层像素点，只保留连通域中轴线的操作。图像细化时不删除连通域内部点、不删除孤立点、不删除直线端点，细化后的图像保留原图像的形状。

5.3.2.9　图像去毛刺

由于裂缝宽度不均匀，细化后的图像在中轴线上保留了一些毛刺，但这些毛刺并不是裂缝的长度信息，会对长度统计造成误差，因此要对细化图像进行去毛刺处理。每进行一次去毛刺处理，图像每个端点上去掉一个像素点，去毛刺的同时也会缩短裂缝中轴线长度，造成误差。因此进行了多少次去毛刺处理，就在中轴线的每个端点上补偿多少个像素点，以保证裂缝长度不会因去毛刺处理而变短失真。

通过以上前处理步骤，对红土样的裂缝图像进行前处理后，保留了有效的裂缝信息，可以提取红土的裂缝图像特征参数。

5.3.3　裂缝图像特征参数的提取

根据上述二值图像前处理结果提取裂缝条数 N_L、裂缝真实总长度 L_L、裂缝真实面积 A、裂缝平均宽度 W 以及裂缝长度密度 ρ_L、裂缝面积率 R_A 等裂缝特征参数。裂缝长度密度表示土体单位面积上的裂缝长度，裂缝面积率表示单位面积的试样上裂缝面积所占的百分比，裂缝长度密度与面积率越大表示试样开裂越严重，土体越破碎，直观地反映了单位面积上红土试样的破碎程度。

二值图像亮度取反后，黑色部分表示背景、白色部分表示裂缝，统计裂缝二值图像连通域个数可以确定裂缝的条数；统计白色像素点个数表征裂缝面积；图像细化及去毛刺处理后统计裂缝中轴线像素点个数表征裂缝长度；根据裂缝面积与裂缝长度的比值得出裂缝平均宽度。其中裂缝的面积、长度和宽度都是以像素点个数来表示，为了更直观地表达裂缝特征，本书根据环刀直径及面积所占像素点个数与环刀实际尺寸的比值将裂缝的参数信息转换成实际尺寸，表达式如下：

裂缝长度：

$$L_{\mathrm{L}}=\frac{J_{\mathrm{z}}}{J_{\mathrm{x}}}\times\sum_{l=1}^{N_{\mathrm{L}}}L_l \tag{5-4}$$

裂缝面积：

$$A=\frac{A_{\mathrm{z}}}{A_{\mathrm{x}}}\times\sum_{l=1}^{N_{\mathrm{L}}}A_l \tag{5-5}$$

裂缝宽度：

$$W=\frac{A}{L_{\mathrm{L}}} \tag{5-6}$$

裂缝长度密度：

$$\rho_{\mathrm{L}}=\frac{\sum_{l=1}^{N_{\mathrm{L}}}L_l}{A_{\mathrm{x}}} \tag{5-7}$$

裂缝面积率：

$$R_{\mathrm{A}}=\frac{\sum_{l=1}^{N_{\mathrm{L}}}A_l}{A_{\mathrm{x}}}\times 100\% \tag{5-8}$$

式(5-4)～式(5-8)中，

L_{L}——裂缝的真实总长度，mm；

N_{L}——裂缝条数；

J_{z}——试样的真实直径，61.8mm；

J_{x}——以像素点个数表示的试样直径；

L_l——以像素点个数表示的第 l 条裂缝中轴线长度；

A——裂缝的真实面积，mm^2；

A_{z}——试样的真实面积，$3000\mathrm{mm}^2$；

A_{x}——以像素点个数表示的试样面积；

A_l——以像素点个数表示的第 l 条裂缝面积；

W——裂缝的平均宽度，mm；

ρ_{L}——裂缝的长度密度，$\mathrm{mm/mm}^2$；

R_{A}——裂缝的面积率，%。

为了叙述方便，后文分析中裂缝的长度 L_{L}、面积 A、宽度 W 分别对应裂缝的真实总长度、真实面积、平均宽度。

5.4 不同初始含水率下干湿循环红土的裂缝特性

5.4.1 增湿过程的裂缝特性

5.4.1.1 初始含水率的影响

图 5-13 给出了增湿过程中，不同增湿次数 Z 下，红土样的裂缝条数 N_{L}、长度 L_{L}、

面积 A 以及平均宽度 W 随初始含水率 ω_0 的变化曲线。

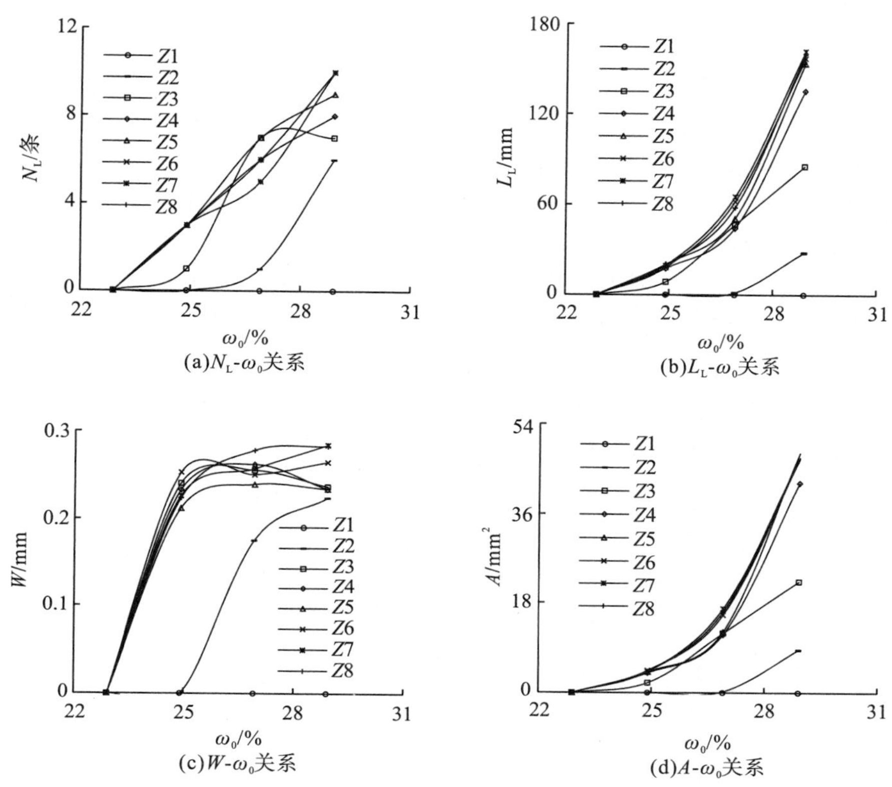

(a) N_L-ω_0关系　(b) L_L-ω_0关系
(c) W-ω_0关系　(d) A-ω_0关系

图 5-13　增湿红土样的裂缝特征参数随初始含水率的变化

图 5-13 表明：

(1) 增湿 1 次时，随初始含水率的增大，红土的裂缝特征参数始终为 0，说明红土始终不开裂；其他增湿次数(2～8 次)下，裂缝特征参数随初始含水率的增大呈增大变化趋势。这说明红土样在第 2 次增湿后开始产生裂缝，随增湿次数增加而扩展，红土样的初始含水率越高越容易受到增湿作用的影响，裂缝特征参数越大。

(2) 增湿 2 次，初始含水率为 22.9%的红土样始终不产生裂缝；初始含水率超过 24.9%时开始产生裂缝，初始含水率 26.9%时产生 1 条裂缝，对应的裂缝长度为 1.32mm，宽度为 0.18mm，面积为 0.23mm^2；初始含水率达到 28.9%时产生了 6 条裂缝，对应的裂缝长度为 28.10mm，宽度为 0.22mm，面积为 8.68mm^2。当初始含水率由 26.9%增大到 28.9%时，裂缝长度增大了 2028.8%，宽度增大了 22.2%，面积增大了 3673.9%。这说明在红土的裂缝发展过程中，裂缝条数增多的同时，裂缝长度急剧增大，其长度增长程度远大于裂缝宽度的增长程度，裂缝主要是在长度方向扩展。

(3) 增湿 3～8 次，初始含水率超过 22.9%的红土样就开始产生裂缝；初始含水率达到 28.9%时，增湿 8 次最多产生了 10 条裂缝，对应的裂缝长度最大为 159.86mm，宽度为 0.28mm，面积为 47.15mm^2。当初始含水率由 22.9%增大到 24.9%、26.9%、28.9%时，增湿 3～8 次的加权平均裂缝条数分别由 0 条增大到 2.8 条、5.4 条、9.3 条，加权平均裂缝长度分别由 0 增大到 18.37mm、55.58mm、149.21mm，加权平均裂缝宽度分别由 0 增大到 0.23mm、0.259mm、0.262mm，加权平均裂缝面积分别由 0 增大到 4.2mm^2、14.7mm^2、44.5mm^2。每 2.0%的含水率变化，引起裂缝条数分别增加 2.8 条、2.6 条、3.9 条，长度分别增大了 18.37mm、37.21mm、93.63mm，宽度分别增大了 0.23mm、0.029mm、0.003mm，面积分别增大了 4.2mm^2、10.5mm^2、29.8mm^2。

(4) 随初始含水率的增大，红土的裂缝条数增多，长度、面积急剧增大，宽度只是缓慢增大，开裂主要集中在长度方向。裂缝的长度与面积随初始含水率的变化趋势一致，22.9%～26.9%的初始含水率范围，裂缝长度和面积的增长程度缓慢；26.9%～28.9%的初始含水率范围，裂缝长度和面积增长较快。对于裂缝宽度，在初始含水率为 22.9%～24.9%时，宽度明显增大，较低初始含水率时裂缝在宽度方向上得以扩展；在初始含水率大于 24.9%后达到 28.9%时，裂缝宽度变化很小，基本不受初始含水率的影响，较高初始含水率时裂缝在宽度方向上基本保持稳定。

5.4.1.2 增湿次数的影响

图 5-14 给出了增湿过程中，不同初始含水率 ω_0 下，红土样的裂缝条数 N_L、长度 L_L、面积 A 以及平均宽度 W 等特征参数随增湿次数 Z 的变化曲线。

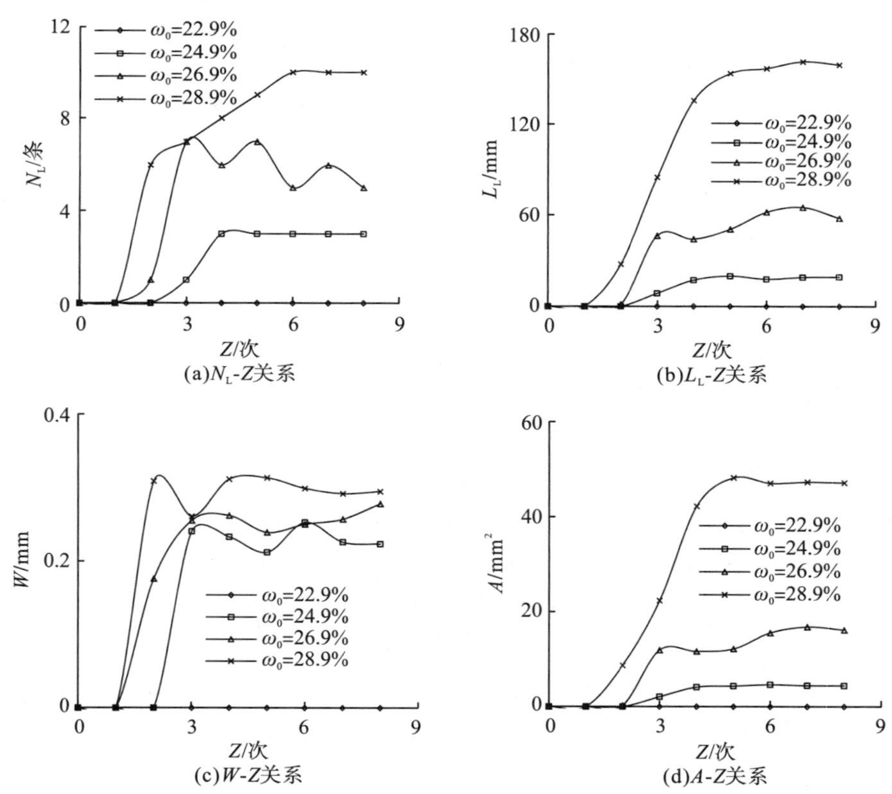

图 5-14 增湿红土样的裂缝特征参数随增湿次数的变化

图 5-14 表明：

(1) 初始含水率为 22.9%时，随增湿次数的增加，红土的裂缝特征参数始终为 0，说明红土始终不开裂；其他初始含水率下，裂缝特征参数随增湿次数的增大总体呈增大变化趋势。含水率越大，裂缝产生越早，在同一增湿次数下裂缝特征参数越大。这说明在初始含水率超过 22.9%后红土样才开始产生裂缝，随初始含水率的增大而扩展。

(2) 初始含水率为 24.9%的红土样，增湿 2 次后才开始产生裂缝；增湿 4 次产生 3 条裂缝，随后增湿 4～8 次裂缝条数保持不变。对应的裂缝长度在增湿 4 次时最大，为 17.55mm，增湿 8 次时缓慢增大到 19.64mm；裂缝宽度呈波动形变化，增湿 3 次时达到最大，为 0.24mm，增湿 8 次时减小到 0.22mm；裂缝面积的变化与长度变化一致，增湿 4 次时最大，为 4.09mm^2，增湿 8 次时缓慢增大到 4.39mm^2。这说明裂缝长度和面积的扩展主要在增湿 4 次以前，宽度的扩展主要在增湿 3 次以前。

(3) 初始含水率为 26.9%的红土样，增湿 1 次后就开始产生裂缝。增湿 3 次时，裂缝条数发展最多，达 7 条，对应的裂缝特征参数达到相对较大值；增湿 3～8 次，裂缝条数减少，裂缝长度、宽度、面积增大，裂缝条数由 7 条减少为 5 条，裂缝长度由 46.59mm 增大到 58.06mm，宽度由 0.26mm 增大到 0.28mm，面积由 11.90mm^2 增大到 16.16mm^2。这说明虽然裂缝条数减少，但裂缝的长度、宽度加大，因而面积增大。

(4) 初始含水率为 28.9%的红土样，增湿 1 次后就开始产生裂缝。增湿 2 次时，裂缝条数达 6 条，对应的裂缝宽度达到相对较大值 0.31mm；增湿 2～8 次，裂缝条数、长度、面积波动增大，宽度波动减少，裂缝条数由 6 条增大为 10 条，长度由 28.10mm 急剧增大到 159.86mm，面积由 8.68mm^2 增大到 47.15mm^2，宽度由 0.31mm 缓慢减小到 0.29mm。增湿 5 次以前，裂缝的条数、长度、宽度、面积发展较快；增湿 5～8 次，裂缝发展平缓。这说明增湿过程中，红土裂缝的发展主要集中在增湿前期，增湿的中后期裂缝发展逐渐减缓并趋于稳定。

(5) 根据增湿过程中裂缝特征参数随增湿次数的变化，增湿红土的裂缝发展过程可以分为裂缝孕育期、裂缝发展期、裂缝闭合稳定期 3 个阶段。裂缝孕育期对应于无裂缝阶段，肉眼看不见裂缝；裂缝发展期出现肉眼可见的裂缝，裂缝条数增多，长度、宽度、面积增大；裂缝闭合稳定期对应于裂缝条数、长度、宽度、面积有所减小并逐渐稳定下来。初始含水率不同，裂缝的发展过程对应的增湿次数也不同，初始含水率越低，增湿次数越少，红土越不容易开裂；初始含水率越高，增湿次数越多，红土样越容易受到增湿作用的影响而产生裂缝，产生裂缝时间越早，裂缝扩展期限越长，达到稳定所需时间越久。含水率为 24.9%时，各阶段对应的增湿次数分别为 0～2 次、2～5 次、5～8 次；含水率为 26.9%、28.9%时，各阶段对应的增湿次数分别为 0～1 次、1～7 次、7～8 次。

5.4.2　脱湿过程的裂缝特性

5.4.2.1　初始含水率的影响

图 5-15 给出了脱湿过程中，不同脱湿次数 T 下，红土样的裂缝条数 N_L、长度 L_L、

面积 A 以及平均宽度 W 随初始含水率 ω_0 的变化曲线。

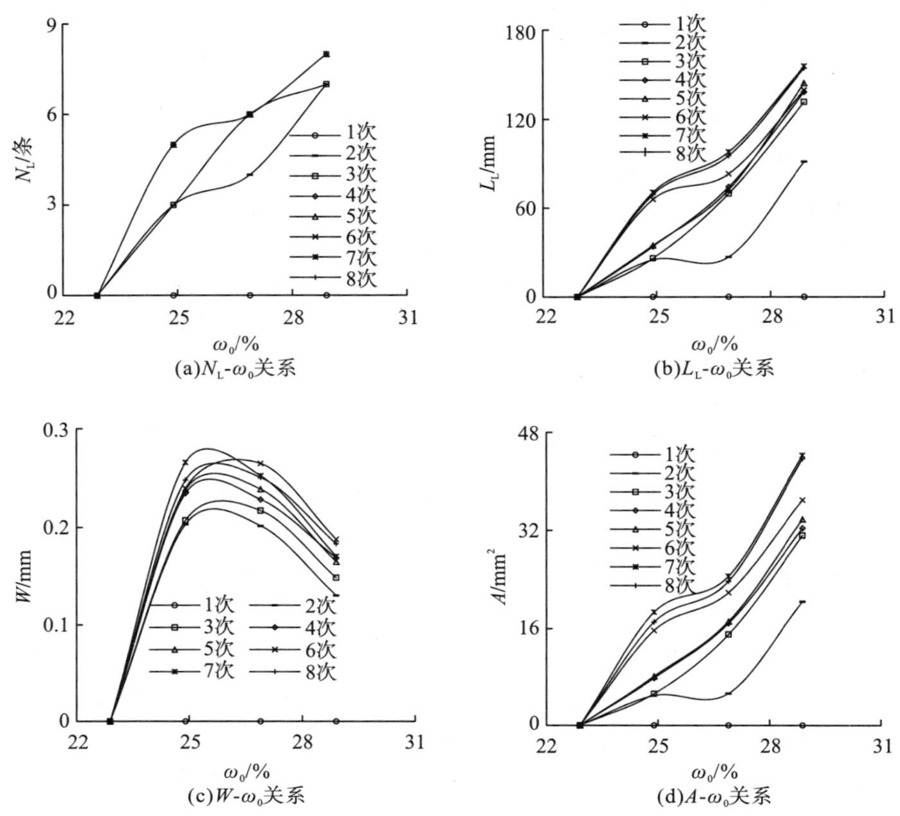

图 5-15 脱湿红土样的裂缝特征参数随初始含水率的变化

图 5-15 表明：

(1)脱湿 1 次时，随初始含水率的增大，红土的裂缝特征参数始终为 0，说明红土始终不开裂；其他脱湿次数(2～8 次)下，红土样的裂缝条数、长度、面积 3 个特征参数随初始含水率的增大呈增大变化趋势，宽度呈先后增大后减小的变化趋势。这说明红土样在第 1 次脱湿后开始产生裂缝，随脱湿次数增加而扩展，初始含水率越高，红土样越容易受到脱湿作用的影响，裂缝特征参数越大。

(2)脱湿 2～8 次，初始含水率超过 22.9%红土样就开始产生裂缝；初始含水率达到 28.9%时，脱湿 8 次最多产生了 9 条裂缝，对应的裂缝长度最大为 154.20mm，宽度为 0.18mm，面积为 43.65mm^2。当含水率由 22.9%增大到 24.9%、26.9%、28.9%时，脱湿 2～8 次的加权平均裂缝条数分别由 0 条增大到 4.7 条、5.9 条、7.9 条，加权平均裂缝长度分别由 0 增大到 53.47mm、81.58mm、142.93mm，加权平均裂缝宽度由 0 增大到 0.239mm、0.242mm、0.171mm，加权平均裂缝面积分别由 0 增大到 13.23mm^2、20.14mm^2、37.52mm^2。每 2.0%的初始含水率变化，引起裂缝条数分别增加了 4.7 条、1.2 条、2.0 条，长度分别增大了 53.47mm、28.11mm、61.35mm，宽度分别增大了 0.239mm、0.003mm、-0.071mm，面积分别增大了 13.23mm²、6.91mm²、17.38mm²。

(4) 随初始含水率的增大，红土的裂缝条数增多，长度、面积增大，较低初始含水率和较高初始含水率时增长更快；初始含水率为 22.9%～24.9%和 26.9%～28.9%时，裂缝长度和面积的增长程度较快；24.9%～26.9%含水范围，裂缝长度和面积增长缓慢，开裂主要集中在条数和长度方向。裂缝的长度与面积随初始含水率的变化趋势一致。对于裂缝宽度，含水率为 22.9%～24.9%时，宽度明显增大，较低含水率时裂缝在宽度方向上得以扩展；含水率达到 28.9%时，宽度减小，较高含水率时裂缝在宽度方向上发生闭合。

5.4.2.2　脱湿次数的影响

图 5-16 给出了脱湿过程中不同初始含水率 ω_0 下，红土样的裂缝条数 N_L、真实总长度 L_L、真实面积 A 以及平均宽度 W 随脱湿次数 T 的变化曲线。

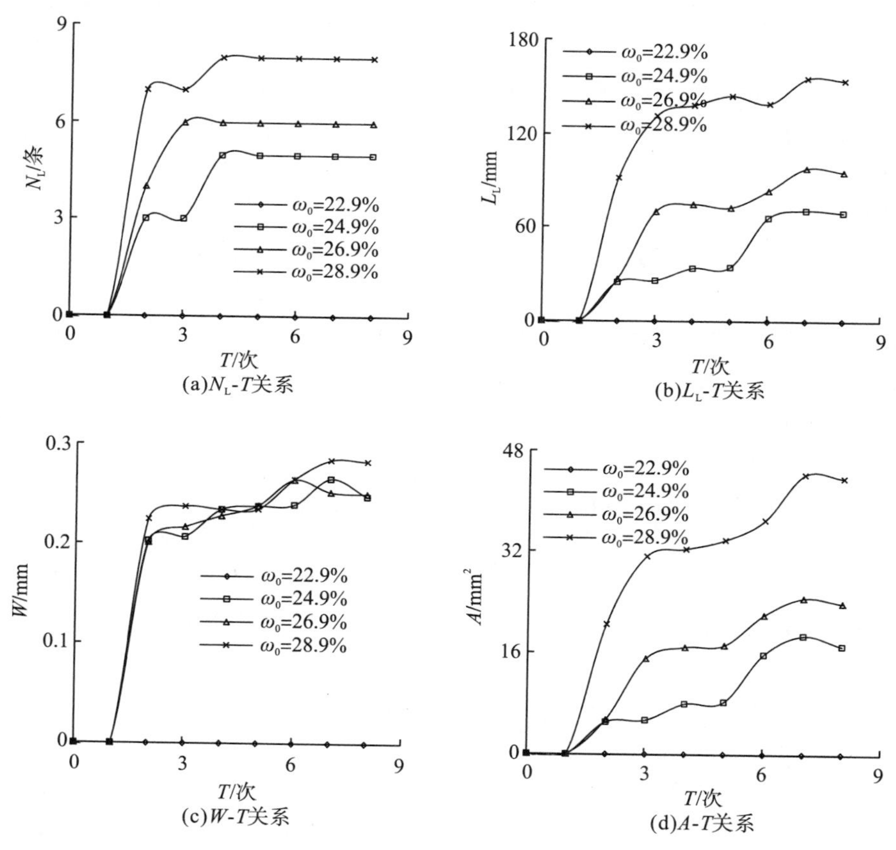

图 5-16　脱湿红土的裂缝特征参数随脱湿次数的变化

图 5-16 表明：

(1) 初始含水率为 22.9%时，随脱湿次数的增加，红土的裂缝特征参数始终为 0，说明红土始终不开裂；其他初始含水率下，裂缝特征参数随脱湿次数的增大呈增大变化趋势。初始含水率越大，裂缝产生越早，在同一脱湿次数下裂缝特征参数越大。这说明在初始含水率超过 22.9%后红土样才开始产生裂缝，随含水率的增大而扩展。

(2) 初始含水率为 24.9%的红土样，脱湿 1 次后开始产生裂缝；脱湿 2 次产生 3 条裂缝，脱湿 4 次产生 5 条裂缝，随后脱湿 4～8 次裂缝条数保持 5 条不变。裂缝面积的变化与长度变化一致，宽度呈波动形增大变化。脱湿 2～7 次时，裂缝长度由 25.00mm 增大到 70.53mm，面积由 5.06mm^2 增大到 18.72mm^2；宽度由 0.20mm 波动增大到 0.27mm；脱湿 8 次时裂缝长度缓慢减小到 69.09mm，面积缓慢减小到 17.09mm^2，宽度减小到 0.25mm。这说明裂缝长度和面积的扩展主要在 7 次脱湿以前，宽度的扩展主要在 2 次脱湿以前。脱湿 7 次以后，裂缝的长度和宽度减小，引起裂缝面积减小，裂缝稍有闭合。

(3) 初始含水率为 26.9%的红土样，脱湿 1 次后就开始产生裂缝。脱湿 3 次时，裂缝条数发展最多达 6 条，对应的裂缝特征参数达到相对较大值；脱湿 3～8 次，裂缝条数保持不变，裂缝长度、宽度、面积增大，裂缝条数保持为 6 条。脱湿 3～7 次，裂缝长度由 69.62mm 增大到 97.75mm，宽度由 0.22mm 增大到 0.25mm，面积由 15.06mm^2 增大到 24.61mm^2；脱湿 8 次时长度减小到 95.16mm，宽度减小到 0.25mm，面积减小到 23.79mm^2。这说明在裂缝条数保持不变的条件下，脱湿初期，裂缝的长度、宽度扩展较快；脱湿中期，裂缝长度、宽度的扩展减缓；脱湿后期，裂缝的长度、宽度稍有闭合。

(4) 初始含水率为 28.9%的红土样，脱湿 1 次后就开始产生裂缝。脱湿 4 次时，裂缝条数发展达 8 条，对应的裂缝特征参数达到相对较大值；脱湿 4～8 次，裂缝条数保持 8 条不变，裂缝长度、宽度、面积波动增大。脱湿 1～3 次时，裂缝长度由 0 急剧增大到 131.54mm，面积由 0 增大到 31.17mm^2；脱湿 3～7 次，长度增大到 155.52mm，面积增大到 44.23mm^2；脱湿 7～8 次，长度减小到 154.20mm，面积减小到 43.65mm^2。对于裂缝宽度，脱湿 2 次时达到 0.22mm，脱湿 7 次时增大到 0.284mm，脱湿 8 次时缓慢减小到 0.283mm。这说明脱湿过程中，红土裂缝的发展主要集中在脱湿前期，脱湿中期裂缝扩展较慢，脱湿后期裂缝逐渐闭合并趋于稳定。

(5) 在整个脱湿过程中，初始含水率为 22.9%的红土样都不产生裂缝；初始含水率为 24.9%、26.9%、28.9%的红土样，1 次脱湿后可以观察到少量裂缝存在，脱湿 1～4 次时裂缝发展较快，脱湿 4～7 次时裂缝发展缓慢，脱湿 7～8 次时裂缝有所闭合。根据脱湿过程中裂缝特征参数随脱湿次数的变化，脱湿红土的裂缝发展过程可以分为裂缝孕育期、裂缝发展期、裂缝闭合稳定期 3 个阶段，与增湿红土裂缝发展阶段的划分对应。初始含水率不同，裂缝的发展过程对应的脱湿次数也不同，初始含水率越低，脱湿次数越少，红土越不容易开裂；初始含水率越高，脱湿次数越多，红土样越容易产生裂缝。不同初始含水率下，各阶段对应的脱湿次数分别为 0～1 次、1～7 次、7～8 次。

5.4.3 干湿循环过程的裂缝特性

在干湿循环试验中，增湿过程与脱湿过程交替进行，将两个过程结合起来就是在整个干湿循环过程中红土样裂缝的发展变化。图 5-17 给出了初始含水率为 26.9%时，红土样的裂缝条数 N_L、长度 L_L、面积 A 以及平均宽度 W 随干湿循环次数 N_g 的变化关系，0～1 表示第 1 次干湿循环、1～2 表示第 2 次干湿循环，每次循环中前半个循环表示增湿过程，后半个循环表示脱湿过程。

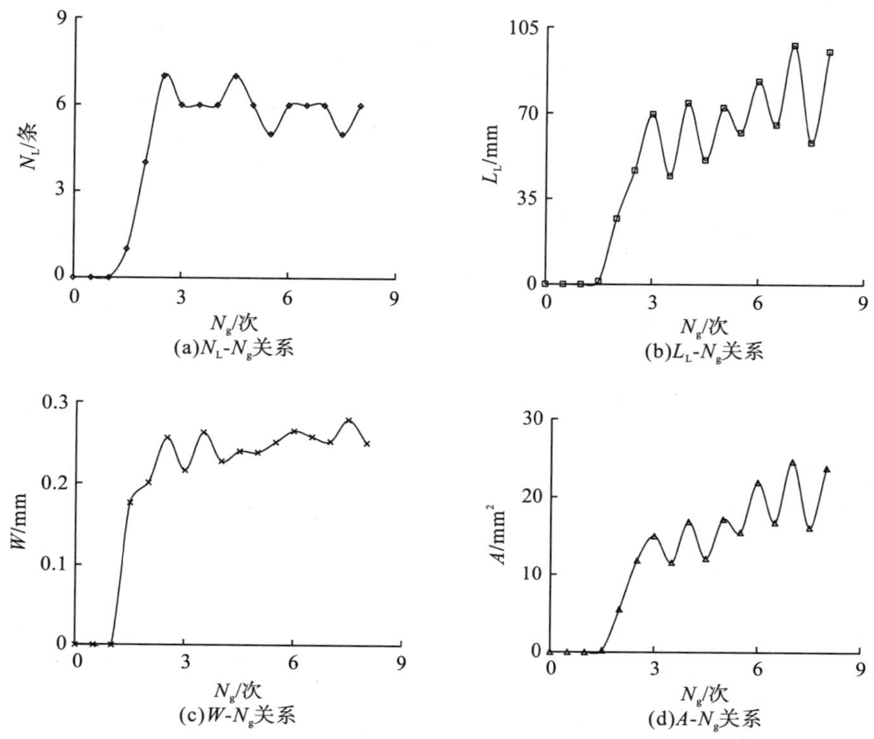

图 5-17　干湿循环红土的裂缝特征参数随干湿循环次数的变化

图 5-17 表明：

(1) 在第 1 次干湿循环中，红土样不产生裂缝，裂缝最初是在第 2 次干湿循环的前半个循环中(增湿过程)产生(对应图 5-17 中横坐标为 1.5 次循环时的点)。随干湿循环次数的增加，裂缝特征参数波动上升，并逐渐稳定。干湿循环次数较少(1.5～3 次)时，裂缝发展较快，裂缝条数、长度、宽度、面积明显增大，裂缝条数最多发展到 7 条，长度增大到 69.62mm，宽度增大到 0.22mm，面积增大到 15.06mm^2。循环 3～8 次，裂缝条数缓慢减少并趋于稳定，裂缝长度、宽度、面积缓慢增大并趋于稳定，裂缝条数减少到 6 条，长度增大到 95.16mm，宽度增大到 0.25mm，面积增大到 23.79mm^2。这说明干湿循环过程中，前期裂缝发展较快，中后期裂缝发展缓慢。

(2) 总体上，同一干湿循环过程中，裂缝面积与裂缝长度的变化趋势一致，其脱湿点的位置高于增湿点的位置；随干湿循环过程的继续，脱湿曲线高于增湿曲线，脱湿过程的裂缝特征参数大于增湿过程的裂缝特征参数。裂缝条数和宽度的变化总体一致，多数脱湿点低于增湿点，脱湿曲线总体低于增湿曲线，脱湿过程的裂缝特征参数小于增湿过程的裂缝特征参数。3 次循环时，脱湿的 6 条裂缝少于增湿的 7 条裂缝，脱湿的长度 69.62mm 大于增湿的长度 46.59mm，脱湿的面积 15.06mm^2 大于增湿的面积 11.90mm^2，脱湿的宽度 0.22mm 小于增湿的宽度 0.26mm。8 次循环时，脱湿的 6 条裂缝大于增湿的 5

条裂缝，脱湿的长度 95.16mm 大于增湿的长度 58.06mm，脱湿的面积 23.79mm^2 大于增湿的面积 16.16mm^2，脱湿的宽度 0.25mm 小于增湿的宽度 0.28mm。这说明增湿过程中产生的裂缝在脱湿过程中长度、面积得以扩展，而脱湿过程中裂缝条数和宽度稍有闭合。

(3) 根据裂缝特征参数随干湿循环次数的变化，可将干湿循环红土样的裂缝发展过程分为裂缝孕育期、裂缝发展期、裂缝闭合稳定期 3 个阶段。

5.5 不同初始干密度下干湿循环红土的裂缝特性

5.5.1 增湿过程的裂缝特性

5.5.1.1 初始干密度的影响

图 5-18 给出了增湿过程中、不同增湿次数 Z 下，红土的裂缝条数 N_L、长度 L_L、面积 A 以及平均宽度 W 等 4 个裂缝特征参数随初始干密度 ρ_d 的变化曲线。

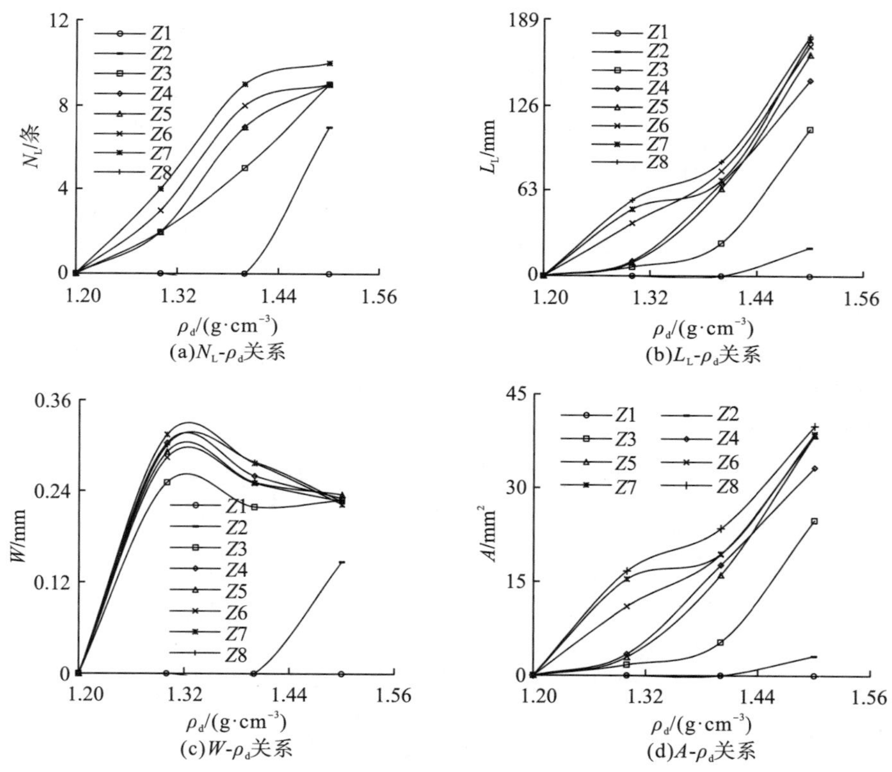

图 5-18 增湿红土样的裂缝特征参数随初始干密度的变化

图 5-18 表明：

(1) 增湿 1 次时，随初始干密度的增大，红土的裂缝特征参数始终为 0，说明红土始终不开裂；其他增湿次数(2～8 次)下，裂缝特征参数 N_L、L_L、A 随初始干密度的增大呈增大变化趋势，W 呈先增大后减小的变化趋势(增湿 8 次除外)。这说明红土样在第 2 次增湿后开始产生裂缝，随增湿次数增加而扩展，初始干密度越高越容易受到增湿作用的影响，裂缝特征参数 N_L、L_L、A 越大。

(2) 增湿 2 次，初始干密度为 1.30g·cm^{-3}、1.40g·cm^{-3} 的红土样始终不产生裂缝；初始干密度超过 1.40g·cm^{-3} 时开始产生裂缝，干密度为 1.50g·cm^{-3} 时产生 7 条裂缝，对应的裂缝长度为 21.2mm，宽度为 0.15mm，面积为 3.1mm^2。这说明在红土的裂缝发展过程中，裂缝条数增多的同时，裂缝长度急剧增大，其长度增长程度远大于宽度的增长程度，裂缝主要是在长度方向扩展。

(3) 增湿 3～8 次，初始干密度超过 1.20g·cm^{-3} 就开始产生裂缝；初始干密度达到 1.50g·cm^{-3} 时，最多产生了 10 条裂缝，对应的裂缝长度最大为 176.7mm，宽度为 0.226mm，面积为 40.0mm^2。当干密度由 1.20g·cm^{-3} 增大到 1.30g·cm^{-3}、1.40g·cm^{-3}、1.50g·cm^{-3} 时，增湿 3～8 次的加权平均裂缝条数分别由 0 条增大到 3.1 条、7.9 条、9.5 条，加权平均裂缝长度分别由 0 增大到 34.3mm、69.8mm、162.8mm，加权平均裂缝宽度由 0 分别增大到 0.295mm、0.261mm、0.228mm，加权平均裂缝面积分别由 0 增大到 10.4mm^2、18.5mm^2、37.0mm^2。每 0.10g·cm^{-3} 的初始干密度变化，引起裂缝条数分别增加了 3.1 条、4.8 条、1.6 条，长度分别增大了 34.3mm、35.5mm、92.9mm，宽度分别增大了 0.295mm、−0.034mm、−0.033mm，面积分别增大了 10.4mm^2、8.1mm^2、18.6mm^2。

(4) 随初始干密度的增大，红土的裂缝条数增多，长度、面积急剧增大，宽度先增大后减小，开裂主要集中在长度方向。裂缝的长度与面积随初始干密度的变化趋势一致，1.20～1.40g·cm^{-3} 范围，裂缝长度和面积的增长程度缓慢；1.40～1.50g·cm^{-3} 范围，裂缝长度和面积增长较快。对于裂缝宽度，在初始干密度为 1.20～1.30g·cm^{-3} 时，宽度明显增大，较低干密度时裂缝在宽度方向上得以扩展；在初始干密度达到 1.50g·cm^{-3} 时，裂缝宽度减小，逐渐闭合。

5.5.1.2　增湿次数的影响

图 5-19 给出了增湿过程中，不同初始干密度 ρ_d 下，红土样的裂缝条数 N_L、长度 L_L、面积 A 以及平均宽度 W 等特征参数随增湿次数 Z 的变化曲线。

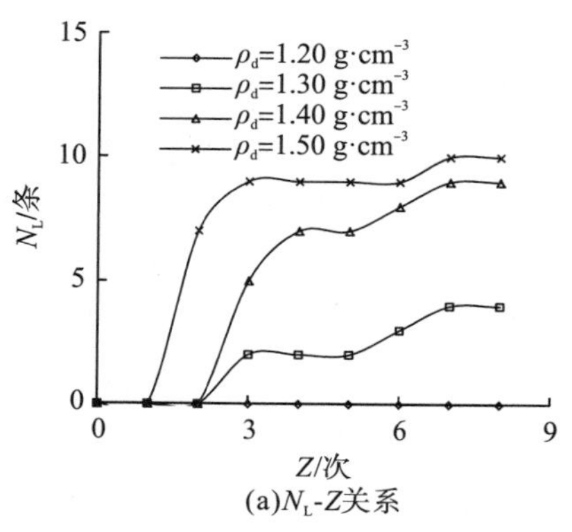

(a) N_L-Z关系

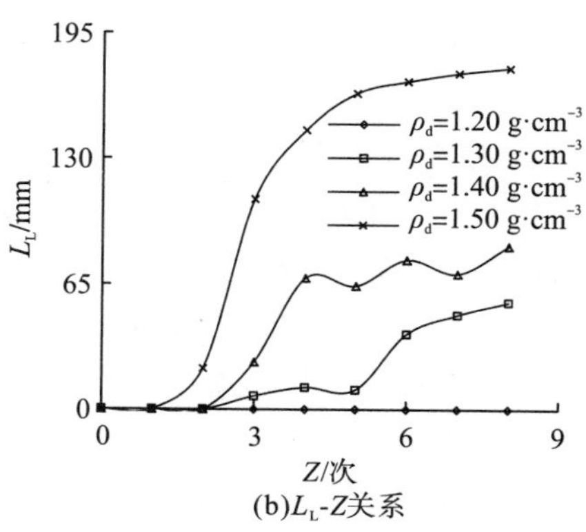

(b) L_L-Z关系

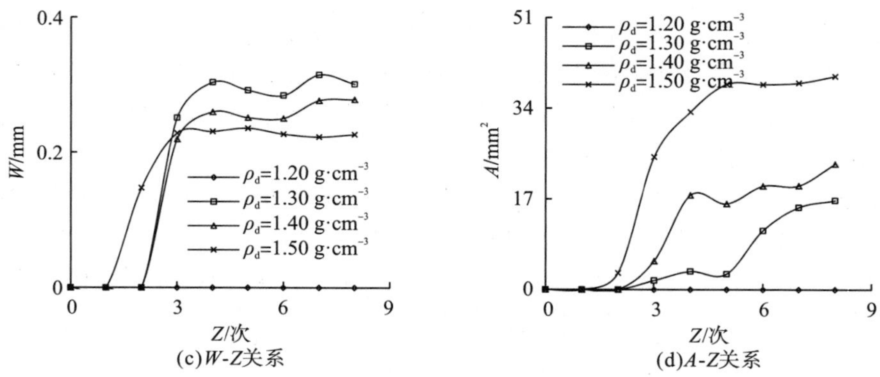

(c)W-Z关系　　(d)A-Z关系

图 5-19　增湿红土样的裂缝特征参数随增湿次数的变化

图 5-19 表明：

(1)增湿过程中，初始干密度为 1.20g·cm^{-3} 时，随增湿次数的增加，红土的裂缝特征参数始终为 0，说明红土始终不开裂；其他初始干密度下，裂缝特征参数随增湿次数的增大呈增大变化趋势。初始干密度越大，裂缝产生越早，在同一增湿次数下裂缝特征参数越大。

(2)初始干密度为 1.30g·cm^{-3} 的红土样，增湿 2 次后才开始产生裂缝；增湿 3 次产生 2 条裂缝，增湿 5 次时还是 2 条裂缝，增湿 7 次产生 4 条裂缝，增湿 8 次时裂缝条数保持 4 条不变。对应的裂缝长度在增湿 3 次时为 6.8mm，增湿 5 次时增大到 10.0mm，增湿 7 次时增大到 49.0mm，增湿 8 次时缓慢增大到 55.6mm；裂缝宽度在增湿 3 次时为 0.251mm，增湿 5 次时增大到 0.292mm，增湿 7 次时增大到 0.315mm，增湿 8 次时缓慢减小到 0.301mm；裂缝面积的变化与长度变化一致，增湿 3 次时增大到 1.7mm^2，增湿 5 次时增大到 2.9mm^2，增湿 7 次时增大到 15.4mm^2，增湿 8 次时增大到 16.7mm^2。这说明裂缝长度和面积的扩展主要在增湿 5 次以后，宽度的扩展主要在增湿 3 次以前。

(3)初始干密度为 1.40g·cm^{-3} 的红土样，增湿 2 次后就开始产生裂缝。增湿 4 次时裂缝条数发展到 7 条；增湿 7 次时裂缝条数发展到 9 条，增湿 8 次时裂缝条数保持 9 条不变。对应的裂缝长度在增湿 4 次时为 68.2mm，增湿 7 次时增大到 70.4mm，增湿 8 次时增大到 84.6mm；裂缝宽度在增湿 4 次时为 0.260mm，增湿 7 次时增大到 0.277mm，增湿 8 次时增大到 0.278mm；裂缝面积在增湿 4 次时为 17.7mm^2，增湿 7 次时增大到 19.5mm^2，增湿 8 次时增大到 23.5mm^2。这说明裂缝条数、长度、宽度、面积的扩张主要在 4 次增湿以前。

(4)初始干密度为 1.50g·cm^{-3} 的红土样，增湿 1 次后就开始产生裂缝。增湿 3 次时裂缝条数发展到 9 条，增湿 7 次时裂缝达 10 条，增湿 8 次时裂缝保持 10 条不变。对应的裂缝长度由增湿 3 次时的 108.9mm 增大到增湿 4 次时的 144.4mm，再增大到增湿 7 次时的 173.9mm 和增湿 8 次时的 176.7mm；裂缝宽度由增湿 3 次时的 0.228mm 增大到增湿 4 次时的 0.231mm，再减小到增湿 7 次时的 0.223mm 和增湿 8 次时的 0.226mm；裂缝面积由增湿 3 次时的 24.8mm^2 增大到增湿 4 次时的 33.3mm^2，再增大到增湿 7 次时的 38.7mm^2 和增湿 8 次时的 40.0mm^2。这说明红土裂缝的条数和宽度发展主要集中在增湿 3 次以前，而裂缝的长度和面积扩展主要在前 4 次增湿过程。

(5) 增湿过程中，随增湿次数的增加，红土的各裂缝特征参数在增湿初期增长较快，在增湿的中后期增长缓慢，逐渐闭合并趋于稳定。据此，可将增湿红土的裂缝发展过程分为裂缝孕育期、裂缝发展期、裂缝闭合稳定期 3 个阶段。初始干密度不同，裂缝的发展过程对应的增湿次数也不同，初始干密度越低，增湿次数越少，红土越不容易开裂；初始干密度越高，增湿次数越多，红土样越容易受到增湿作用的影响而产生裂缝，产生裂缝时间越早，裂缝扩展期限越长，达到稳定所需时间越久。干密度为 $1.30\mathrm{g\cdot cm^{-3}}$、$1.40\mathrm{g\cdot cm^{-3}}$ 时，各阶段对应的增湿次数分别为 0～2 次、2～7 次、7～8 次；干密度为 $1.50\mathrm{g\cdot cm^{-3}}$ 时，各阶段对应的增湿次数分别为 0～1 次、1～7 次、7～8 次。

5.5.2　脱湿过程的裂缝特性

5.5.2.1　初始干密度的影响

如图 5-20 给出了脱湿过程中，不同脱湿次数 T 下，红土的裂缝条数 N_L、长度 L_L、面积 A、平均宽度 W 等裂缝特征参数随初始干密度 ρ_d 的变化曲线。

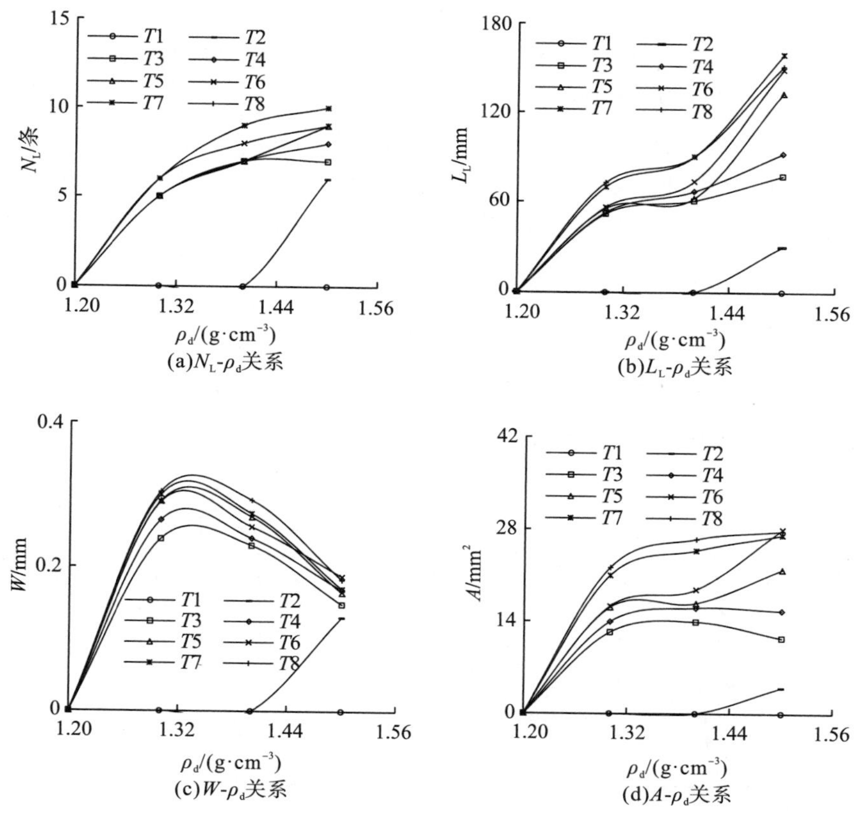

图 5-20　脱湿红土样的裂缝特征参数随初始干密度的变化

图 5-20 表明：

(1) 脱湿过程中，脱湿 1 次时，随初始干密度的增大，红土的裂缝特征参数始终为 0，说明红土始终不开裂；其他脱湿次数(1～8 次)下，裂缝条数、长度、面积 3 个特征参数随初始干密度的增大呈增大变化趋势，裂缝宽度呈先增大后减小变化趋势。这说明红土样在第 1 次脱湿后开始产生裂缝，随脱湿次数增加而扩展，初始干密度越高，越容易受到脱湿作用的影响，裂缝特征参数 N_L、L_L、A 越大。

(2) 脱湿 2 次，初始干密度超过 1.40g·cm^{-3} 时红土样就开始产生裂缝；干密度达到 1.50g·cm^{-3} 时，脱湿 2 次产生了 6 条裂缝，对应的裂缝长度最大为 30.2mm，宽度为 0.13mm，面积为 3.9mm^2。

(3) 脱湿 3～8 次，初始干密度超过 1.20g·cm^{-3} 时红土样就开始产生裂缝。当初始干密度由 1.20g·cm^{-3} 增大到 1.30g·cm^{-3}、1.40g·cm^{-3}、1.50g·cm^{-3} 时，加权平均裂缝条数分别由 0 增加到 5.6 条、8.1 条、9.2 条，加权平均裂缝长度分别由 0 增大到 62.4mm、77.7mm、136.1mm，加权平均裂缝宽度分别由 0 增大到 0.284mm、0.266mm、0.173mm，加权平均裂缝面积分别由 0 增大到 18.1mm^2、20.8mm^2、23.8mm^2。每 0.10g·cm^{-3} 的初始干密度变化，引起裂缝条数分别增加了 5.6 条、2.5 条、1.1 条，长度分别增大了 62.4mm、15.3mm、58.4mm，宽度增大了 0.284mm、-0.018mm、-0.093mm，面积分别增大了 18.1mm^2、2.7mm^2、3.0mm^2。

(4) 初始干密度较低(1.20～1.30g·cm^{-3})时，红土样的裂缝条数、长度、宽度、面积增长较快；初始干密度较高(1.30～1.50g·cm^{-3})时，裂缝条数、面积增长缓慢，宽度逐渐减小，裂缝长度在初始干密度为 1.40～1.50g·cm^{-3} 时明显增长。初始干密度越大，裂缝条数发展越缓慢，裂缝长度发展越快，裂缝宽度闭合越快(除脱湿 8 次外)。开裂主要集中在长度方向和干密度小于 1.30g·cm^{-3} 时的宽度方向，干密度较高时裂缝在宽度方向上发生闭合。

5.5.2.2 脱湿次数的影响

图 5-21 给出了脱湿过程中，不同初始干密度ρ_d下，红土样的裂缝条数 N_L、长度 L_L、面积 A 以及平均宽度 W 等特征参数随脱湿次数 T 的变化。

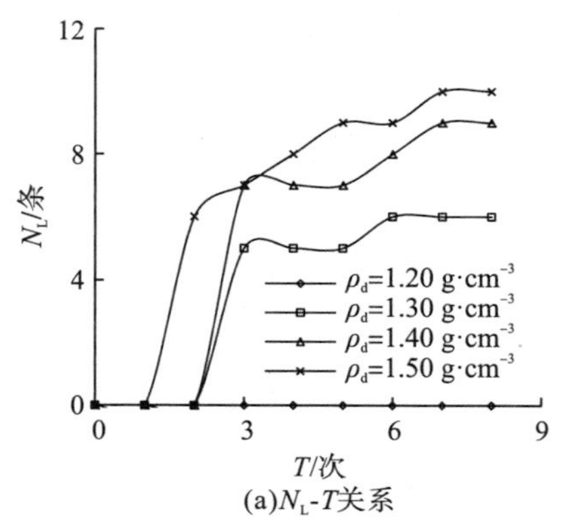

(a)N_L-T关系

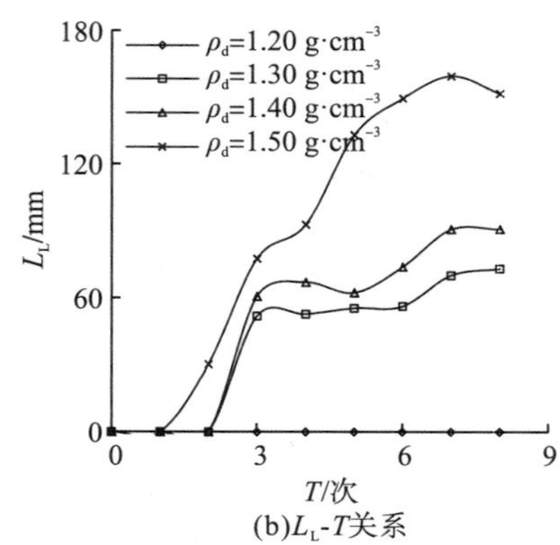

(b)L_L-T关系

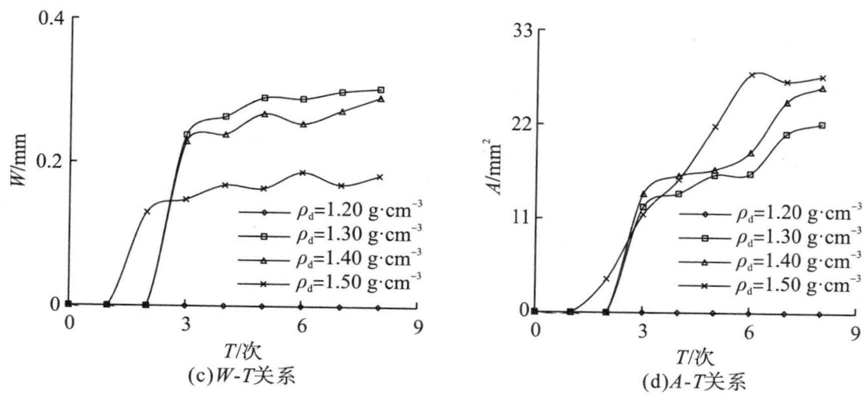

(c)W-T关系

(d)A-T关系

图 5-21　脱湿红土样的裂缝特征参数随脱湿次数的变化

图 5-21 表明：

(1)脱湿过程中，初始干密度为 1.20g·cm^{-3}时，随脱湿次数的增加，红土的裂缝特征参数始终为 0，说明红土始终不开裂；其他初始干密度下，裂缝特征参数随脱湿次数的增大呈波动增大变化趋势。初始干密度越大，裂缝产生越早，在同一脱湿次数下裂缝特征参数越大。这说明红土样在初始干密度超过 1.20g·cm^{-3} 后才开始产生裂缝，随干密度的增大而扩展。

(2)初始干密度为 1.30g·cm^{-3} 的红土样，脱湿 2 次后开始产生裂缝；脱湿 3 次产生 5 条裂缝，脱湿 7 次产生 6 条裂缝，脱湿 8 次时裂缝条数保持 6 条不变。脱湿 3～7 次时，裂缝长度由 51.9mm 增大到 70.0mm，面积由 12.4mm^2 增大到 21.0mm^2，宽度由 0.239mm 增大到 0.300mm；脱湿 8 次时长度缓慢增大到 73.0mm，面积缓慢增大到 22.2mm^2，宽度增大到 0.304mm。这说明裂缝条数、长度、宽度和面积的扩展主要在 3 次脱湿以前；脱湿 3 次以后，裂缝扩展缓慢，裂缝条数、长度逐渐趋于稳定，而裂缝宽度的扩展引起裂缝面积增大。

(3)初始干密度为 1.40g·cm^{-3} 的红土样，脱湿 2 次后就开始产生裂缝。脱湿 3 次时，裂缝条数发展到 7 条；脱湿 7～8 次，裂缝条数发展到 9 条，裂缝长度、宽度、面积增大。脱湿 3～7 次，长度由 60.7mm 增大到 90.5mm，宽度由 0.230mm 增大到 0.274mm，面积由 13.9mm^2 增大到 24.8mm^2；脱湿 8 次时长度增大到 90.6mm，宽度增大到 0.292mm，面积增大到 26.5mm^2。这说明脱湿初期，裂缝的条数、长度、宽度扩展较快；脱湿中后期，裂缝条数、长度、宽度的扩展减缓。

(4)初始干密度为 1.50g·cm^{-3} 的红土样，脱湿 1 次后就开始产生裂缝。脱湿 2 次时，裂缝条数发展到 6 条；脱湿 7～8 次，裂缝条数发展到 10 条。脱湿 1～2 次时，裂缝长度由 0 增大到 30.2mm，宽度由 0 增大到 0.13mm，面积由 0 增大到 3.9mm^2；脱湿 2～7 次，长度增大到 159.4mm，宽度增大到 0.17mm，面积增大到 27.1mm^2；脱湿 7～8 次，长度减小到 151.6mm，宽度增大到 0.18mm，面积增大到 27.7mm^2。这说明脱湿过程中，红土裂缝的发展主要集中在脱湿前期，脱湿的中后期裂缝扩展较慢。

(5)在整个脱湿过程中，初始干密度为 1.20g·cm^{-3} 的红土样都不产生裂缝；初始干密度为 1.30g·cm^{-3}、1.40g·cm^{-3}、1.50g·cm^{-3} 的红土样，2 次(1 次)脱湿后可以观察到少量裂缝存在，2～3 次(1～2 次)脱湿后裂缝发展较快，3～7 次(2～7 次)脱湿后裂缝发展缓慢，7～8 次脱湿后裂缝条数、长度趋于稳定，宽度稍有扩展。根据脱湿过程中裂缝特征参数随脱湿次数的变化，脱湿红土的裂缝发展过程可以分为裂缝孕育期、裂缝发展期、裂缝闭合稳定期 3 个阶段，与增湿红土裂缝发展阶段的划分对应。初始干密度不同，裂缝的发展过程对应的脱湿次数也不同，初始干密度越小，脱湿次数越少，红土越不容易开裂；初始干密度越高，脱湿次数越多，红土样越容易产生裂缝。初始干密度为 1.30g·cm^{-3}、1.40g·cm^{-3} 时，各阶段对应的脱湿次数分别为 0～2 次、2～7 次、7～8 次；初始干密度为 1.50g·cm^{-3} 时，各阶段对应的脱湿次数分别为 0～1 次、1～7 次、7～8 次。

5.5.3 干湿循环过程的裂缝特性

图 5-22 给出了红土样的裂缝条数 N_L、长度 L_L、面积 A 以及平均宽度 W 随干湿循环次数 N_g 的变化曲线。图中，0～1 表示第 1 次干湿循环、1～2 表示第 2 次干湿循环，每次循环中前半个循环表示增湿过程，后半个循环表示脱湿过程，以此类推。

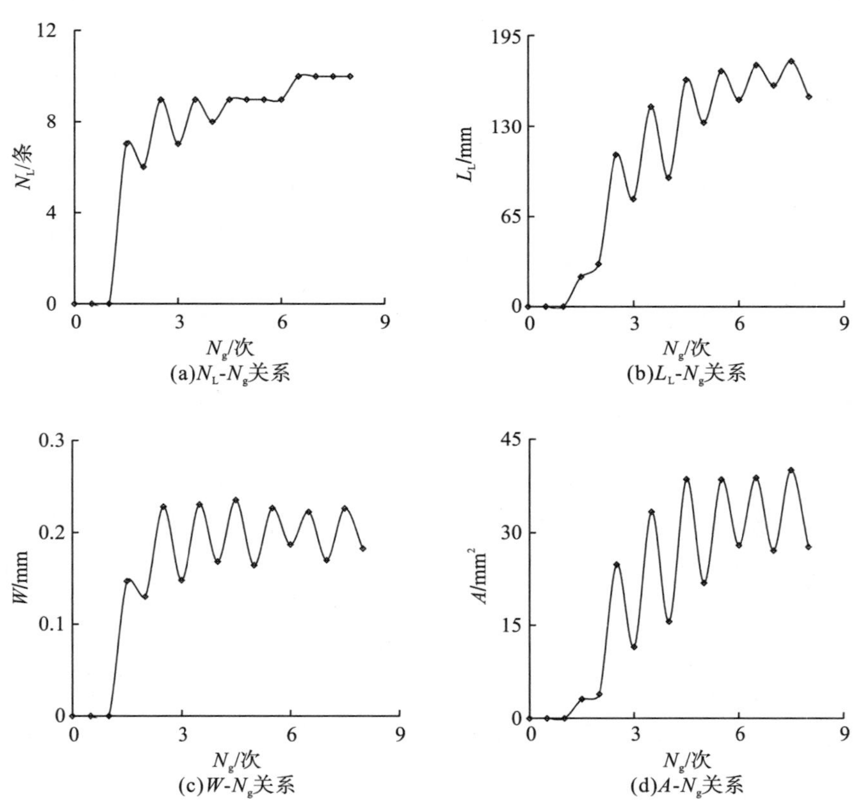

图 5-22 干湿循环红土样裂缝特征参数的变化

图 5-22 表明：

(1)在第 1 次干湿循环中，红土样不产生裂缝，裂缝最初是在第 2 次干湿循环的前半个循环中(增湿过程)产生(对应图 5-22 中横坐标为 1.5 次循环时的点)。随干湿循环次数的增加，红土的裂缝特征参数波动上升，前期波动较大，中后期波动逐渐减小。干湿循环次数较少(1.5～3 次)时，裂缝发展较快，裂缝条数、长度、宽度、面积明显增大，裂缝条数最多发展到 9 条(增湿 2.5 次)，脱湿后减少为 7 条(脱湿 3 次)，裂缝长度增大到 77.5mm，宽度增大到 0.15mm，面积增大到 11.5mm^2。循环 3～8 次，裂缝条数、长度、宽度、面积缓慢增大并趋于稳定，裂缝条数稳定在 10 条，长度增大到 151.6mm，宽度增大到 0.18mm，面积增大到 27.7mm^2。这说明干湿循环过程中，前期裂缝发展较快，中后期裂缝发展缓慢；随干湿循环过程的继续，裂缝不会一直扩展，到后期逐渐闭合并趋于稳定。

(2) 总体上，同一干湿循环过程中，其增湿点的位置高于脱湿点的位置；随干湿循环过程的继续，增湿曲线高于脱湿曲线，增湿过程的裂缝特征参数大于脱湿过程的裂缝特征参数。2 次循环时，脱湿的 6 条裂缝少于增湿的 7 条裂缝，脱湿的长度(77.5mm)小于增湿的长度(108.9mm)，脱湿的面积(11.5mm^2)小于增湿的面积(24.8mm^2)，脱湿的宽度(0.13mm)小于增湿的宽度(0.15mm)；8 次循环时，脱湿、增湿保持 10 条裂缝不变，脱湿的长度(151.6mm)小于增湿的长度(176.7mm)，脱湿的面积(27.7mm^2)小于增湿的面积(40.0mm^2)，脱湿的宽度(0.18mm)小于增湿的宽度(0.23mm)。这说明在干湿循环中，裂缝在增湿与脱湿中的发展不一致，增湿过程中产生的裂缝在脱湿过程中稍有闭合。

(3)根据干湿循环次数与裂缝发展的关系，可将干湿循环红土的裂缝发展过程分为裂缝孕育期、裂缝发展期、裂缝闭合稳定期 3 个阶段。初始干密度越大，裂缝孕育期越短，开裂越早；裂缝发展期越长，达到闭合稳定所需时间也越长。

5.6　不同温度下干湿循环红土的裂缝特性

5.6.1　裂缝条数的变化

5.6.1.1　增湿过程

图 5-23 给出了增湿过程中，红土样的裂缝条数 N_L 随试验温度 T_w 和增湿次数 Z 的变化曲线。

图 5-23 表明：

(1)增湿过程中，相同增湿次数下，随温度的升高，红土的裂缝条数增多；但温度不同，裂缝发展程度不同，相同增湿次数下，温度较低时，红土开裂较少；温度较高时，红土开裂增多。不同温度下，增湿 1 次，红土样始终不开裂；20℃温度下，增湿多次都不开裂；30℃温度下，增湿 2 次后才开始产生裂缝；40℃温度下，增湿 1 次后就开始产生裂缝。增湿 2 次时，温度低于 30℃，红土样不开裂，当温度高于 30℃才开始产生裂缝，温度达到 40℃时，产生了 1 条裂缝。增湿 3 次以上，温度高于 20℃时就开始产生裂缝，随温度升高，裂缝条数增多。相比于温度为 20℃，温度为 30℃与 40℃时，增湿 3～8 次的加权平均裂缝条数分别达到 3.1 条和 6.2 条，裂缝发展程度均为 0.31 条/℃。这说明增湿过程中，温度越低，红土越不容易开裂；温度越高，红土越容易开裂，产生的裂缝条数越多，基本呈线性增加，但达到 50℃时，土体破碎[图 5-3(d)]，无法统计裂缝条数。本试验增湿红土的开裂条件为：温度为 20℃时，增湿 3 次以上才能开裂；温度为 30℃时，增湿 2 次以上才能开裂；温度为 40℃时，只需要 1 次增湿就能产生裂缝。

(2)随增湿次数的增加，温度为 20℃时始终不开裂；温度为 30℃和 40℃时，裂缝条数呈先增加后波动减少并趋于稳定的变化趋势，增湿次数较少时，裂缝发展缓慢；只有当增湿次数较多时，红土才会开裂。30℃时，增湿 2～5 次，裂缝条数急剧增多，达 4 条；增湿 5～6 次，裂缝条数缓慢减少为 3 条；增湿超过 6 次，裂缝条数保持不变。40℃时，增湿 1～3 次，裂缝条数急剧增多，达 7 条；增湿 3～6 次，裂缝条数缓慢减少为 6 条；增湿超过 6 次，裂缝条数保持不变。据此变化趋势，可将增湿红土裂缝条数的发展过程分为孕育期、发展期、闭合期、稳定期。30℃与 40℃相比较，前者的裂缝孕育期和裂缝发展期长于后者，对应的增湿次数分别为 0～2 次、0～1 次和 2～5 次、1～3 次；后者的裂缝闭合期长于前者，对应的增湿次数分别为 3～6 次和 5～6 次。这说明增湿初期，红土样不易开裂；增湿中期，红土样的裂缝扩展；增湿后期，红土样的裂缝闭合；增湿终期，红土样的裂缝趋于稳定。

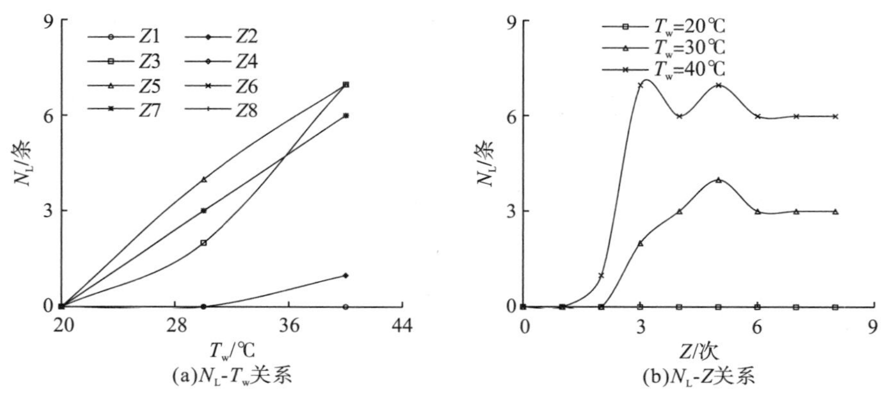

图 5-23 增湿红土样的裂缝条数随温度和增湿次数的变化

5.6.1.2 脱湿过程

图 5-24 给出了脱湿过程中，红土样的裂缝条数 N_L 随试验温度 T_w 和脱湿次数 T 的变化。

图 5-24 表明：

(1)脱湿过程中，相同脱湿次数下，随温度的升高，红土的裂缝条数增多，但温度不同，裂缝发展程度不同。不同温度下，脱湿 1 次时，与增湿过程一样，红土样始终不开裂。20℃时，脱湿多次始终不开裂；30℃时，脱湿 2 次后才开始产生裂缝；40℃时，脱湿 1 次后就开始产生裂缝，与增湿过程一致。脱湿 2 次时，温度高于 30℃才开始产生裂缝，温度达到 40℃时，产生了 4 条裂缝，多于增湿 2 次产生的裂缝(1 条)。这时在增湿裂缝的基础上，脱湿产生了新的裂缝。脱湿 2 次以上，20℃时就存在脱湿裂缝，但在 20～40℃温度下，脱湿 3～8 次，裂缝条数基本不变，试验点基本重合在一起，这时相同湿度下，脱湿次数对裂缝条数基本没有影响。但不同温度范围，红土产生的裂缝由 0 条分别增加到 4 条(20～30℃)和 6 条(30～40℃)，裂缝发展程度由 20～30℃时的 0.4 条/℃下降到 30～40℃时的 0.2 条/℃。这说明脱湿 2 次以上，随温度升高，脱湿产生的裂缝条数增多，但裂缝产生的程度呈减缓趋势。温度越低，红土越不容易开裂；温度越高，红土越容易开裂，对应温度不能高于 50℃。本试验脱湿红土的开裂条件为：20℃时，3 次以上脱湿才能开裂；30℃时，需要 2 次以上脱湿才能开裂；40℃时，1 次以上脱湿就能产生裂缝。

(2) 随脱湿次数增加，20℃时红土始终不会开裂；30℃和 40℃时，裂缝条数呈先急剧增加后缓慢趋于稳定的变化趋势。就裂缝发展过程而言，随脱湿次数增加，30℃时，脱湿 2～3 次，裂缝条数急剧增多，达 4 条；脱湿 3 次以后，裂缝条数保持不变。40℃时，脱湿 1～3 次时，裂缝条数急剧增多，达 6 条；脱湿 3 次以后，裂缝条数保持不变，但脱湿 3～4 次时裂缝条数有减少的趋势。据此变化趋势，与增湿过程对应，可将脱湿红土裂缝条数的发展过程分为孕育期、发展期、闭合期、稳定期。30℃和 40℃时，各时期对应的脱湿次数分别为 0～2 次和 0～1 次、2～3 次和 1～3 次、3～4 次和 3～4 次、4～8 次和 4～8 次。这说明经过增湿过程后，脱湿初期，红土样不易开裂；脱湿中期，红土样的裂缝扩展；脱湿后期，红土样的裂缝闭合；脱湿终期，红土样的裂缝趋于稳定。与增湿过程裂缝条数的变化一致。

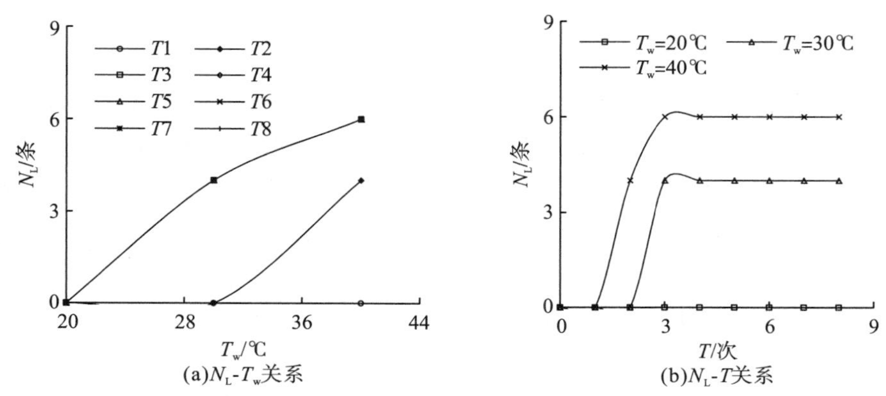

图 5-24　脱湿红土样的裂缝条数随温度和脱湿次数的变化

5.6.2　裂缝长度的变化

5.6.2.1　增湿过程

图 5-25 给出了增湿过程中，红土样的裂缝长度 L_L 随温度 T_w 和增湿次数 Z 的变化曲线。

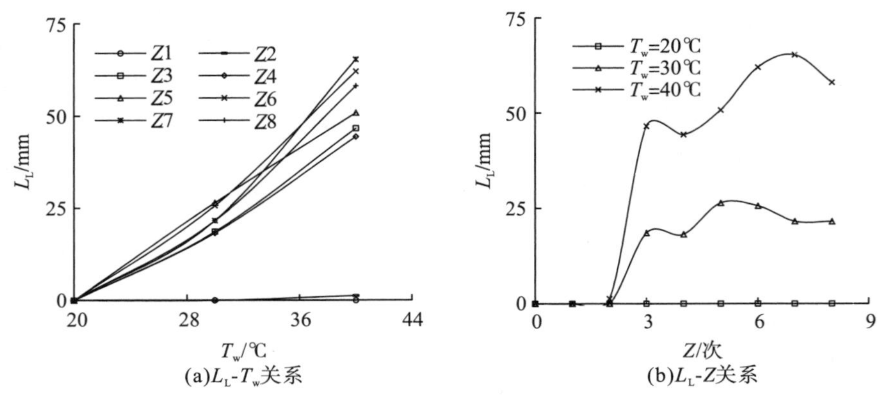

图 5-25 增湿红土样的裂缝长度随温度和增湿次数的变化

图 5-25 表明：

(1)增湿过程中，随温度的升高，红土的裂缝长度增大。不同温度下，增湿 1 次时，红土样始终不开裂，所以裂缝长度为 0。增湿次数小于 2 次时，裂缝长度较小；增湿次数超过 2 次后，裂缝长度增长明显。增湿 2 次，温度到 40℃时，产生的 1 条裂缝长度只有 1.3mm。增湿 3 次及以上，当温度由 20℃上升到 30℃、40℃时，增湿 3～8 次的加权平均裂缝长度分别由 0 增大到 22.2mm(3.1 条)和 56.5mm(6.2 条)，裂缝长度发展程度均由 2.22mm/℃增加至 3.43mm/℃。这说明增湿 2 次以上，温度越高，红土的裂缝长度越大，且裂缝长度的增长程度加快。

(2)随增湿次数的增加，20℃时，因为红土始终不开裂，所以裂缝长度为 0；30℃和 40℃时，裂缝长度总体上呈波动增大的变化趋势。30℃时，增湿 2～3 次，裂缝长度由 0 增大到 18.6mm。就裂缝长度而言，相比于增湿 3 次，增湿 4 次时减小了 1.9%，增湿 5 次时增大了 42.3%，增湿 8 次时增大了 16.0%。40℃时，增湿 2 次，裂缝长度仅为 1.3mm；增湿 2～3 次，裂缝长度为 46.6mm。相比于增湿 3 次，增湿 4 次时裂缝长度减小了 4.8%，增湿 7 次时裂缝长度增大了 40.1%，增湿 8 次时裂缝长度增大了 24.6%。这与图 5-23(b)增湿过程中裂缝条数的发展不对应。这说明增湿次数较多时，在裂缝闭合、条数减少趋于稳定的情况下，原有部分裂缝的长度先延伸后闭合。所以增湿初期，孕育裂缝；增湿中期，裂缝长度快速增大；增湿后期，裂缝长度缓慢增大；增湿终期，裂缝长度逐渐减小。据此变化趋势，可将增湿红土裂缝长度的发展过程分为孕育期、快速发展期、缓慢发展期、闭合稳定期。40℃时，还未达到稳定期。30℃时，各时期对应的增湿次数分别为 0～2 次、2～3 次、3～5 次、5～8 次；40℃温度时，各时期对应的增湿次数分别为 0～1 次、1～3 次、3～7 次、7～8 次。

5.6.2.2 脱湿过程

图 5-26 反映了脱湿过程中，红土样的裂缝长度 L_L 随试验温度 T_w 和脱湿次数 T 的变化情况。

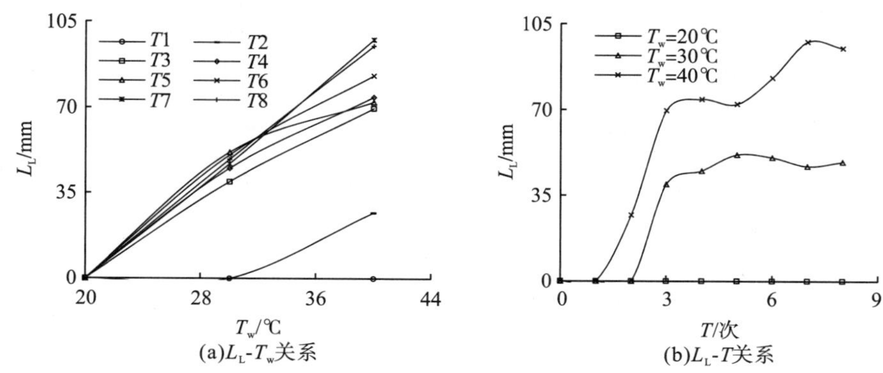

图 5-26　脱湿红土样的裂缝长度随温度和脱湿次数的变化

图 5-26 表明：

(1) 脱湿过程中，随温度的升高，红土的裂缝长度增大。不同温度下，脱湿 1 次时，与增湿过程一样，红土样不开裂，裂缝长度为 0。脱湿 2 次时，温度达到 40℃时，产生的 4 条裂缝总长度为 29.1mm，远大于增湿 2 次产生的 1 条裂缝长度(1.3mm)。当温度由 20℃上升到 30℃、40℃时，脱湿 3～8 次的加权平均裂缝长度分别由 0 增大到 48.3mm 和 85.2mm，其增长程度则由 4.83mm/℃减小至 3.69mm/℃。这说明脱湿 2 次以上，随温度升高，红土的裂缝长度增大，但增大程度减缓。

(2) 随脱湿次数的增加，20℃时，因为红土始终不开裂，所以裂缝长度为 0；其他温度下，裂缝长度总体上呈波动增大的变化趋势。30℃时，脱湿 2 次，裂缝长度为 0；脱湿 3 次时，裂缝长度增大到 39.5mm；相比于脱湿 3 次，脱湿 5 次时裂缝长度增大了 30.9%，脱湿 8 次时裂缝长度增大了 23.2%。40℃时，脱湿 1 次，裂缝长度为 0；脱湿 3 次时，裂缝长度增大到 69.6mm；相比于脱湿 3 次，脱湿 7 次时裂缝长度增大了 28.8%，脱湿 8 次时裂缝长度增大了 26.8%。

(3) 在增湿基础上，脱湿次数较多时，在裂缝闭合、条数减少并趋于稳定的情况下，原有部分裂缝的长度先延伸到一定程度后闭合。所以脱湿初期，孕育裂缝；脱湿中期，裂缝长度快速增大；脱湿后期，裂缝长度缓慢增大；脱湿终期，裂缝长度逐渐减小。据此变化趋势，可将脱湿红土裂缝长度的发展过程分为孕育期、快速发展期、缓慢发展期、闭合稳定期。40℃时，脱湿 8 次还没有达到稳定期。30℃时，各时期对应的脱湿次数分别为 0～2 次、2～3 次、3～5 次、5～8 次；40℃时，各时期对应的脱湿次数分别为 0～1 次、1～3 次、3～7 次、8 次以上。其变化与增湿过程一致。

5.6.3　裂缝宽度的变化

5.6.3.1　增湿过程

图 5-27 给出了增湿过程中，红土样的裂缝平均宽度 W 随试验温度 T_w 和增湿次数 Z 的变化曲线。

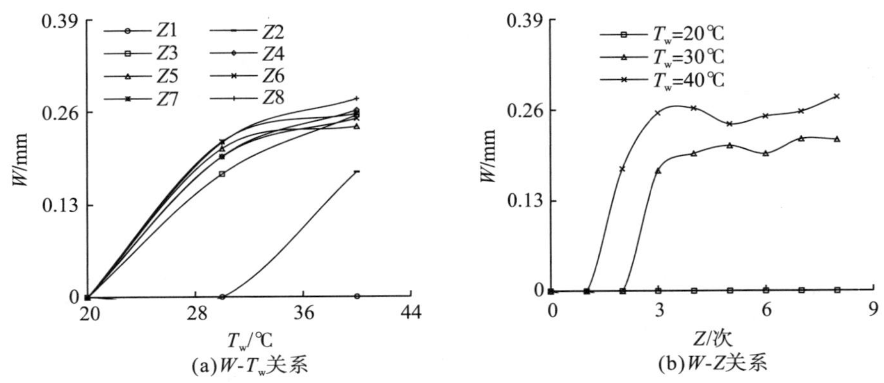

图 5-27 增湿红土样的裂缝宽度随温度和增湿次数的变化

图 5-27 表明：

(1)增湿过程中，增湿 1 次时，不同温度下，因为红土不开裂，所以裂缝宽度为 0。增湿 1 次以上，随温度升高，裂缝宽度增大。当温度由 20℃上升到 40℃时，增湿 2 次，裂缝宽度均由 0 增大到 0.18mm；增湿 3～8 次时，加权平均裂缝宽度分别由 0 增加到 0.21mm(30℃)和 0.26mm(40℃)，其增大程度由 0.02mm/℃减小至 0.005mm/℃。这说明增湿次数高于 2 次时，随温度升高，红土的裂缝宽度增大，其增大程度减小。

(2)随增湿次数的增加，20℃时，因为红土始终不开裂，所以裂缝宽度为 0；其他温度下，裂缝宽度呈波动增大的变化趋势。增湿 3 次以前，裂缝宽度急剧增大；增湿 3 次以后，裂缝宽度缓慢增大。30℃时，增湿 2 次，裂缝宽度为 0；增湿 3 次，裂缝宽度增大到 0.17mm；相比于增湿 3 次，增湿 5 次时裂缝宽度增大了 20.8%，增湿 8 次时增大了 25.4%。40℃时，增湿 1 次，裂缝宽度为 0；增湿 3 次时，裂缝宽度增大到 0.26mm；相比于增湿 3 次，增湿 5 次时裂缝宽度减小了 6.6%，增湿 8 次时裂缝宽度增大了 8.6%。这说明随增湿次数增大，红土的裂缝宽度急剧增大后缓慢增大。据此，可将增湿红土裂缝宽度的发展过程分为孕育期、快速发展期、缓慢发展期。30℃时，各时期对应的增湿次数分别为 0～2 次、2～3 次、3～8 次；40℃时，各时期对应的增湿次数分别为 0～1 次、1～3 次、3～8 次。

5.6.3.2 脱湿过程

图 5-28 反映了脱湿过程中，红土样的裂缝宽度 W 随试验温度 T_w 和脱湿次数 T 的变化。

图 5-28 表明：

(1)脱湿过程中，随温度的升高，红土的裂缝宽度增大。脱湿 1 次时，不同温度下，因为红土不开裂，所以裂缝宽度为 0。脱湿 2 次，30℃以下裂缝宽度为 0；温度由 30℃上升到 40℃时，裂缝宽度增大到 0.20mm。温度由 20℃上升到 40℃时，脱湿 3～8 次，裂缝宽度先增大后略微减小，加权平均裂缝宽度分别达到 0.25mm(30℃)和 0.24mm(40℃)，可见高温下裂缝宽度有所减小；30℃以下，裂缝宽度增长较快，加权平均裂缝宽度增长程度达到 0.025mm/℃；30℃以上，脱湿 3～5 次时裂缝宽度缓慢减小，由 0.29mm 减小到

0.23mm；脱湿 6～8 次时裂缝宽度缓慢增大，由 0.24mm 增大到 0.25mm。这说明脱湿 2 次以上，温度的升高加大了裂缝的宽度，但温度继续升高，裂缝反而闭合，裂缝宽度稍有减小。

(2) 随脱湿次数的增加，红土样的裂缝宽度呈先增大后减小的变化趋势，存在极大值。30℃时，脱湿 2～3 次裂缝宽度急剧增大，脱湿 3 次出现极大值，裂缝宽度由 0 增大到 0.29mm；脱湿超过 3 次，裂缝宽度逐渐减小，脱湿 8 次时裂缝宽度减小了 17.6%。40℃时，脱湿 1～2 次，裂缝宽度急剧增大，由 0 增大到 0.20mm；脱湿 2～6 次裂缝宽度缓慢增大，脱湿 6 次出现极大值，相比于 2 次脱湿，裂缝宽度增大了 31.6%；脱湿 8 次，相比于脱湿 6 次，裂缝长度减小了 5.4%。这说明随脱湿次数增大，在裂缝长度缓慢增大后闭合的同时，裂缝宽度也在减小。据此，可将脱湿红土裂缝宽度的发展过程分为孕育期、发展期、闭合稳定期。30℃时，各时期对应的脱湿次数分别为 0～2 次、2～3 次、3～8 次；40℃时，各时期对应的脱湿次数分别为 0～1 次、1～6 次、6～8 次。

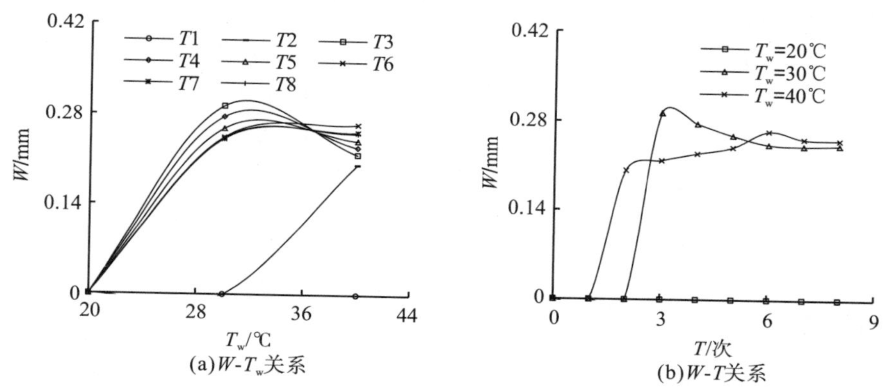

图 5-28　脱湿红土样的裂缝宽度随温度和脱湿次数的变化

5.6.4　裂缝面积的变化

5.6.4.1　增湿过程

图 5-29 给出了增湿过程中，红土样的裂缝面积 A 随试验温度 T_w 和增湿次数 Z 的变化曲线。

图 5-29 表明：

(1) 增湿过程中，随温度的升高，红土的裂缝面积增大。增湿 1 次，不同温度下，裂缝面积为 0；增湿 2 次，温度达到 40℃时，裂缝面积很小，约为 0.23mm^2。增湿 3～8 次，裂缝面积明显增大，当温度由 20℃升高到 30℃、40℃时，加权平均裂缝面积分别由 0 增大到 4.54mm^2 和 14.66mm^2。20～30℃、30～40℃温度范围内，裂缝面积分别增大了 0.45mm^2/℃和 1.01mm^2/℃。这说明增湿 2 次以上，温度越高，红土的裂缝面积越大，裂缝面积增大的程度越大。其变化趋势与裂缝长度的变化趋势一致[图 5-25 (a)]。

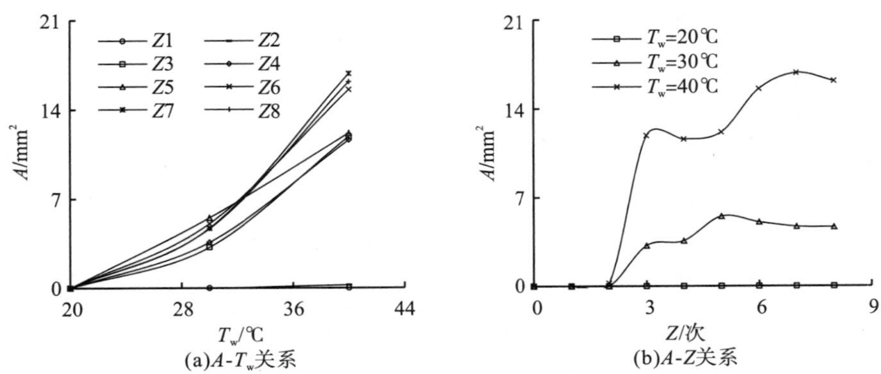

图 5-29　增湿红土样的裂缝面积随温度和增湿次数的变化

(2)随增湿次数的增加，20℃时，红土的裂缝面积为 0；其他温度下，裂缝面积增大。30℃时，增湿 2 次裂缝面积开始增大，增湿 3 次时，裂缝面积达到 3.22mm^2；增湿超过 3 次，裂缝面积缓慢增大，增湿 5 次时存在极大值；增湿 8 次，裂缝面积相比于增湿 3 次增大了 45.4%，相比于增湿 5 次减小了 15.2%。40℃时，增湿 1 次裂缝面积开始增大；增湿 2 次时，裂缝面积仅为 0.23mm^2；增湿 3 次时，裂缝面积急剧增大到 11.90mm^2；增湿 3 次以后，裂缝面积缓慢增大，增湿 7 次时存在极大值；增湿 8 次，相比于增湿 3 次增大了 35.7%，相比于增湿 7 次减小了 3.8%。其变化趋势与裂缝长度的变化趋势一致[图 5-25(b)]。

5.6.4.2　脱湿过程

图 5-30 反映了脱湿过程中，红土样的裂缝面积 A 随试验温度 T_w 和脱湿次数 T 的变化情况。

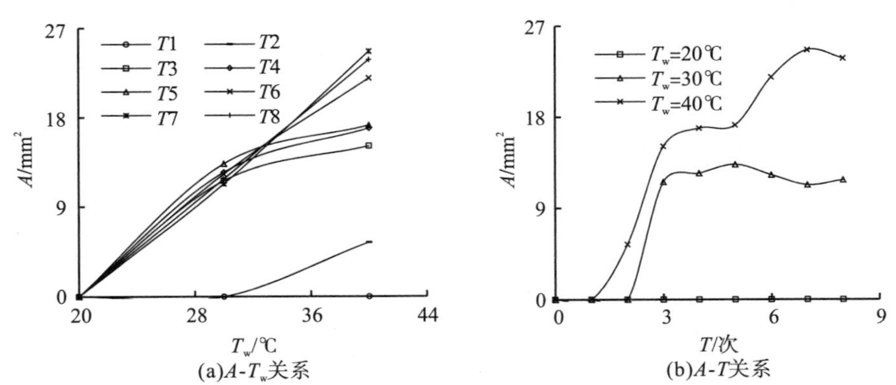

图 5-30　脱湿红土样的裂缝面积随温度和脱湿次数的变化

图 5-30 表明：

(1)脱湿过程中，随温度的升高，红土的裂缝面积增大。脱湿 1 次，不同温度下，裂缝面积为 0；脱湿 2 次，温度达到 40℃时，裂缝面积为 5.41mm^2。脱湿 3～8 次，裂缝面积明显增大，当温度由 20℃升高到 30℃、40℃时，加权平均裂缝面积分别增大到 11.95mm^2 和 20.99mm^2。其增大程度为 1.20mm^2/℃和 0.90mm^2/℃。这说明脱湿 2 次以上，温度越高，红土的裂缝面积越大，裂缝面积增大的程度越小。其变化趋势与裂缝长度的变化趋势一致[图 5-26(a)]。

(2)随脱湿次数的增加，20℃时，红土的裂缝面积为 0；其他温度下，裂缝面积增大。30℃时，脱湿 2 次裂缝面积开始增大，脱湿 3 次时，裂缝面积达到 11.59mm^2；脱湿超过 3 次，裂缝面积缓慢增大，脱湿 5 次时存在极大值；脱湿 8 次，相比于脱湿 3 次增大了 1.6%，相比于脱湿 5 次减小了 11.4%。40℃时，脱湿 1 次裂缝面积开始增大；脱湿 3 次时，裂缝面积达到 15.06mm^2；脱湿 3 次以后，裂缝面积缓慢增大，脱湿 7 次时存在极大值；脱湿 8 次，相比于脱湿 3 次增大了 58.0%，相比于脱湿 7 次减小了 3.3%。其变化趋势与裂缝长度的变化趋势一致[图 5-26(b)]。

5.6.5　增湿-脱湿过程比较

图 5-31 给出了不同试验温度 T_w 下，红土样的裂缝条数 N_L、裂缝长度 L_L、裂缝宽度 W、裂缝面积 A 等裂缝特征参数随干湿循环次数 N_g 的变化曲线。一个完整的干湿循环包括 1 次增湿过程和 1 次脱湿过程，所以，干湿循环次数的确定，以 0.5 表示增湿次数，相当于半个干湿循环过程；1.0 表示脱湿次数，相当于一个完整的干湿循环过程；其他类似。图中的波动曲线，波谷代表增湿，波峰代表脱湿。

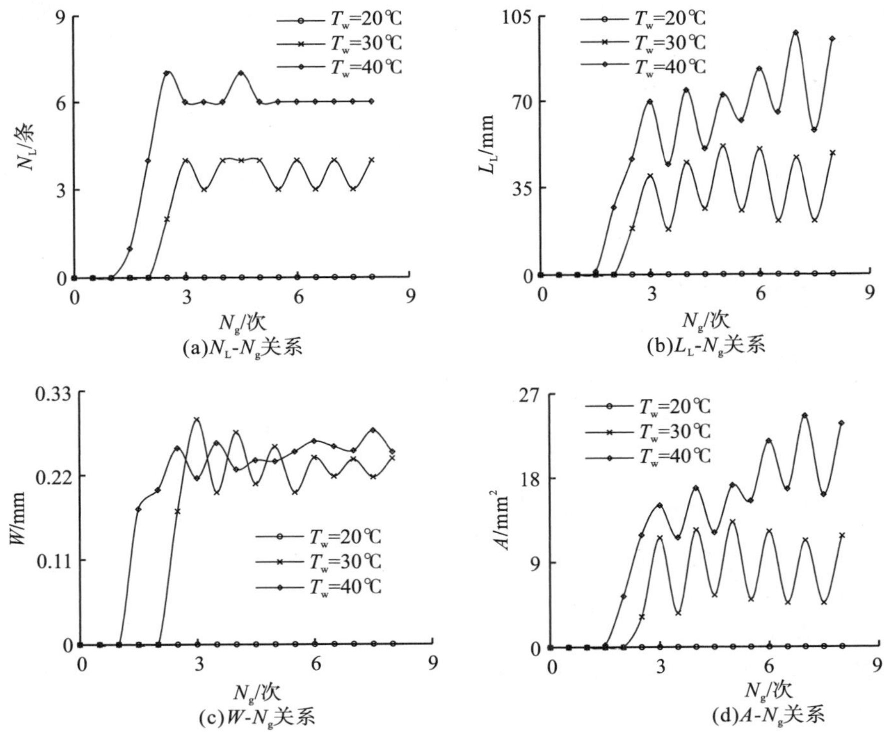

图 5-31　干湿循环过程中红土的裂缝特征参数随干湿循环次数的变化

图 5-31 表明：

(1) 干湿循环过程中，随干湿循环次数的增大，红土的裂缝条数、长度、宽度以及面积等特征参数呈波动增大的变化趋势。这说明增湿过程中产生的裂缝在脱湿过程中得以扩展。

(2) 20℃时，无论增湿过程还是脱湿过程，红土样的裂缝特征参数曲线为一条过原点的水平直线，始终无裂缝产生，裂缝特征参数为 0。

(3) 30℃时，红土样在 2 次干湿循环后的增湿过程中开始产生裂缝，在 2～3 次的干湿循环中裂缝扩展，相应的裂缝长度、宽度、面积急剧增大。循环 8 次时，增湿裂缝有 3 条，脱湿裂缝有 4 条；增湿裂缝长度为 21.53mm，脱湿裂缝长度为 48.72mm；增湿裂缝宽度为 0.22mm，脱湿裂缝宽度为 0.24mm；增湿裂缝面积为 4.68mm^2，脱湿裂缝面积为 11.77mm^2。

(4) 40℃时，红土样在 1 次干湿循环后的增湿过程中开始产生裂缝，在 1～3 次的干湿循环中裂缝扩展，相应的裂缝长度、宽度、面积急剧增大。循环 8 次时，增湿裂缝和脱湿裂缝都有 6 条；增湿裂缝长度为 58.06mm，脱湿裂缝长度为 95.16mm；增湿裂缝宽度为 0.28mm，脱湿裂缝宽度为 0.25mm；增湿裂缝面积为 16.16mm^2，脱湿裂缝面积为 23.79mm^2。这说明相同温度下，脱湿过程对红土裂缝发展的影响大于增湿过程的影响；相同干湿循环次数下，高温度对红土裂缝发展的影响大于低温度的影响。

(5) 温度较低时，裂缝的孕育期较长，裂缝发展较慢；温度较高时，裂缝的孕育期较短，裂缝发展较快。20℃时，干湿循环 8 次都不足以引起红土的开裂；30℃时，干湿循环 2 次才会引起红土开裂，循环 2～3 次裂缝快速发展，循环 3～5 次裂缝缓慢发展，循环 5～8 次裂缝闭合趋于稳定；40℃时，循环 1 次红土就开裂，循环 1～3 次裂缝快速发展，循环 3～7 次裂缝缓慢发展，循环 7～8 次裂缝闭合但还未稳定。

5.7 不同时间下干湿循环红土的裂缝特性

5.7.1 增湿过程的裂缝特性

初始干密度为 1.20g·cm^{-3}、初始含水率为 23.0%的红土试样，在整个试验过程中始终未开裂，其裂缝特征参数为 0；其他初始干密度和初始含水率下，在增湿过程的初始阶段，裂缝发展迅速，增湿约 70min 后裂缝基本达到稳定状态。为突出增湿过程中裂缝的发展过程，只给出了增湿 70min 前红土裂缝特征参数的变化。

5.7.1.1 裂缝长度密度的变化

1. 不同初始干密度

图 5-33 给出了不同初始干密度ρ_d、不同增湿次数 Z 下，红土的裂缝长度密度ρ_L随增湿时间 t_z 的变化曲线。

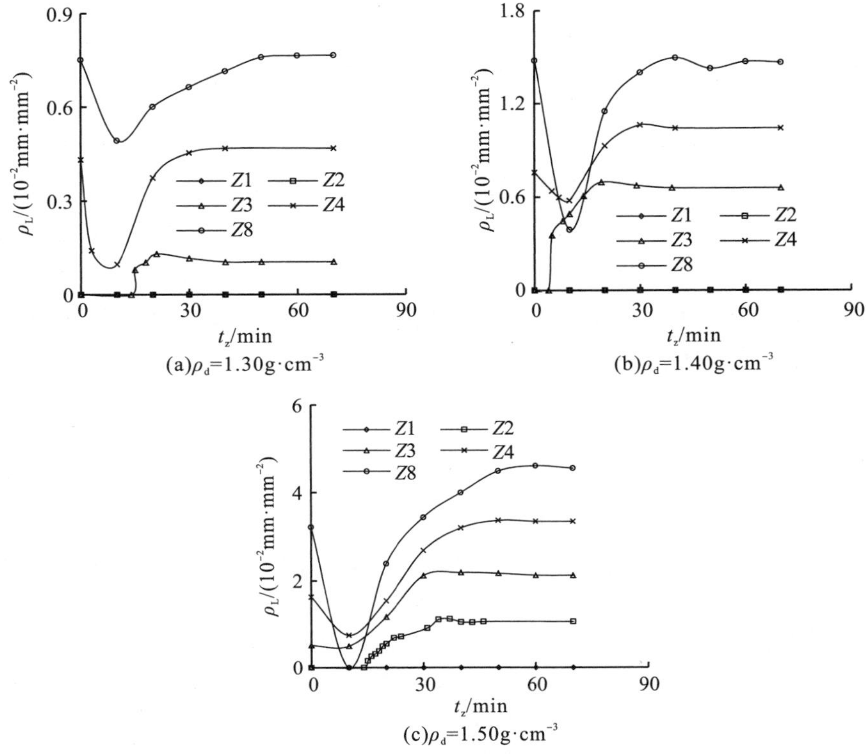

图 5-33　增湿过程中红土样的裂缝长度密度随增湿时间的变化

图 5-33 表明：

(1) 不同初始干密度、不同增湿次数下，红土样的裂缝长度密度随增湿时间的变化趋势一致。相同增湿次数下，相同初始干密度下，随增湿时间延长，红土的裂缝长度密度呈先减小再增大并最终达到稳定状态。

(2) 就初始开裂情况比较，初始干密度分别为 1.30g·cm^{-3}、1.40g·cm^{-3}时，红土试样在第 1 次、第 2 次增湿过程中均不开裂；在第 3 次增湿过程中，增湿时间分别约 14min、4min 时开始产生裂缝；干密度为 1.50g·cm^{-3}时，只有在第 1 次增湿过程中没有开裂，在第 2 次增湿过程中增湿时间约 14min 时开始产生裂缝。这说明初期增湿过程中，不论初始干密度大小，红土样都不会产生裂缝；裂缝的产生发生在多次增湿后，初始干密度越小的红土样初始开裂时间越晚。

(3) 就增湿时间和初始干密度而言，不同干密度下，增湿时间较短时，红土的裂缝长度密度值减小；增湿时间较长时，裂缝长度密度值增大；增湿时间继续延长时，裂缝长度密度趋于稳定。

初始干密度为 1.30g·cm^{-3}、1.40g·cm^{-3}、1.50g·cm^{-3}，4 次增湿，时间分别达到 8min、10min、10min 时，裂缝长度密度减小到最小值，相比于初始增湿 0min，裂缝长度密度分别减小了 79.1%、23.7%、52.8%；时间分别达到 30min、30min、40min 时，裂缝长度密度增大到稳定值。

8 次增湿，时间分别达到 10min、10min、10min 时，裂缝长度密度减小到最小值，相比于初始增湿 0min，裂缝长度密度最小值分别减小了 34.7%、73.6%、100%；时间分别达到 50min、50min、50min 时，裂缝长度密度增大到稳定值。

以上变化说明，增湿过程中，短时间内先引起裂缝的闭合，长时间的增湿导致裂缝的扩展，但最终趋于稳定；而初始干密度越大，裂缝闭合越严重，达到稳定时的裂缝特征值越大，开裂越严重，表明增湿过程后期主要是裂缝宽度的扩展。

(5) 就增湿次数和初始干密度而言，随增湿次数的增大，干密度为 $1.30\mathrm{g\cdot cm^{-3}}$ 时，裂缝长度密度的最小值、稳定值均增大。增湿次数为 3 次、4 次、8 次时，裂缝长度密度的最小值对应时间分别为 14min、8min、10min；稳定值对应时间分别为 21min、30min、50min，相比于 3 次增湿，4 次、8 次增湿时，裂缝长度密度的稳定值分别增大了 246.2%、484.6%。相比于 4 次增湿引起的裂缝扩展，8 次增湿进一步扩展了裂缝。

初始干密度为 $1.40\mathrm{g\cdot cm^{-3}}$、$1.50\mathrm{g\cdot cm^{-3}}$ 时，裂缝长度密度的最小值呈凸形变化、稳定特征值增大。干密度为 $1.40\mathrm{g\cdot cm^{-3}}$，增湿次数为 3 次、4 次、8 次时，裂缝长度密度的最小值对应时间分别为 4min、10min、10min，裂缝长度密度的稳定值对应时间分别为 21min、30min、50min，相比于 3 次增湿，4 次、8 次增湿时裂缝长度密度稳定值分别增大了 55.9%、110.3%。相比于 4 次增湿引起裂缝的扩展，8 次增湿引起裂缝闭合。干密度为 $1.50\mathrm{g\cdot cm^{-3}}$，增湿次数为 2 次、3 次、4 次、8 次时，裂缝长度密度的最小值对应时间分别为 14min、10min、10min、10min，相比于 3 次、4 次增湿引起裂缝的扩展，8 次增湿已经导致裂缝完全闭合；裂缝长度密度的稳定值对应时间分别为 34min、30min、40min、50min，相比于 2 次增湿，3 次、4 次、8 次增湿时的稳定值分别增大了 88.4%、184.8%、300.9%。

以上变化说明，增湿次数增多，初始干密度较小($1.30\mathrm{g\cdot cm^{-3}}$)的红土样裂缝不断扩展，发生裂缝闭合的程度降低；初始干密度较大($1.40\mathrm{g\cdot cm^{-3}}$、$1.50\mathrm{g\cdot cm^{-3}}$)的红土样裂缝先扩展，后发生裂缝闭合的程度增强；而不同增湿次数下，裂缝发展的闭合时间基本一致。裂缝发展达到稳定时，其长度密度均随增湿次数的增多和初始干密度的增大而增大，达到的稳定时间也延长，红土的开裂问题也越严重。

2. 不同初始含水率

图 5-34 给出了不同初始含水率 ω_0 下，红土的裂缝长度密度 ρ_L 随增湿时间 t_z 的变化关系曲线。

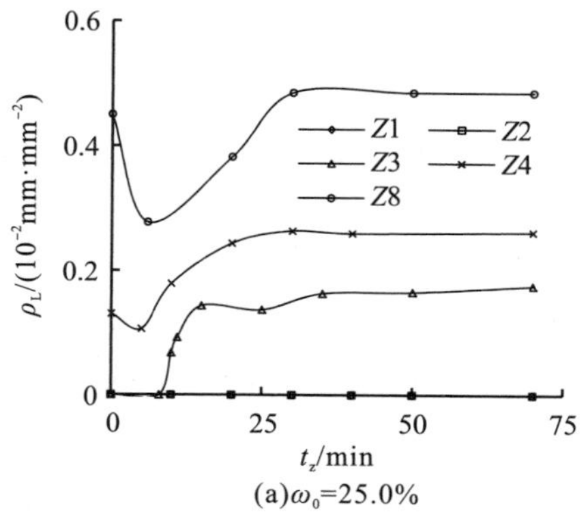

(a) ω_0=25.0%

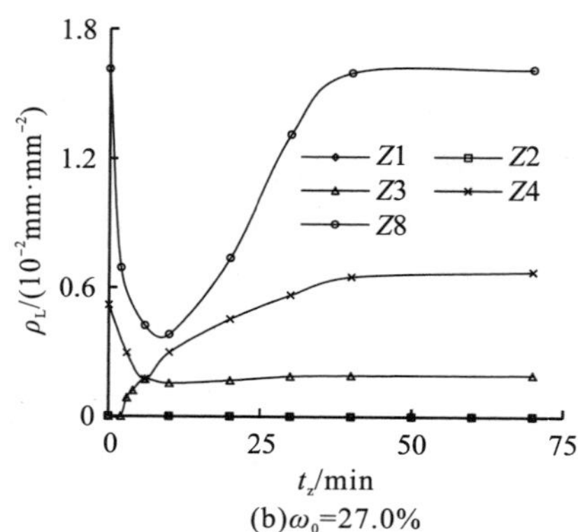

(b) ω_0=27.0%

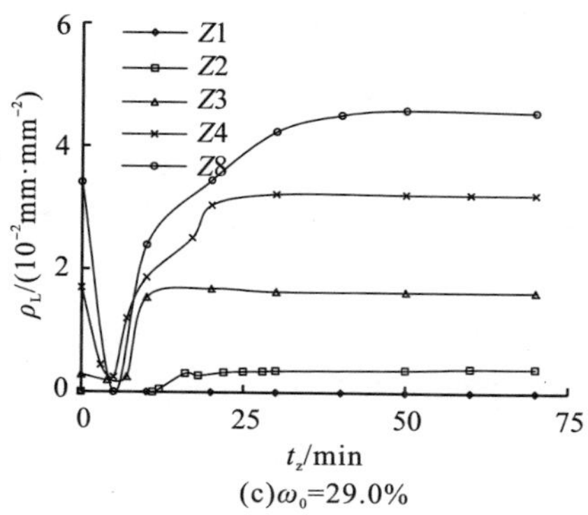

图 5-34　增湿过程中红土样的裂缝长度密度随增湿时间的变化

图 5-35 给出了不同增湿次数 Z 下，红土的裂缝长度密度 ρ_L 随增湿时间 t_z 的变化关系曲线。

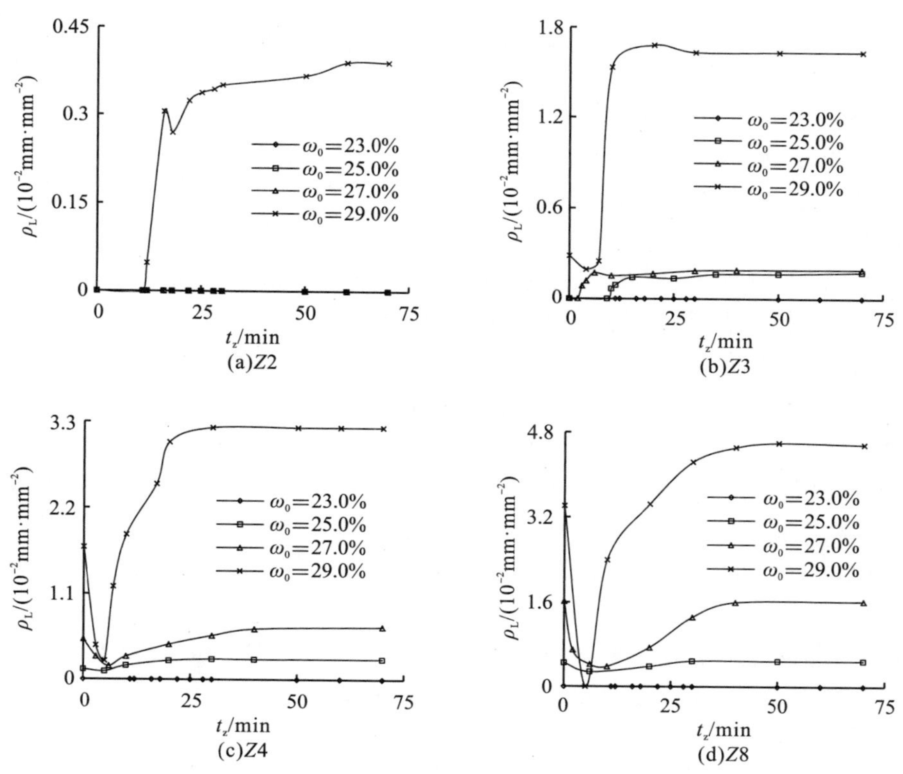

图 5-35　增湿过程中红土样的裂缝长度密度随增湿时间的变化

图 5-34、图 5-35 表明：

(1) 总体来说，相同初始含水率、不同增湿次数下，增湿过程中，随着增湿时间的延长，当增湿次数较少时，红土的裂缝长度密度值始终为 0，长度密度线保持与横坐标轴重合，红土试样表面没有开裂现象；当增湿次数较多时，试样表面有裂缝产生，裂缝长度密度线呈凹形变化，即在某一增湿时刻存在最小值。相同初始含水率、相同增湿时间下，随增湿次数的增加，裂缝发展达到稳定状态时，裂缝长度密度值增大，裂缝逐渐变长。不同初始含水率、相同增湿次数下，在增湿过程中，随初始含水率的增大，裂缝达到稳定状态时的长度密度值增大。

(2)就初始开裂情况而言，初始含水率为 23.0%的红土试样，在整个干湿循环过程中，表面始终没有裂缝产生。初始含水率为 25.0%、27.0%时，在第 1 次、第 2 次增湿过程中均不开裂；在第 3 次增湿过程中，增湿时间分别为 9min 和 2min 时，表面开始有细小裂缝产生。初始含水率为 29.0%时，仅在第 1 次增湿过程中不开裂，在第 2 次增湿过程的第 11min 表面开始产生裂缝，裂缝长度密度值不再为 0。由此可见，裂缝的产生与增湿次数有关，初期增湿过程中，无论初始含水率大小，土样表面均不会有裂缝形成，随着增湿次数的增加，土样逐渐发生开裂现象；初始含水率越小的红土试样开裂时间越晚，越不容易开裂。

(3)就增湿次数和初始含水率而言，随增湿次数的增大，初始含水率为 25.0%和 27.0%时，裂缝长度密度的最小值和稳定值均增大。含水率为 25.0%，增湿次数为 3 次、4 次、8 次时，裂缝长度密度最小值出现的时间分别为 9min、5min、6min，最小值分别为 0、$0.11\times10^{-2}\mathrm{mm\cdot mm^{-2}}$、$0.28\times10^{-2}\mathrm{mm\cdot mm^{-2}}$；长度密度的稳定值出现在增湿过程的第 50min、30min、30min，相比于第 3 次增湿，第 4 次和第 8 次增湿的稳定值分别增大了 52.9%、182.4%。这说明裂缝在反复增湿过程中不断扩展。

初始含水率为 29.0%时，裂缝长度密度最小值呈凸形变化、稳定值增大。增湿次数为 2 次、3 次、4 次、8 次时，裂缝长度密度最小值分别在 11min、4min、5min、5min 时出现；长度密度的稳定值分别出现在第 60min、30min、30min、50min，相比于第 2 次增湿，第 3、第 4、第 8 次的稳定值分别增大了 320.5%、725.6%、1076.9%。这说明此初始含水率下，随增湿次数的增加，试样表面裂缝的长度密度值迅速增大，裂缝发展迅速。

以上变化说明，增湿次数越多，初始含水率较小的红土试样表面裂缝不断扩展，发生闭合的程度越低；初始含水率较大的试样裂缝发生闭合的程度较高。裂缝发展达到稳定时，增湿次数越多、初始含水率越大，红土的开裂问题越严重。

(4)就增湿时间和初始含水率而言，不同初始含水率下，增湿时间较短时，红土的裂缝长度密度值减小；增湿时间较长时，裂缝长度密度值增大；增湿时间继续延长时，裂缝长度密度值趋于稳定。第 4 次增湿过程中，初始含水率按 25.0%、27.0%、29.0%增大，时间分别达到 5min、6min、5min 时，裂缝长度密度减小到最小值，相比于增湿 0 时刻，分别减小了 15.4%、67.3%、85.9%；时间分别达到 30min、40min、30min 时，裂缝长度密度增大到稳定值，相比于最小值，分别增大了 136.4%、282.4%、124.2%。这说明试样在经历过多次增湿作用后，短时间的增湿先引起裂缝的闭合，长时间的增湿还是导致裂缝的扩展，但裂缝长度密度最终达到稳定；而初始含水率越大，达到稳定时的裂缝长度密度也越大，红土开裂越严重。

5.7.1.2　裂缝面积率的变化

1. 不同初始干密度

图 5-36 给出了不同初始干密度ρ_d、不同增湿次数 Z 下，红土的裂缝面积率 R_A 随增湿时间 t_z 的变化曲线。

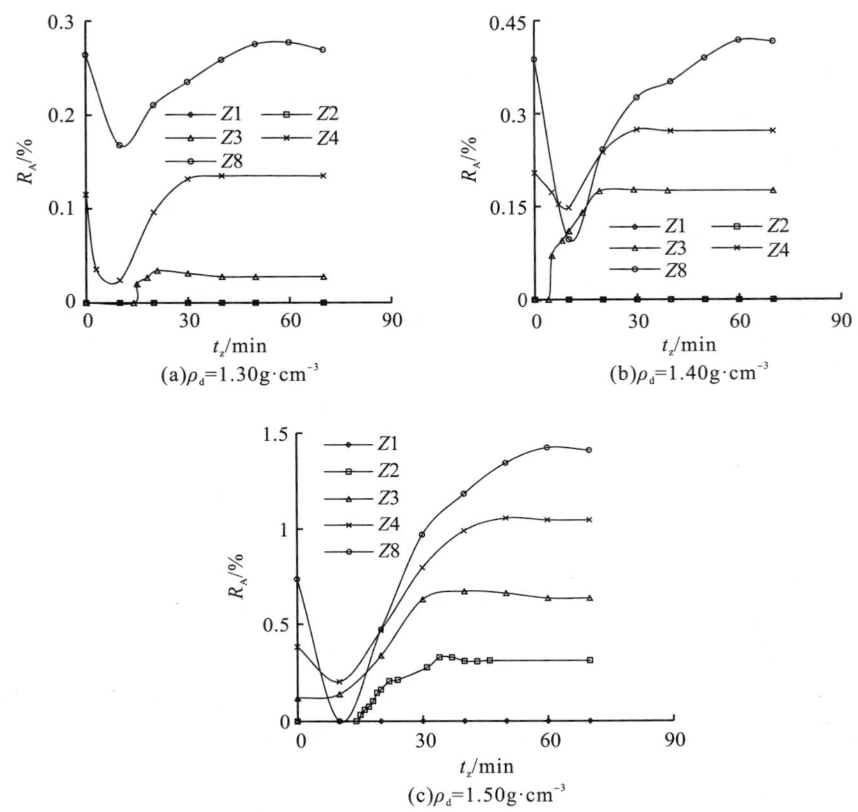

图 5-36　增湿过程中红土样的裂缝面积率随增湿时间的变化

图 5-36 表明：

(1) 不同初始干密度、不同增湿次数下，红土样的裂缝面积率随增湿时间的变化趋势一致，说明增湿过程裂缝宽度的变化比较均匀。

(2) 相同初始干密度、不同增湿次数下，随增湿时间的延长，总体上，增湿次数较少时，红土的裂缝面积率曲线一直保持在横坐标轴上，试样不开裂，裂缝面积率值为 0；增湿次数较多时，产生了裂缝，裂缝面积率曲线呈凹形变化，在某一增湿时间存在最小值。相同初始干密度、相同增湿时间下，随增湿次数增加，裂缝发展达到稳定状态时，红土的裂缝面积率值增大。相同增湿时间、相同增湿次数下，随初始干密度增大，裂缝发展达到稳定状态时，红土的裂缝面积率值增大。

(3) 就增湿时间和初始干密度而言，不同初始干密度下，增湿时间较短时，红土的裂缝面积率值减小；增湿时间较长时，裂缝面积率值增大；增湿时间继续延长时，裂缝面积率值趋于稳定。初始干密度为 1.30g·cm^{-3}、1.40g·cm^{-3}、1.50g·cm^{-3}，4 次增湿，时间分别达到 8min、10min、10min 时，裂缝面积率减小到最小值，相比于初始增湿 0min，裂缝面积率分别减小了 81.8%、25.0%、47.4%；时间分别达到 30min、30min、50min 时，裂缝面积率增大到稳定值，相比起始值分别增大了 18.2%、35.0%、178.9%。8 次增湿，时间均达到 10min 时，裂缝面积率减小到最小值，相比初始增湿 0min，裂缝面积率分别减小了 34.6%、74.4%、100%；时间分别达到 50min、60min、60min 时，裂缝面积率增大到稳定值，相比于起始值分别增大了 7.7%、7.7%、91.9%。

以上变化说明，增湿过程中，短时间内先引起裂缝的闭合，长时间的增湿导致裂缝的扩展，但最终趋于稳定；而初始干密度越大，裂缝闭合越严重，达到稳定时的裂缝特征值越大，红土开裂越严重；裂缝长度密度比裂缝面积率先达到稳定，表明增湿过程后期主要是裂缝宽度的扩展。

(4) 就增湿次数和初始干密度而言，随增湿次数的增大，初始干密度为 1.30g·cm^{-3} 时，裂缝面积率的最小值、稳定值均增大。增湿次数为 3 次、4 次、8 次时，裂缝面积率的最小值对应时间分别为 14min、8min、10min；稳定值对应时间分别为 21min、30min、50min，相比于 3 次增湿，4 次、8 次增湿时面积率的稳定值分别增大了 2333.3%、833.3%。相比于 4 次增湿引起的裂缝扩展，8 次增湿进一步扩展了裂缝。

初始干密度为 1.40g·cm^{-3}、1.50g·cm^{-3} 时，裂缝面积率的最小值呈凸形变化、稳定特征值增大。干密度为 1.40g·cm^{-3}，增湿次数为 3 次、4 次、8 次时，裂缝面积率的最小值对应时间分别为 4min、10min、10min，裂缝面积率的稳定值对应时间分别为 21min、30min、60min，相比于 3 次增湿，4 次、8 次增湿时裂缝面积率的稳定值分别增大了 50.0%、133.3%。相比于 4 次增湿引起裂缝的扩展，8 次增湿引起裂缝的闭合。初始干密度为 1.50g·cm^{-3}，增湿次数为 2 次、3 次、4 次、8 次时，裂缝面积率的最小值对应时间分别为 14min、10min、10min、10min，相比于 3 次、4 次增湿引起裂缝的扩展，8 次增湿已经导致裂缝完全闭合；裂缝面积率分别在 34min、30min、50min、60min 达到稳定值，相比于 2 次增湿，裂缝面积率分别增大了 90.9%、221.2%、330.3%。

以上变化说明，增湿次数越多，初始干密度较小(1.30g·cm^{-3})的红土样裂缝不断扩展，发生裂缝闭合的程度越低；初始干密度较大(1.40g·cm^{-3}、1.50g·cm^{-3})的红土样裂缝先扩展，后发生裂缝闭合的程度越高；而不同增湿次数下，裂缝发展的闭合时间基本一致。裂缝发展达到稳定时，其面积率均随增湿次数的增多和初始干密度的增大而增大，达到的稳定时间也延长，红土的开裂问题也越严重。

2. 不同初始含水率

图 5-37 给出了不同初始含水率 ω_0 下，红土的裂缝面积率 R_A 随增湿时间 t_z 的变化关系曲线。

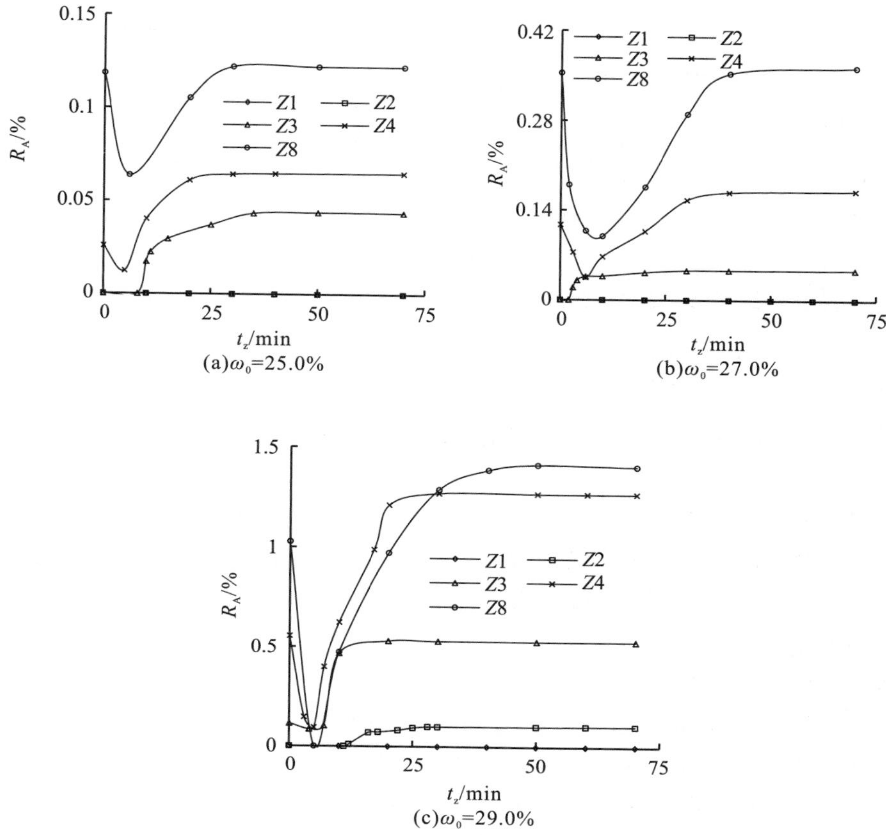

图 5-37　增湿过程中红土样的裂缝面积率随增湿时间的变化

图 5-38 给出了不同增湿次数 Z 下，红土的裂缝面积率 R_A 随增湿时间 t_z 的变化关系曲线。

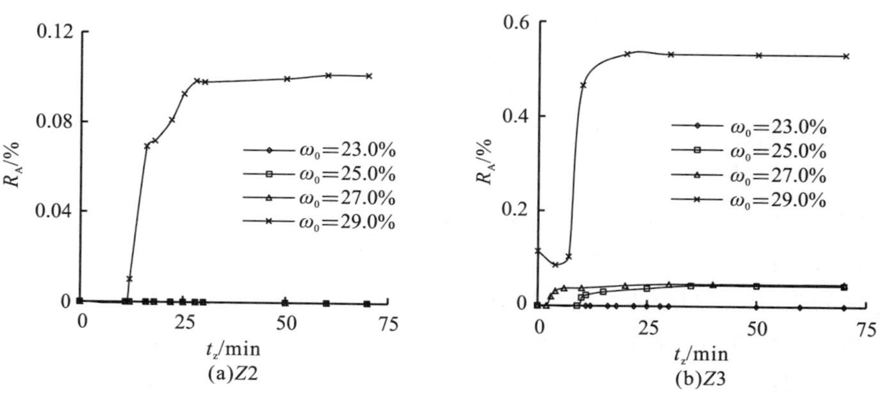

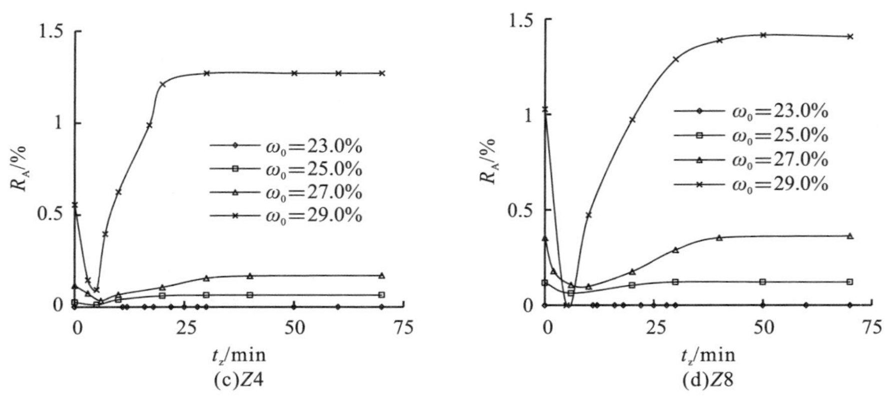

图 5-38 增湿过程中红土样的裂缝面积率随增湿时间的变化

图 5-37、图 5-38 表明：

(1)相同初始含水率、不同增湿次数下，当增湿次数较少时，红土样的裂缝面积率为0，试样不开裂；当增湿次数较多时，试样表面开裂，裂缝面积率在增湿过程中有最小值出现，呈凹形变化。裂缝发展稳定时，相同初始含水率下，裂缝面积率值随增湿次数的增加而增大；相同增湿次数下，裂缝面积率随干密度的增大而增大。

(2)就增湿次数和初始含水率而言，含水率为 25.0%，增湿 3 次、4 次、8 次时，裂缝面积率分别在 9min、5min、6min 出现最小值，最小值分别为 0、0.01%、0.06%；裂缝面积率分别在增湿过程的第 35min、第 30min、第 30min 达到稳定值，相比于第 3 次增湿，第 4 次、第 8 次增湿的面积率稳定值分别增大了 50.0%、200.0%。初始含水率为 27.0%时，在第 4、第 8 次增湿中，裂缝面积率分别在 6min、10min 出现最小值，相比于增湿初始值，裂缝面积率分别减小了 66.7%、71.4%；裂缝面积率的稳定值均出现在 40min，相比于增湿 3 次，增湿 4 次、8 次时的稳定值分别增大了 240.0%、600.0%。初始含水率为 29.0%时，在第 2、第 3、第 4、第 8 次增湿中，裂缝面积率最小值出现的时间分别为第 11min、第 4min、第 5min、第 5min，最小值随增湿次数增大呈先增大后减小的变化趋势；面积率分别在第 50min、第 20min、第 30min、第 50min 达到稳定，相比于第 2 次面积率稳定值，第 3、第 4、第 8 次分别增大了 430.0%、1170.0%、1320.0%。

以上变化说明，随增湿次数增多，裂缝闭合程度提高；达到稳定状态时，裂缝面积率迅速增大，红土样破坏严重加剧。

(3)就增湿时间和初始含水率而言，裂缝面积率在增湿时间较短时收缩减小；随着增湿时间的延长，裂缝面积率逐渐增大并最终达到稳定状态。在第 8 次增湿过程中，初始含水率分别为 25.0%、27.0%时，裂缝面积率分别在第 6min、10min 出现最小值，与增湿起始时刻相比，裂缝面积率减小了 50.0%、71.4%；增湿时间分别达到 30min、40min 时，裂缝面积率达到稳定状态，相比于最小值时刻，裂缝面积率增大了 100.0%、250.0%。对于初始含水率为 29.0%的红土试样，裂缝面积率在增湿过程的第 5min 缩小为 0，裂缝完全闭合；增湿时间达到 50min 时，裂缝面积率值为 1.42%，此后进入稳定状态。结果表明：对经历过多次增湿过程的红土试样来说，同一次增湿过程中，初始含水率越大，增湿初期裂缝收缩闭合越严重，增湿后期的扩张发展幅度越大，稳定值越大，试样破碎越严重。

5.7.2　脱湿过程的裂缝特性

5.7.2.1　裂缝长度密度的变化

1. 不同初始干密度

图 5-39 给出了不同初始干密度ρ_d、不同脱湿次数 T 下，红土的裂缝长度密度ρ_L随脱湿时间 t_t 的变化曲线。

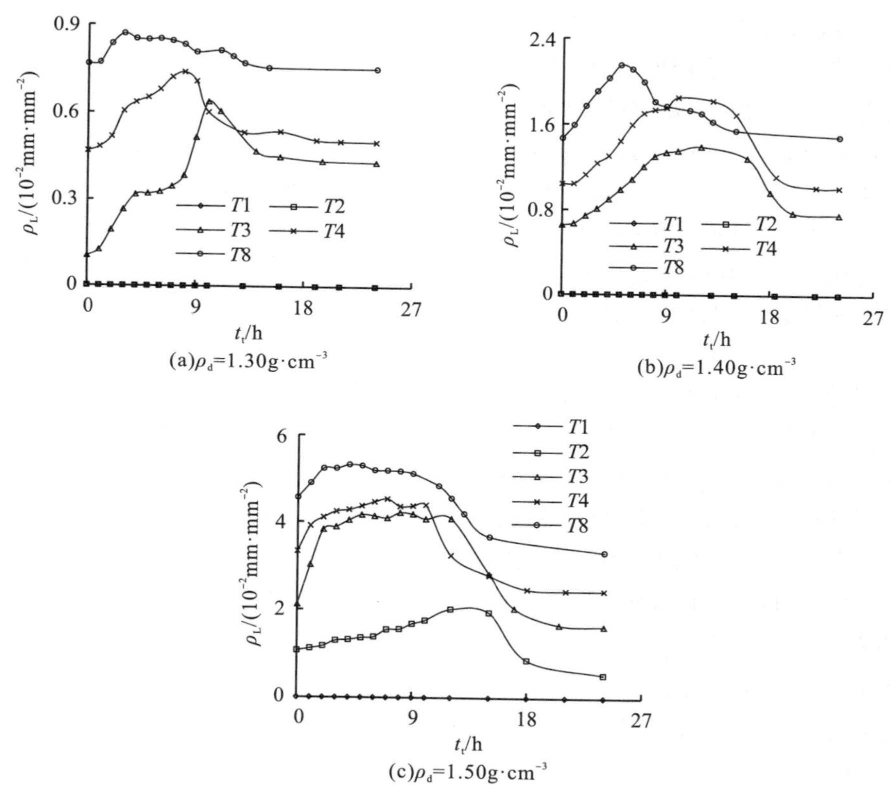

图 5-39　脱湿过程中红土样的裂缝长度密度随脱湿时间的变化

图 5-39 表明：

(1) 相同初始干密度、不同脱湿次数下，随脱湿时间的延长，脱湿次数较少时，红土的裂缝长度密度曲线一直保持在横坐标轴以上，裂缝长度密度为 0，表明试样不开裂；脱湿次数较多时，由于脱湿中保留了增湿后的裂缝，所以脱湿中的裂缝特征参数并未从 0 开始扩展，而是从该循环的增湿结束值开始扩展，裂缝长度密度线呈凸形变化，在某一脱湿时间达到最大值，且脱湿次数越多，达到最大值的脱湿时间越短；相同脱湿次数下，随干密度增大，裂缝长度密度增大。相同干密度、相同脱湿时间下，随脱湿次数增多，裂缝长度密度增大。

(2) 就初次开裂的情况而言，初始干密度分别为 $1.30\text{g}\cdot\text{cm}^{-3}$、$1.40\text{g}\cdot\text{cm}^{-3}$ 时，红土试样在第 1 次、第 2 次脱湿过程中均不开裂；在第 3 次脱湿过程中，裂缝在增湿开裂后继续扩展；而干密度为 $1.50\text{g}\cdot\text{cm}^{-3}$ 时，只有在第 1 次脱湿过程中没有产生开裂，在第 2 次脱湿过程中，裂缝在增湿裂缝的基础上继续扩展。这说明初期脱湿过程中，不论初始干密度大小，红土样都不会产生裂缝问题；脱湿裂缝是在增湿裂缝的基础上扩展形成的。

(3) 就脱湿时间和初始干密度而言，不同干密度下，随脱湿时间的延长，红土的裂缝长度密度先增大后减小，并逐渐趋于稳定。初始干密度分别为 $1.30\text{g}\cdot\text{cm}^{-3}$、$1.40\text{g}\cdot\text{cm}^{-3}$、$1.50\text{g}\cdot\text{cm}^{-3}$ 的试样，脱湿 3 次，裂缝长度密度增大到最大值对应的时间分别为 10h、12h、8h，相比于初始值分别增大了 481.8%、110.6%、98.6%；达到稳定的时间分别为 16h、20h、20h，相比于最大值分别减小了 29.7%、43.9%、60.3%。脱湿 4 次，裂缝长度密度增大到最大值对应的时间分别为 8h、10h、7h，相比于初始值分别增大了 57.4%、77.9%、35.3%；达到稳定的时间分别为 16h、19h、18h，相比于最大值分别减小了 27.0%、44.9%、45.1%。脱湿 8 次，裂缝长度密度达到最大值对应的时间分别为 3h、5h、4h，相比于初始值分别增大了 13.0%、46.3%、16.9%；达到稳定的时间分别为 13h、15h、15h，相比于最大值分别减小了 11.5%、28.4%、30.8%。

以上变化说明，在脱湿过程中，裂缝先增大后减小，最终趋于稳定；相同脱湿次数下，初始干密度越大的试样裂缝长度密度值越大，开裂越严重，裂缝宽度随时间先扩展后减小。

(4) 就脱湿次数和初始干密度而言，随脱湿次数的增加，初始干密度为 $1.30\text{g}\cdot\text{cm}^{-3}$，在第 3、第 4、第 8 次脱湿中，裂缝长度密度分别在 10h、8h、3h 达到最大值，相比于初始值分别增大了 497.2%、57.9%、13.0%；在 16h、16h、13h 达到稳定值，相比于最大值分别减小了 29.7%、27.0%、11.5%。初始干密度为 $1.40\text{g}\cdot\text{cm}^{-3}$，在第 3、第 4、第 8 次脱湿中，裂缝长度密度在前 12h、10h、5h 内增大，相比于初始值分别增大了 110.6%、77.9%、46.3%；分别在 20h、19h、15h 减小至稳定值，相比于最大值分别减小了 43.9%、44.9%、28.4%。初始干密度为 $1.50\text{g}\cdot\text{cm}^{-3}$，在第 2、第 3、第 4、第 8 次脱湿中，裂缝长度密度分别在 12h、8h、7h、4h 达到最大值，相比于初始值分别增大了 88.8%、98.6%、35.3%、16.9%；达到稳定的时间分别为 22h、20h、18h、15h，相比于最大值分别减小了 73.8%、60.3%、45.1%、30.8%。

以上变化说明，脱湿次数增多，不同初始干密度的红土样裂缝不断扩展，发生裂缝扩展的程度降低且时间缩短；随干密度的增大，裂缝扩展所需的时间呈凸形变化；裂缝发展达到稳定时，其裂缝长度密度随脱湿次数的增多和初始干密度的增大而增大，达到稳定的时间也延长，红土的开裂问题也越严重。

2. 不同初始含水率

图 5-40 给出了不同初始含水率 ω_0 下，红土的裂缝长度密度 ρ_L 随脱湿时间 t_t 的变化关系曲线。

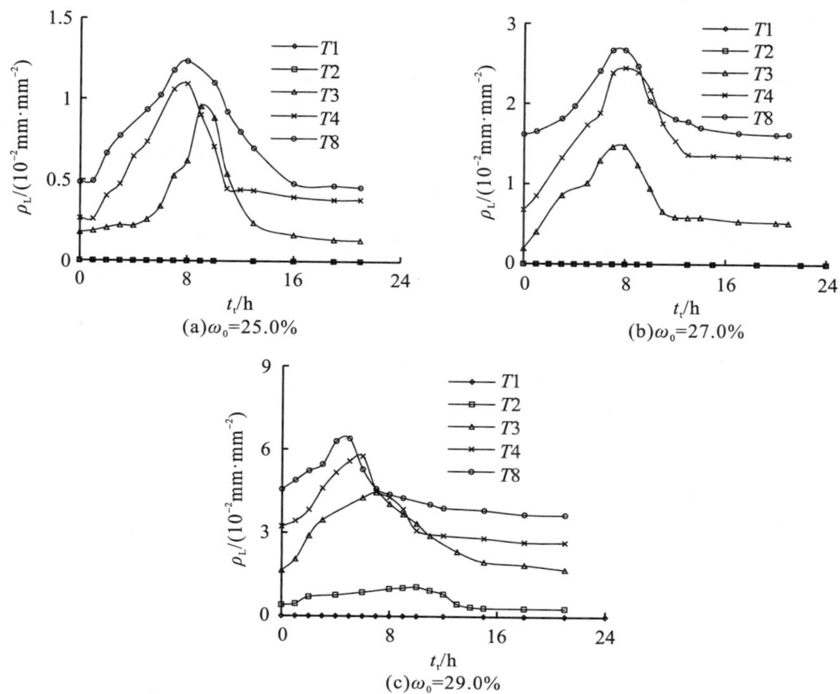

图 5-40　脱湿过程中红土样的裂缝长度密度随脱湿时间的变化

图 5-41 给出了不同脱湿次数 T 下，红土的裂缝长度密度ρ_L随脱湿时间 t_t 的变化关系曲线。

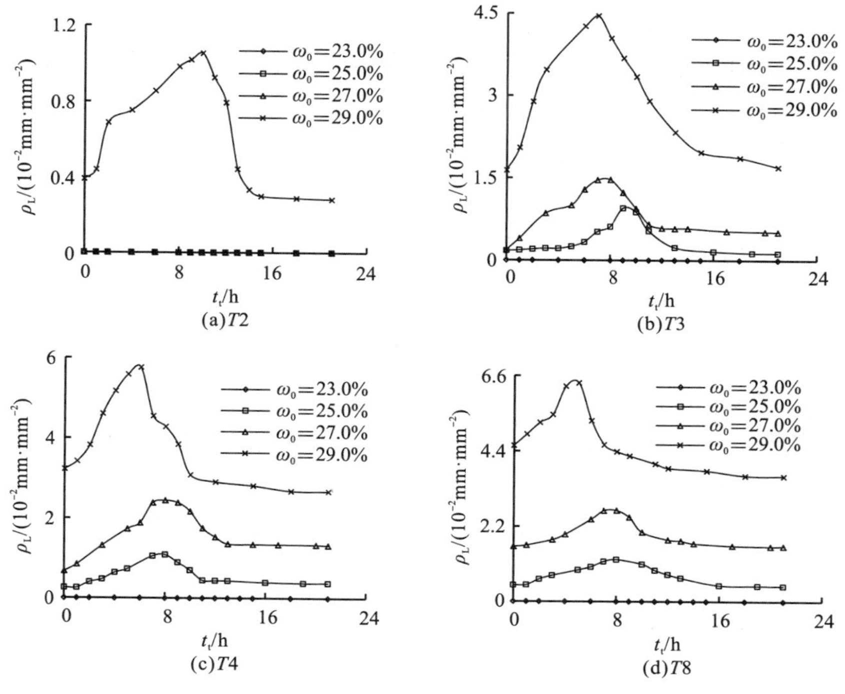

图 5-41　脱湿过程中红土样的裂缝长度密度随脱湿时间的变化

图 5-40、图 5-41 表明：

(1) 从整体来看，相同初始含水率下，随脱湿时间的延长，脱湿次数较少时，红土的裂缝长度密度曲线与横坐标轴重合，裂缝长度密度值为 0 保持不变，试样表面没有裂缝形成；脱湿次数较多时，由于脱湿过程保留了增湿后的裂缝，所以脱湿过程中的裂缝长度密度并未从 0 开始扩展，而是从上一次增湿结束后的稳定值开始扩展。裂缝长度密度线呈凸形变化，即在脱湿过程的某一时刻，有最大值产生；相同初始干密度、相同脱湿时间下，随脱湿次数增多，裂缝长度密度值增大。相同脱湿次数下，随初始含水率的增大，裂缝的长度密度增大，且初始含水率越大，达到最大值所需的脱湿时间越短。

(2) 就初始开裂情况而言，初始含水率分别为 25.0%、27.0%时，红土试样在第 1 次、第 2 次脱湿过程中，裂缝长度密度值均为 0，试样不开裂；在第 3 次脱湿过程中，裂缝长度密度值在增湿结束所达到的稳定值基础上继续增大，裂缝发展扩大；而初始含水率为 29.0%时，只有第 1 次脱湿过程没有裂缝产生，在第 2 次脱湿过程中，裂缝沿增湿裂缝继续扩展。这说明脱湿次数较少、含水率较小时，红土试样不会产生裂缝；脱湿裂缝由增湿裂缝扩展形成。

(3) 就脱湿次数和初始含水率而言，初始含水率为 25.0%时，在第 3、第 4、第 8 次脱湿中，裂缝长度密度分别在 9h、8h、8h 达到最大值，相比于第 3 次脱湿，第 4 次和第 8 次脱湿中，最大值分别增大了 15.8%、30.5%；裂缝长度密度的稳定值分别出现在 16h、12h、16h，第 4 次和第 8 次分别比第 3 次增大了 175.0%、200%。初始含水率为 29.0%时，在第 2、第 3、第 4、第 8 次脱湿中，脱湿时间分别为 10h、7h、6h、5h 时，裂缝长度密度达到最大状态；脱湿时间分别为 15h、21h、18h、18h 时，裂缝长度密度达到稳定状态。相比于第 2 次脱湿，第 3 次、第 4 次、第 8 次脱湿时，最大值分别增大了 324.8%、448.6%、534.0%；稳定值分别增大了 466.7%、796.7%、1126.7%。这说明，同一含水率下，随脱湿次数的增加，裂缝长度密度的最大值和稳定值均增大，裂缝的长度密度在不断扩展，脱湿次数越多，裂缝长度密度最大值出现得越早。

(4) 就脱湿时间和初始含水率而言，不同初始含水率下，随脱湿时间的延长，红土的裂缝长度密度值先增大后减小，并逐渐趋于稳定。初始含水率分别为 25.0%、27.0%、29.0%时，在第 3 次脱湿过程中，裂缝长度密度增大到最大值的时间分别为 9h、8h、7h，相比于脱湿初始值，分别增大了 427.8%、673.7%、172.0%；裂缝长度密度达到稳定值的时间分别为 16h、12h、21h，与最大值相比，裂缝长度密度值分别减小了 83.2%、59.9%、61.9%。含水率按照 25.0%、27.0%、29.0%增大时，在第 8 次脱湿过程中，裂缝长度密度分别在 8h、7h、5h 出现最大值，与脱湿 0 时刻的长度密度值比较，最大值分别增大了 158.3%、65.8%、40.1%；脱湿时间分别达到 16h、17h、18h 时裂缝长度密度趋于稳定，与最大值相比，分别减小了 61.3%、38.6%、42.4%。这说明，相同脱湿次数下，初始含水率越大的试样，裂缝长度密度达到最大值的时间越短，裂缝长度密度值越大，开裂越严重。

5.7.2.2 裂缝面积率的变化

1. 不同初始干密度

图 5-42 给出了不同初始干密度ρ_d、不同脱湿次数 T 下，红土的裂缝面积率 R_A 随脱湿

时间 t_t 的变化曲线。

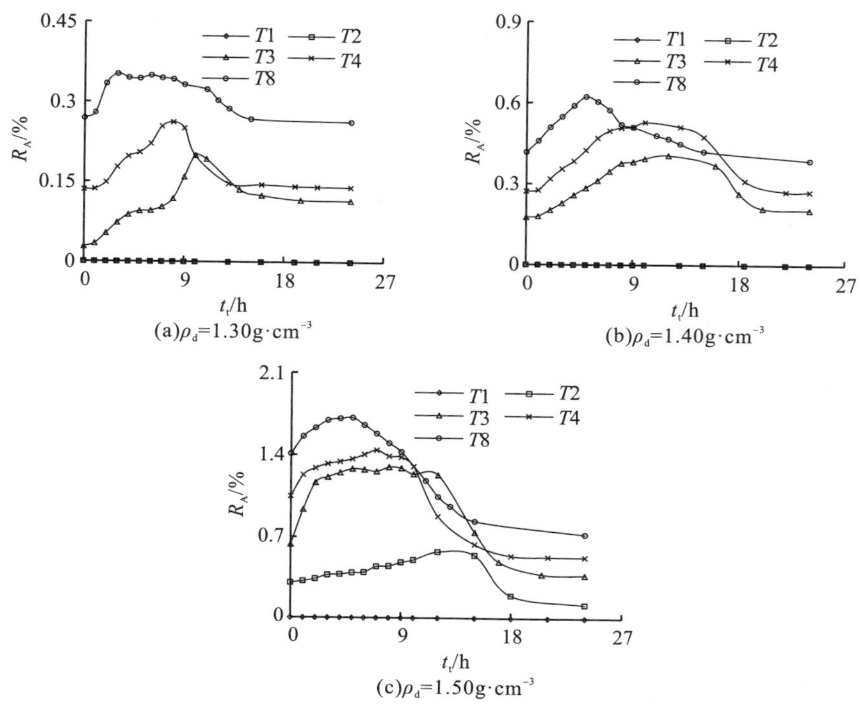

(a)ρ_d=1.30g·cm^{-3}　(b)ρ_d=1.40g·cm^{-3}

(c)ρ_d=1.50g·cm^{-3}

图 5-42　脱湿过程中红土样的裂缝面积率随脱湿时间的变化

图 5-42 表明：

(1) 相同初始干密度、不同脱湿次数下，随脱湿时间的延长，脱湿次数较少时，红土的裂缝面积率曲线一直保持在横坐标轴以上，裂缝面积率为 0，表明试样不开裂；脱湿次数较多时，由于脱湿中保留了增湿后的裂缝，所以脱湿中的裂缝特征参数并未从 0 开始扩展，而是从该循环的增湿结束值开始扩展，裂缝面积率线呈凸形变化，在某一脱湿时间达到最大值，且脱湿次数越多，达到最大值的脱湿时间越短；相同脱湿次数下，随干密度增大，裂缝面积率均增大。相同干密度、相同脱湿时间下，随脱湿次数增多，裂缝面积率增大。

(2) 就脱湿时间和初始干密度而言，不同初始干密度下，随脱湿时间的延长，红土的裂缝面积率均先增大后减小，并逐渐趋于稳定。初始干密度分别为 1.30g·cm^{-3}、1.40g·cm^{-3}、1.50g·cm^{-3} 的试样，脱湿 3 次，裂缝面积率增大到最大值对应的时间分别为 10h、12h、12h，相比于初始值分别增大了 566.7%、127.8%、92.2%；达到稳定时间分别为 19h、20h、20h，相比于最大值减小了 40.0%、48.8%、67.5%。脱湿 4 次，裂缝面积率增大到最大值对应的时间分别为 8h、10h、7h，相比于初始值分别增大了 85.7%、96.3%、37.1%；达到稳定的时间分别为 16h、20h、18h，相比于最大值减小了 42.3%、47.2%、61.2%。脱湿 8 次，裂缝面积率达到最大值对应的时间分别为 3h、5h、5h，相比于初始值分别增大了 29.6%、47.6%、22.0%；达到稳定的时间分别为 15h、15h、18h，相比于最大值分别减小了 22.9%、37.1%、57.0%。这说明在脱湿过程中，裂缝先增大后减小，最终趋于稳定；相同脱湿次数下，初始干密度越大的试样面积率值越大，开裂越严重，裂缝宽度随时间先扩展后减小。

(3) 就脱湿次数和初始干密度而言，随脱湿次数的增加，初始干密度为 1.30g·cm^{-3}时，在第 3、第 4、第 8 次脱湿中，裂缝面积率分别在 10h、8h、3h 达到最大值，相比于初始值分别增大了 566.7%、85.7%、29.6%；在 19h、16h、15h 达到稳定值，相比于最大值减小了 40.0%、42.3%、22.9%。初始干密度为 1.40g·cm^{-3}，在第 3、第 4、第 8 次脱湿中，裂缝面积率在前 12h、10h、5h 内增大，相比初始值增大了 127.8%、96.3%、47.6%；分别在 20h、20h、18h 减小至稳定值，相比于最大值减小了 48.8%、47.2%、37.1%。初始干密度为 1.50g·cm^{-3}，在第 2、第 3、第 4、第 8 次脱湿中，裂缝面积率分别在 12h、12h、7h、5h 达到最大值，相比于初始值增大了 87.1%、92.2%、37.1%、22.0%；达到稳定的时间分别为 20h、20h、18h、18h，相比于最大值减小了 77.6%、67.5%、61.8%、57.0%。这说明，随脱湿次数增多，不同初始干密度的红土样裂缝不断扩展，发生裂缝扩展的程度降低且时间缩短；随干密度的增大，裂缝扩展所需的时间呈凸形变化；裂缝发展达到稳定时，其面积率均随脱湿次数的增多和初始干密度的增大而增大，达到稳定的时间也延长，红土的开裂问题也越严重。

2. 不同初始含水率

图 5-43 给出了不同初始含水率ω_0下，红土的裂缝面积率 R_A 随脱湿时间 t_t 的变化曲线。

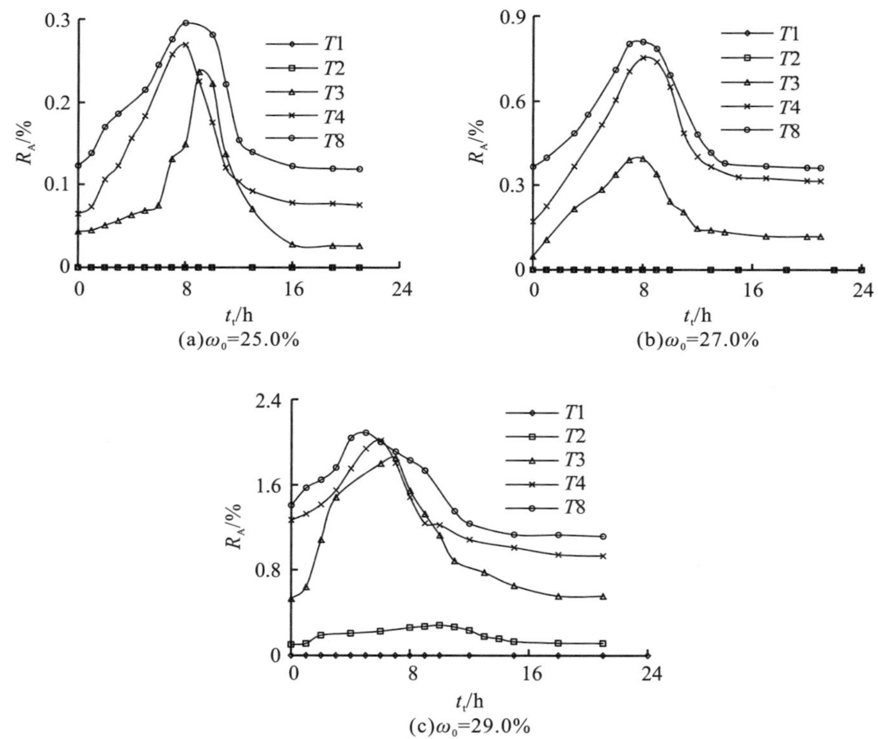

图 5-43 脱湿过程中红土样的裂缝面积率随脱湿时间的变化

图 5-44 给出了不同脱湿次数 T 下，红土的裂缝面积率 R_A 随脱湿时间 t_t 的变化曲线。

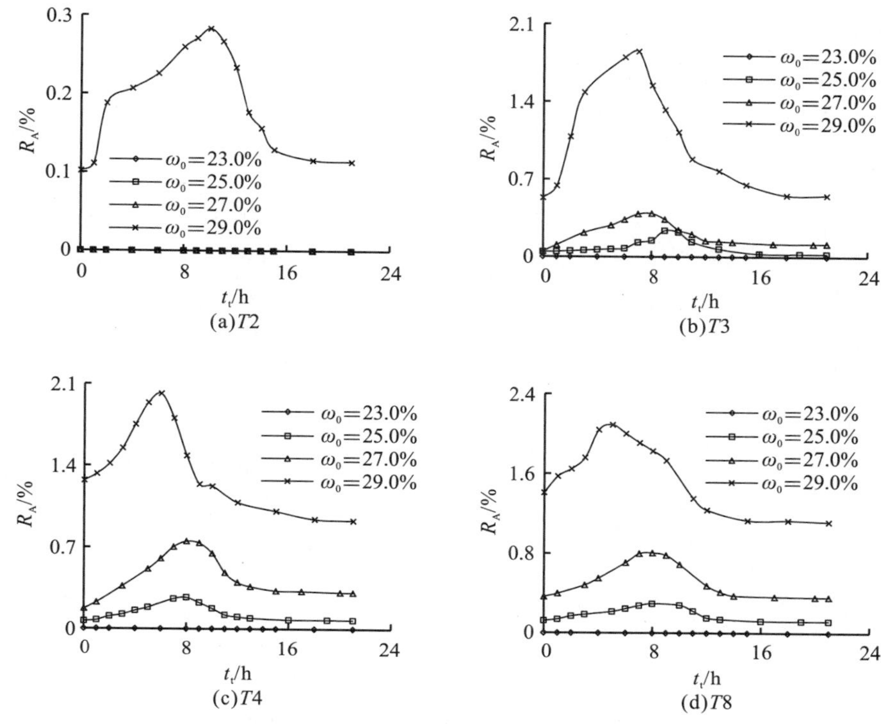

图 5-44　脱湿过程中红土样的裂缝面积率随脱湿时间的变化

图 5-43、图 5-44 表明：

(1) 总体说来，脱湿过程中红土的裂缝面积率和长度密度变化有相同的趋势。相同初始含水率下，随脱湿时间的延长，脱湿次数较少时，裂缝面积率始终为 0；脱湿次数较多时，裂缝面积率曲线呈凸形变化，在某一脱湿时间达到最大值；相同脱湿次数下，随含水率增大，裂缝面积率明显增大，扩展达到最大值的时间缩短，而达到收缩闭合稳定的时间延长，收缩闭合程度加剧。

(2) 就脱湿次数和初始含水率而言，初始含水率为 27.0%时，在第 3、第 4、第 8 次脱湿过程中，裂缝面积率均在 8h 达到最大值，相比于第 3 次脱湿，第 4 次、第 8 次脱时的最大值分别增大了 92.3%、107.8%；面积率稳定值分别出现在 17h、15h、17h，相比于脱湿 3 次，脱湿 4 次、8 次时，稳定值分别增大了 175.0%、208.3%。这说明同一初始含水率试样，在脱湿作用下，裂缝面积率随脱湿次数的增加而增大。

(3) 就脱湿时间和初始含水率而言，不同初始含水率下，随脱湿时间的延长，裂缝面积率值呈凸形变化，即先逐渐增大再减小至稳定值。含水率分别为 25.0%、27.0%、29.0%的试样，在第 4 次脱湿过程中，裂缝面积率最大值出现的时间分别为 8h、8h、6h，相比于此次脱湿的初始值，分别增大了 285.7%、341.2%、59.1%；面积率稳定值出现的时间分别为 13h、15h、18h，与最大值相比，稳定值减小了 66.7%、56.0%、53.5%。这说明，随含水率的增大，裂缝面积率最大值的增大幅度呈先上升后下降的变化趋势；初始含水率越大的试样，脱湿过程后期裂缝的收缩程度越大。

5.7.3 干湿循环过程的裂缝特性

5.7.3.1 裂缝长度密度的变化

图 5-45 给出了初始含水率ω_0为 29.0%、初始干密度ρ_d为 1.40g·cm^{-3}、1.50g·cm^{-3}时，在第 3、第 4 次干湿循环中，红土的裂缝长度密度ρ_L随干湿循环时间 t_g 的变化曲线。图中，$T3$、$T4$ 分别代表脱湿 3 次、脱湿 4 次，$Z4$ 代表增湿 4 次。受干湿循环幅度的限制，图中增湿曲线明显短于脱湿曲线。

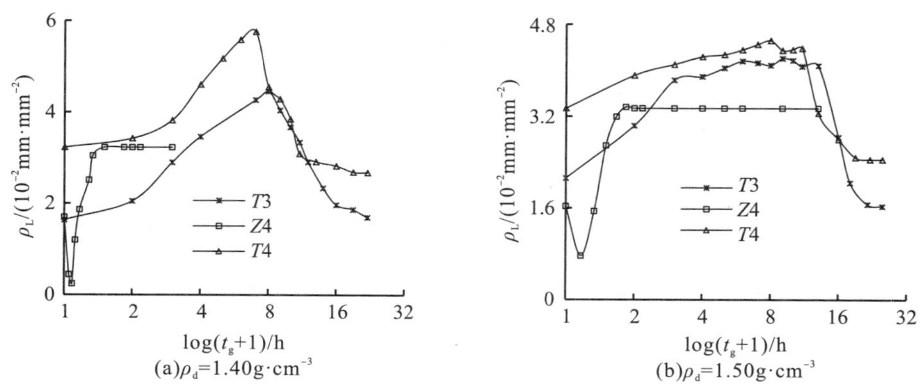

图 5-45 干湿循环过程中红土样的裂缝长度密度随循环时间的变化

图 5-45 表明：

(1) 不同初始干密度下，干湿循环过程中，红土样裂缝长度密度的变化趋势一致。随干湿循环时间的延长，脱湿曲线呈凸形变化，增湿曲线呈凹形变化。

(2) 就裂缝发展的稳定时间而言，初始干密度为 1.40g·cm^{-3}、1.50g·cm^{-3}时，增湿 4 次，裂缝长度密度分别在 5min、10min 达到最小值，30min、60min 达到稳定值。脱湿 3、4 次，脱湿时间分别为 7h、6h 和 8h、7h 左右，裂缝长度密度达到最大值；而达到稳定值的脱湿时间都在 18h 以上，远大于增湿达到稳定的时间。这说明裂缝在增湿过程中发展至稳定状态所需时间远小于脱湿过程。

(3) 就上次脱湿与本次增湿而言，初始干密度为 1.40g·cm^{-3}、1.50g·cm^{-3}时，总体上，随干湿循环时间延长，$T3$ 曲线与 $Z4$ 曲线交叉变化，$Z4$ 曲线在 $T3$ 曲线的最大值和稳定值之间，4 次增湿中的裂缝长度密度稳定值大于 3 次脱湿中的裂缝长度密度稳定值，小于其最大值。相比于 3 次脱湿，4 次增湿裂缝长度密度的稳定值分别增大了 89.4%、100.6%，最大值分别减小了 27.8%、20.1%。这说明上次脱湿过程保留下来的裂缝，在本次增湿过程中经过闭合以及扩展稳定，但仍然无法恢复到上次脱湿中开裂最严重的状态。

(4) 就上次脱湿与本次脱湿而言，总体上，随干湿循环时间延长，$T4$ 曲线高于 $T3$ 曲线，4 次脱湿的裂缝长度密度大于 3 次脱湿的裂缝长度密度。初始干密度为 1.40g·cm^{-3}、1.50g·cm^{-3}时，相比于 3 次脱湿，4 次脱湿起始时刻的裂缝长度密度分别增大了 96.3%、

57.5%；最大值分别增大了 29.1%、7.4%，稳定值分别增大了 58.2%、49.1%。这说明虽然本次的增湿过程没有使已有裂缝完全张开，增湿裂缝低于上次的脱湿裂缝，但进入到本次的脱湿过程，裂缝完全张开并得以继续扩展，超过上次的脱湿裂缝。

(5) 就本次循环的增湿、脱湿过程而言，总体上，在干湿循环的短时间内，脱湿过程中裂缝长度密度曲线高于增湿过程，*T*4 曲线高于 *Z*4 曲线；干湿循环时间较长时，脱湿过程中裂缝长度密度线低于增湿过程，*T*4 曲线低于 *Z*4 曲线。初始干密度为 1.40g·cm^{-3}、1.50g·cm^{-3} 时，相比于 4 次增湿，干湿循环 0 时刻，4 次脱湿裂缝长度密度分别增大了 89.4%、104.9%；最大值分别增大了 78.6%、34.5%，稳定值分别减小了 16.7%、25.7%。这说明增湿过程中产生裂缝，脱湿过程前期进一步扩展裂缝，脱湿过程后期反而有利于裂缝的闭合；且增湿裂缝在短时间内达到稳定，脱湿过程较为缓慢，裂缝达到稳定的时间较长。所以，分析增湿、脱湿对红土裂缝的影响时，不能仅以增湿或脱湿结束后进行比较，需要考虑增湿、脱湿的时间影响。脱湿时间较短时，脱湿作用对裂缝的影响大于增湿作用；脱湿时间较长时，裂缝闭合，脱湿作用对裂缝的影响小于增湿作用。

5.7.3.2　裂缝面积率的变化

图 5-46 给出了初始含水率 ω_0 为 29.0%、初始干密度 ρ_d 为 1.40g·cm^{-3}、1.50g·cm^{-3} 时，在第 3、第 4 次干湿循环中，红土的裂缝面积率 R_A 随干湿循环时间 t_g 的变化曲线。图中，*T*3、*T*4 分别代表脱湿 3 次、脱湿 4 次，*Z*4 代表增湿 4 次。受干湿循环幅度的限制，图中增湿曲线明显短于脱湿曲线。

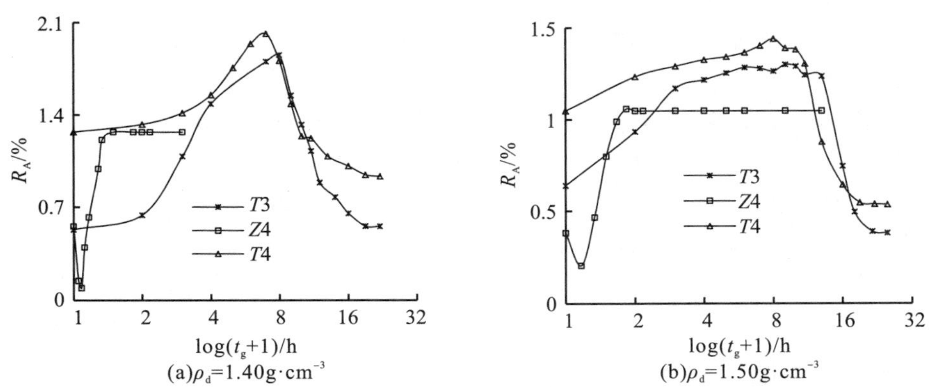

图 5-46　干湿循环过程中红土样的裂缝面积率随循环时间的变化

图 5-46 表明：

(1) 不同初始干密度下，干湿循环过程中，红土裂缝面积率的变化趋势一致。随干湿循环时间的延长，脱湿曲线呈凸形变化，增湿曲线呈凹形变化。

(2) 就裂缝发展的稳定时间而言，初始干密度为 1.40g·cm^{-3}、1.50 g·cm^{-3} 时，增湿 4 次，裂缝面积率在 5min、10min 达到最小值，30min、60min 达到稳定值。脱湿 3 次、4 次，脱湿时间分别为 7h、6h 和 8h、7h 左右时裂缝面积率达到最大值；而达到稳定值的脱湿时间都在 18h 以上，远大于增湿达到稳定的时间。这说明相比于脱湿过程，裂缝在增湿过程中发展至稳定状态所需时间要短得多。

(3) 就上次脱湿与本次增湿而言，初始干密度为 1.40g·cm^{-3}、1.50g·cm^{-3} 时，总体上，随干湿循环时间延长，*T*3 曲线与 *Z*4 曲线交叉变化，*Z*4 曲线在 *T*3 曲线的最大值和稳定值之间，4 次增湿中的裂缝面积率大于 3 次脱湿中的裂缝面积率稳定值，小于最大值。循环时间较短和较长时，*Z*4 曲线低于 *T*3 曲线，4 次增湿的裂缝面积率小于 3 次脱湿；在增湿裂缝达到稳定值附近，*Z*4 曲线高于 *T*3 曲线，4 次增湿的裂缝面积率大于 3 次脱湿。相比于 3 次脱湿，4 次增湿裂缝面积率的稳定值分别增大了 126.8%、169.2%，最大值分别减小了 31.4%、18.5%。这说明上次脱湿过程保留下来的裂缝，在本次增湿过程中经过闭合以及扩展稳定，但仍然无法恢复到上次脱湿中开裂最严重的状态。

(4) 就上次脱湿与本次脱湿而言，总体上，随干湿循环时间延长，4 次脱湿的裂缝面积率大于 3 次脱湿的裂缝面积率。初始干密度为 1.40g·cm^{-3}、1.50g·cm^{-3} 时，相比于 3 次脱湿，4 次脱湿起始时刻的裂缝面积率分别增大了 98.0%、64.3%；最大值分别增大了 8.8%、10.8%，稳定值分别增大了 69.1%、40.1%。这说明虽然本次的增湿过程没有使已有裂缝完全张开，增湿裂缝低于上次的脱湿裂缝，但进入到本次的脱湿过程，裂缝完全张开并得以继续扩展，超过上次的脱湿裂缝面积。

(5) 就本次循环的增湿、脱湿过程而言，总体上，在干湿循环的短时间内，*T*4 线高于 *Z*4 线；干湿循环时间较长时，*T*4 线低于 *Z*4 线。初始干密度为 1.40g·cm^{-3}、1.50g·cm^{-3} 时，相比于 4 次增湿，干湿循环 0 时刻，4 次脱湿裂缝面积率分别增大了 128.2%、175.1%；最大值分别增大了 58.8%、36.1%，稳定值分别减小了 25.8%、47.9%。这说明增湿过程产生裂缝，脱湿过程前期进一步扩展裂缝，脱湿过程后期反而有利于裂缝的闭合；且增湿裂缝在短时间内达到稳定，脱湿过程较为缓慢，裂缝达到稳定的时间较长。所以，分析增湿、脱湿对红土裂缝的影响时，不能仅以增湿或脱湿结束后进行比较，需要考虑增湿、脱湿的时间影响。脱湿时间较短时，脱湿作用对裂缝的影响大于增湿作用；脱湿时间较长时，裂缝闭合，脱湿作用对裂缝的影响小于增湿作用。

5.8 不同影响因素对干湿循环红土裂缝发展的影响

5.8.1 裂缝发展过程

不同影响因素下，增湿、脱湿过程中，干湿循环红土裂缝的发展包括裂缝条数、裂缝长度、裂缝宽度以及裂缝面积的变化，尽管干湿循环过程中裂缝条数、长度、宽度以及面积的变化并不完全对应，但根据裂缝发展的总体变化趋势，可将干湿循环红土的裂缝发展过程分为初期、中期、后期、终期 4 个阶段，对应的裂缝发展程度可以分为裂缝孕育期、裂缝发展期、裂缝闭合期、裂缝稳定期。

裂缝孕育期对应于干湿循环初期，是指在红土表面形成肉眼可见的裂缝前，在红土内部孕育细微裂隙的过程。增湿的作用在于软化红土颗粒间的连接，脱湿的作用在于收缩红土体内部的孔隙产生细微裂隙。这时，土体的完整性较好。

裂缝发展期对应于干湿循环中期，是指肉眼可见红土表面大量裂缝出现的过程，包括裂缝条数、裂缝宽度和裂缝面积的增大，分为裂缝快速发展期和缓慢发展期。经过裂缝的孕育期后，颗粒间的连接不足以维持土体完整性。增湿过程中，迁入水分的膨胀力促使红土体内部细微裂隙延伸到表面，形成肉眼可见的裂缝；脱湿过程中，水分逃逸产生的收缩力拉裂土体扩展了裂缝。这时，土体的完整性较差，膨胀作用、收缩作用强烈，所以裂缝发展较快。

裂缝闭合期对应于干湿循环后期，是指存在于红土表面的裂缝条数减少、长度缩短、宽度减小的过程。增湿过程的膨胀力和脱湿过程的收缩力不均匀，导致裂缝发展程度不同，所以这几个裂缝参数的变化并不完全对应，但趋势一致。经过中期裂缝的快速发展，表面形成的多条裂缝分割了土体，增湿过程中水分的膨胀作用减弱，不足以拉裂土体产生新的裂缝，反而是颗粒间水膜厚度加大，引起裂缝闭合；脱湿过程中被裂缝分割的土体收缩作用减弱，颗粒间水膜厚度减小，吸附作用增强，引起裂缝闭合。

裂缝稳定期对应于干湿循环终期，是指红土表面的裂缝逐渐闭合缓慢稳定下来的过程。经过多次的增湿、脱湿过程，红土样被裂缝分割成小块，土体承受的应力降低，这时的膨胀、收缩作用不足以将土块拉裂产生新的裂缝，已有裂缝不再扩展，基本达到稳定。

初期红土不开裂；中期循环次数较多时，红土内部的细微裂隙延伸到红土表面，明显可见表面多条裂缝的存在，这时裂缝处于发展阶段；后期随循环次数的增大，中期发展的裂缝部分闭合，这时裂缝处于闭合阶段；随循环过程的继续，后期闭合的裂缝逐渐趋于稳定，这时裂缝处于稳定阶段。本书中，裂缝的稳定期不明，合并在闭合期中，称为裂缝的闭合稳定期。

5.8.2　初始含水率的影响

试验结果表明，初始含水率越低，红土越不容易开裂；初始含水率越高，红土越容易产生裂缝。

相同初始干密度下，红土中的孔隙大小一定，初始含水率较低时，颗粒间的连接较强，包裹颗粒的水膜较薄，以强结合水为主，孔隙中以气体为主。干湿循环过程中，由于红土内外含水梯度较大和内外温差的影响，浸泡增湿过程中，水分易从红土样底部沿着以气体为主的孔隙迁入到红土体内，填充在原孔隙中，加大了包裹红土颗粒的水膜厚度，软化红土颗粒之间的连接，红土的吸水膨胀作用不明显，水分的膨胀力较弱，只能在红土体内部产生微裂隙，不足以撑裂土体引起肉眼可见的裂缝。而脱湿过程中，包裹红土颗粒的水分直接沿着原孔隙通道从试样的顶部迁出到红土体外，包裹红土颗粒的水膜厚度变薄，失水收缩作用不明显，失水产生的收缩力较弱，只能拉裂红土体内部。干湿循环次数较少，增湿吸水膨胀、脱湿失水收缩的作用较弱，不足以撑裂、拉裂土体延伸到表面，因而肉眼观察不到裂缝的存在。

初始含水率较高时，红土颗粒间的连接较弱，包裹颗粒的水膜较厚，以强结合水、弱结合水为主，孔隙中气体较少。干湿循环过程中，红土内外含水梯度较小，浸泡增湿过程中，水分从试样底部迁入到红土体内孔隙中的能力相对较弱。但由于颗粒连接较弱，迁入的水分在加大包裹颗粒水膜厚度的同时，易于撑开颗粒间的连接，增大颗粒间的距离，吸水膨胀作用明显，水分的膨胀力较强，产生在红土体内部的微裂隙逐渐延伸到红土体表面，形成肉眼可见的裂缝。而脱湿过程中，水分易沿着增湿过程形成的裂缝迁出到红土体外，失水收缩作用显著，失水产生的收缩力较强，在拉裂红土体形成新裂缝的同时，可能闭合原有部分裂缝。干湿循环次数较多，增湿吸水膨胀、脱湿失水收缩的作用较强，易于撑裂、拉裂土体产生裂缝，肉眼观察到的裂缝较多。

5.8.3 初始干密度的影响

试验结果表明：干湿循环过程中，初始干密度较小时，红土试样不开裂；初始干密度较大时，红土试样容易开裂。

初始干密度越小，颗粒间越松散，孔隙越大。增湿过程中，水分从试样底部浸入较快，浸入的水主要填充在粒间孔隙中，短时间内，整个土体就达到饱和状态，孔隙中存在大量自由水，膨胀作用不显著，肉眼观察不到裂缝；脱湿过程中，充填在孔隙中的大量自由水易从试样顶部逃逸出，土骨架很快趋于坚硬状态，来不及引起收缩，同样肉眼观察不到裂缝。反复增湿、脱湿的干湿循环，水分的快速进出主要在孔隙中进行，对红土体的结构影响不明显。而对比干湿循环前后相应的微结构图 5-47(a)、(b)，在初始干密度为 $1.20g\cdot cm^{-3}$、放大倍数 2000X 下，可见相比循环前，循环后红土的微结构图像稍有松散，对应的微结构特征参数-孔隙比由循环前的 1.29 增大到循环后的 1.31。这说明即使初始干密度较小，干湿循环后宏观上观察不出裂缝的产生，但实际上其内部的微结构已经开始发生了劣化，产生了损伤。裂缝在其内部处于孕育的阶段。

初始干密度越大，颗粒间越紧密，孔隙越小。增湿过程中，水分从试样底部浸入较慢，浸入的水主要包裹红土颗粒，随时间延长，包裹颗粒的水膜厚度增大，由强结合水向弱结合水转化；当水膜厚度增大到一定程度时，细小的连通孔隙产生表面张力作用，引起水的锲入，软化了颗粒间的连接，使粒间孔隙变大，导致土体膨胀；而由于水分的单向浸入导致红土体含水不均匀，引起不均匀膨胀，产生裂缝。干密度越大，膨胀越严重，裂缝发展越严重。脱湿过程中，水分从试样顶部逃出，特别是从增湿过程中已经产生的裂缝中快速逃出，干密度大的试样水分逃出更快更深，前期大量失水收缩导致裂缝进一步发展；中期失水缓慢导致包裹土颗粒的水膜变薄，吸附力增强，颗粒间距离减小，引起裂缝闭合；后期失水更少，水膜厚度的进一步变薄引起土颗粒间吸附力促使土骨架保持稳定，裂缝的闭合趋于稳定。而对比干湿循环前后相应的微结构图 5-47(c)、(d)，在初始干密度为 $1.50g\cdot cm^{-3}$、放大倍数 2000X 下，可见循环后微结构图像的密实性降低，对应的微结构特征参数-孔隙比由循环前的 0.79 增大到循环后的 1.00。这说明初始干密度大的试样，干湿循环后，宏观上清楚可见裂缝的存在，微观上显而易见微结构的劣化。

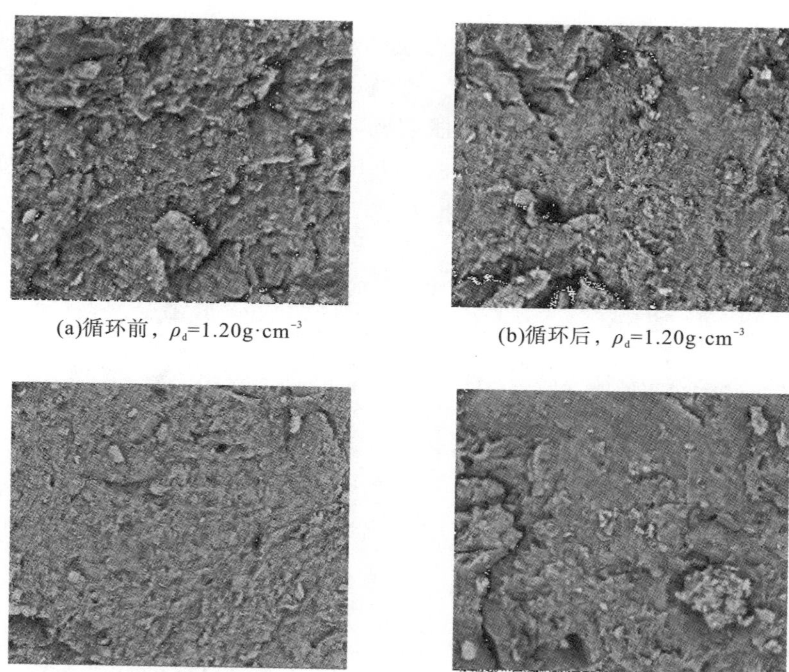

(a)循环前，ρ_d=1.20g·cm^{-3}　(b)循环后，ρ_d=1.20g·cm^{-3}

(c)循环前，ρ_d=1.50g·cm^{-3}　(d)循环后，ρ_d=1.50g·cm^{-3}

图 5-47　不同初始干密度下干湿循环红土样的微结构图像(2000X)

5.8.4　温度的影响

试验结果表明：低温时干湿循环红土不开裂；高温时干湿循环红土才开裂。温度越高，干湿循环红土开裂越早，裂缝发展程度越高。不同温度下，干湿循环红土开裂的实质在于，增湿过程中水分的渗透引起的膨胀作用和脱湿过程中水分的逃逸引起的收缩作用反复交替。温度越高，膨胀、收缩作用越强，红土的裂缝发展越显著。

温度较低时，水的黏滞性较强，水分迁移的温度势较小。增湿过程中水分的迁入速率和脱湿过程中水分的迁出速率较缓慢，以基质势为主；脱湿后红土的残余含水率较高，颗粒间水膜厚度变化不大，膨胀、收缩作用不显著，红土内部微结构的变化还未延伸到表面，在红土样的表面观察不到裂缝的形成，红土的完整性较好[图 5-3(a)、图 5-48(b)]，裂缝产生的孕育期较长。所以，温度低于 20℃时，8 次干湿循环过程始终都不产生裂缝。温度较高时，水的黏滞性较小，水分迁移的温度势较大。增湿过程中水分的迁入速率和脱湿过程中水分的迁出速率较快，水分子动能增加，土颗粒间水膜较厚，距离较大；脱湿后红土的残余含水率相对较小，颗粒间水膜厚度变薄，吸附能力增大，膨胀、收缩作用显著，红土内部微结构的变化能够尽快延伸到表面，在红土样的表面能够观察到裂缝的形成，裂缝产生的孕育期较段。所以，温度 30℃时，需要 2 次干湿循环才能开裂；而 40℃时，只需要 1 次干湿循环就能开裂。温度越高，增湿膨胀和脱湿收缩越强烈，红土内部微结构的变化越显著，图 5-48 中可见 2000X 放大倍数下，经过干湿循环后，50℃温度下红土的破碎程度大于 30℃时的破碎程度，红土的完整性较差[图 5-3(d)，图 5-4(b)，

图 5-48(c)、(d)]。温度升至 50℃以后，水分子动能进一步增加，水分迁移的温度势较大。增湿过程特别是脱湿过程中水分汽化严重，增湿速率和脱湿速率加快，颗粒间水膜厚度变化加大，膨胀作用、收缩作用强烈，膨胀裂缝显著，收缩裂缝极易破坏红土的完整性，红土样表面破碎，劣化严重［图 5-3(d)、图 5-4(b)、图 5-48(d)］，在初次增湿中就已开裂，初次脱湿中破碎脱落，无法提取裂缝。

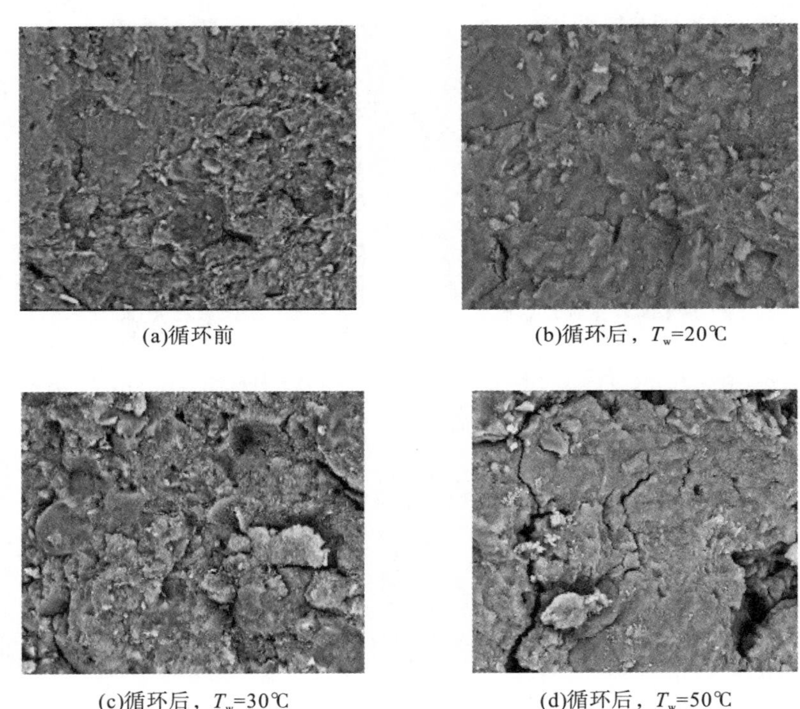

(a)循环前　(b)循环后，T_w=20℃

(c)循环后，T_w=30℃　(d)循环后，T_w=50℃

图 5-48　不同温度下干湿循环红土的微结构图像(2000X)

5.8.5　干湿循环时间的影响

试验结果表明：增湿过程中，红土的裂缝特征参数随增湿时间延长，呈凹形变化；脱湿过程中，红土的裂缝特征参数随脱湿时间延长，呈凸形变化，二者最终趋于稳定。

增湿过程中，红土中的水分主要沿试样底部由下往上浸入。增湿初期，相比于上次脱湿，由于试样内外含水不平衡，短时间内，浸入的水分先浸润红土颗粒尤其是裂缝壁面的颗粒，并包裹红土颗粒表面形成结合水，增强红土颗粒的吸附能力，减小颗粒之间距离，促使裂缝进入闭合阶段，裂缝特征参数减小。随时间延长，增湿进入中期，大量水分浸入，充填在红土颗粒间的孔隙，引起红土膨胀，产生裂缝；加上水分的单向浸入，土体含水不均匀，产生不均匀膨胀，加剧了裂缝的发展，促使裂缝进入扩展阶段，裂缝特征参数增大。时间更长时，增湿进入后期，土体含水趋于均匀，基本达到饱和状态，膨胀趋于稳定，裂缝不再扩展，裂缝特征参数趋于不变。

脱湿过程中，红土中的水分主要由试样表面和裂缝壁面蒸发。脱湿初期，短时间内，土体表层以及裂缝壁面大量自由水的失去，引起土体外部收缩较快，内部收缩较慢，导致包裹在外部红土颗粒表面的水膜变薄，红土颗粒的吸附能力变强，局部收缩，土体内部水分散失较少，自由水层较厚，红土颗粒的吸附能力较弱，水分的分布不均匀增大了红土体内外收缩的不均匀性，促使裂缝进一步扩展，裂缝特征参数逐渐增大；随时间延长，脱湿进入中期，大量自由水的减少导致包裹红土颗粒的水膜厚度变薄，以弱结合水为主，土颗粒的吸附能力增强，颗粒之间距离减小，促使裂缝发展进入闭合阶段，试样整体向中心收缩，裂缝特征参数逐渐减小；时间更长时，脱湿进入后期，土体内部失水，导致包裹红土颗粒的水膜厚度更薄，以强结合水为主，土颗粒的吸附能力更强，颗粒之间距离减小到一定程度后土骨架足够坚硬，促使裂缝发展进入稳定阶段，试样收缩逐渐稳定，裂缝特征参数达到稳定值。

5.8.6　干湿循环次数的影响

试验结果表明：干湿循环过程中，循环次数较少时，红土试样不开裂；循环次数较多时，红土试样容易开裂。干湿循环次数越多，红土开裂越严重。干湿循环过程中，循环次数较少时，增湿过程中吸水引起的膨胀作用和脱水过程中失水引起的收缩作用不明显，对红土微结构的劣化影响较小，肉眼观察不到裂缝，实际上裂缝在其内部孕育；循环次数较多时，反复的增湿、脱湿过程中吸水膨胀、失水收缩的交替进行，加深加剧了红土微结构的劣化，发展成肉眼都可观察到的裂缝，裂缝已经形成并发展。

5.8.7　红土的裂缝特性与红土型大坝开裂的关系

试验结果表明，初始干密度越大，干湿循环次数越多，红土开裂越严重。增湿过程随时间呈凹形变化，脱湿过程随时间呈凸形变化。实际大坝工程的修建就是以最大干密度来控制，而运行多年的大坝年复一年地受到降雨-干旱引起的干湿循环作用，大坝土体的干密度大(本书最大干密度为 1.50g·cm^{-3})，且经受的干湿循环次数多(本书循环 8 次)，对比试验结果可知，该条件下大坝土体的开裂越严重，因而实际工程中存在红土型病险大坝的问题。同时，本书的试验表明，同一干湿循环过程中，在降雨引起的增湿条件下，短时间的降雨有利于引起大坝土体已有裂缝的闭合，长时间的降雨则引起闭合后的裂缝扩展；而在干旱引起的脱湿条件下，短时间的干旱引起裂缝的扩展，长时间的干旱引起裂缝的收缩并趋于稳定；而且增湿过程裂缝的发展变化时间较短，而脱湿过程裂缝的发展变化时间较长。所以，实际的红土型工程中，应密切关注长时间的降雨和短时间的干旱引起的裂缝扩展问题。

对于已建的红土型工程，填筑干密度一定，运行时间越长，相应的干湿循环次数越多，开裂越严重。对于未建的红土型工程，在不影响其他特性的前提下，可以适当降低填筑干密度(本书小于最大干密度 1.50g·cm^{-3})，从而减轻运行过程中的开裂程度。

参 考 文 献

[1] 杨和平,王兴正,肖杰. 干湿循环效应对南宁外环膨胀土抗剪强度的影响[J]. 岩土工程学报, 2014,36(5): 949-954.

[2] 杨俊,童磊,张国栋,等. 干湿循环对风化砂改良膨胀土无侧限抗压强度的影响[J]. 武汉大学学报(工学版), 2014,47(4): 532-536.

[3] 吴珺华,袁俊平. 干湿循环下膨胀土现场大型剪切试验研究[J]. 岩土工程学报, 2013, 35(S1):103-107.

[4] 曾召田,吕海波,赵艳林,等. 膨胀土干湿循环效应及其对边坡稳定性的影响[J]. 工程地质学报, 2012,20(6): 934-939.

[5] 杨成斌,查甫生,崔可锐. 改良膨胀土的干湿循环特性试验研究[J]. 工业建筑, 2012,42(1): 98-102.

[6] 徐斌,殷宗泽,刘述丽. 膨胀土强度影响因素与规律的试验研究[J]. 岩土力学, 2011, 32(1): 44-50.

[7] 冉龙洲,宋翔东,唐朝生. 干燥过程中膨胀土抗拉强度特性研究[J]. 工程地质学报, 2011,19(4): 620-625.

[8] 吕海波,曾召田,赵艳林,等. 膨胀土强度干湿循环试验研究[J]. 岩土力学, 2009, 30(12): 3797-3802.

[9] 慕现杰,张小平. 干湿循环条件下膨胀土力学性能试验研究[J]. 岩土力学, 2008, 28(S): 580-582.

[10] 王飞,李国玉.穆彦虎,等. 干湿循环作用下压实黄土湿陷特性试验研究[J]. 冰川冻土, 2016,38(2): 416-423.

[11] 袁志辉. 干湿循环下黄土的强度及微结构变化机理研究[D]. 西安：长安大学,2015.

[12] 程佳明,王银梅,苗世超,等. 固化黄土的干湿循环特性研究[J]. 工程地质学报, 2014, 22(2): 226-232.

[13] 刘宏泰,张爱军,段涛,等. 干湿循环对重塑黄土强度和渗透性的影响[J]. 水利水运工程学报, 2010,(4): 38-42.

[14] 赵立业,薛强,万勇. 干湿循环作用下高低液限黏土防渗性能对比研究[J]. 岩土力学, 2016,37(2): 446-452,464.

[15] 刘文化,杨庆,唐小微,等. 干湿循环条件下粉质黏土在循环荷载作用下的动力特性试验研究[J]. 水利学报,2015,46(4): 425-432.

[16] 刘文化,杨庆,唐小微,等. 干湿循环条件下不同初始干密度土体的力学特性[J]. 水利学报, 2014,45(3): 261-268.

[17] 查甫生,刘晶晶,许龙,等. 水泥固化重金属污染土干湿循环特性试验研究[J]. 岩土工程学报,2013,35(7): 1246-1252.

[18] 程涛,洪宝宁,程江涛. 干湿循环下高液限土力学特性研究[J]. 四川大学学报(工学版), 2013,45(6): 82-86,95.

[19] 张芳枝,陈晓平. 反复干湿循环对非饱和土的力学特性影响研究[J]. 岩土工程学报, 2010,32(1): 41-46.

[20] 尹宏磊,徐千军,李仲奎. 抗剪强度随干湿循环变化对边坡安定性的影响[J]. 水利学报, 2008,39(5): 568-572.

[21] 汪东林,茂田,杨庆. 非饱和重塑黏土干湿循环特性试验研究[J]. 岩石力学与工程学报, 2007,9(9): 1862-1867.

[22] 周永祥,阎培渝. 固化盐渍土经干湿循环后力学性能变化的机理[J]. 清华大学学报. 2006,6(7): 0735-0741.

[23] 万勇,薛强,吴彦,等. 干湿循环作用下压实黏土力学特性与微观机制研究[J]. 岩土力学,2015,36(10): 2815-2824.

[24] 曾召田,吕海波,赵艳林,等. 膨胀土干湿循环过程孔径分布试验研究及其应用[J]. 岩土力学, 2013,34(2): 322-328.

[25] 曾召田. 膨胀土干湿循环效应与微观机制研究[D]. 南宁：广西大学,2007.

[26] 叶为民,万敏,陈宝,等. 干湿循环条件下高压实膨润土的微观结构特征[J]. 岩土工程学报, 2011,33(8): 1173-1177.

[27] 叶为民,黄雨,崔玉军,等. 自由膨胀条件下高压密膨胀黏土微观结构随吸力变化特征[J]. 岩石力学与工程学报, 2005,24(24): 4570-4575.

[28] 姚志华,陈正汉,朱元青,等. 膨胀土在湿干循环和三轴浸水过程中细观结构变化的试验研究[J]. 岩土工程学报, 2010, 32(1): 68-76.

[29] 万勇,薛强,赵立业,等. 干湿循环对填埋场压实黏土盖层渗透系数影响研究[J]. 岩土力学,2015,36(3):679-686,693.

[30] 王红雨,唐少容,邢毓航,等. 冻融循环作用下宽级配砾质土的渗透特性[J]. 工程地质学报,2015,23(3):498-504.

[31] 吴军虎,张铁钢,赵伟,等. 容重对不同有机质含量土壤水分入渗特性的影响[J]. 水土保持学报, 2013,27(3):63-67, 268.

[32] 樊贵盛,李尧,苏冬阳,等. 大田原生盐碱荒地入渗特性的试验[J]. 农业工程学报, 2012,28(19):63-70.

[33] 刘目兴,聂艳,于婧. 不同初始含水率下黏质土壤的入渗过程[J]. 生态学报,2012, 32(3):871-878.

[34] 郝春红,潘英华,陈曦,等. 坡度、雨强对埁土入渗特征的影响研究[J]. 土壤通报, 2011,42(5):1040-1044.

[35] 刘春成,李毅,任鑫,等. 四种入渗模型对斥水土壤入渗规律的适用性[J]. 农业工程学报, 2011,27(5):62-67.

[36] 林代杰,郑子成,张锡洲,等. 不同土地利用方式下土壤入渗特征及其影响因素[J]. 水土保持学报, 2010,24(1):33-36.

[37] 赵景波,张允,陈宝群,等. 陕西洛川中更新统下部黄土入渗规律研究[J]. 土壤学报, 2010,46(6):965-972.

[38] 刘继龙,马孝义,张振华. 土壤入渗特性的空间变异性及土壤转换函数[J]. 水科学进展,2010,21(2):214-221.

[39] 张治伟,朱章雄,王燕,等. 岩溶坡地不同利用类型土壤入渗性能及其影响因素[J]. 农业工程学报,2010,26(6):71-76.

[40] 白文波,李茂松,赵虹瑞,等. 保水剂对土壤积水入渗特征的影响[J]. 中国农业科学, 2010, 43(24):5055-5062.

[41] 陈洪松,邵明安,王克林. 土壤初始含水率对坡面降雨入渗及土壤水分再分布的影响[J]. 农业工程学报,2006,22(1):44-47.

[42] 范严伟,赵文举,王昱,等. 夹砂层土壤 Green-Ampt 入渗模型的改进与验证[J]. 农业工程学报, 2015,31(5):93-99.

[43] 郭向红,孙西欢,马娟娟,等. 不同入渗水头条件下的 Green-Apmt 模型[J]. 农业工程学报, 2010,26(3):64-68.

[44] 马娟娟,孙西欢,郭向红. 基于Green-Ampt模型的变水头积水入渗模型建立及其参数求解[J]. 水利学报,2010,41(1):61-66.

[45] Muntohar A, Liao H J. Rainfall infiltration: Infinite slopemodel for landslides triggering by rainstorm[J]. Natural Hazards,2010, 54(3):967-984.

[46] 毛丽丽,雷廷武,刘汉,等. 用水平土柱和修正的 Green-Ampt 模型确定土壤的入渗性能[J]. 农业工程学报,2009,25(11):35-38.

[47] 瞿聚云,卫国祥. 干密度对非饱和膨胀土水分迁移参数的影响[J]. 岩土力学,2009, 30(11):3337-3341.

[48] Chen L, Young M H. Green-Ampt infiltration model for slopingsurfaces[J]. Water Resources Research, 2006,42(7):1-9.

[49] 王全九,来剑斌,李毅. Green-Ampt 模型与 Philip 入渗模型的对比分析[J]. 农业工程学报, 2002,18(2):13-16.

[50] 汪志荣,张建丰,王文焰,等. 温度影响下土壤水分运动模型[J]. 水利学报,2002, 33(10):46-49.

[51] 王全九,王文焰,吕殿青,等. 水平一维土壤水分入渗特性分析[J]. 水利学报,2000, 31(6):34-38.

[52] 尚松浩,雷志栋,杨诗秀. 冻结条件下土壤水热耦合迁移数值模拟的改进[J]. 中南大学学报(自然科学版),1997,37(8):62-64.

[53] 岳汉森. 土壤在冻融过程中水-热-盐耦合运移数学模型之初探[J]. 冰川冻土, 1994,16(4):308-313.

[54] 李军,刘奉银,王磊,等. 关于土水特征曲线滞回特性影响因素的研究[J]. 水利学报,2015,46(S1):194-199.

[55] 谭晓慧,辛志宇,沈梦芬,等. 湿胀条件下合肥膨胀土土-水特征研究[J]. 岩土力学, 2014,35(12):3352-3360,3369.

[56] Adefemi B A, Wole A C. Soil-water characteristics curves for compacted abandoned dumpsite soil[J].Electronic Journal of Geotechnical Engineering, 2013, 18: 3315-3338.

[57] Zhao T Y, Zhang H Y, Yu C X. Soil-water characteristics of saline soil in Northwest China[J]. Advanced Materials Research, 2012, 487: 548-552.

[58] 伊盼盼,牛圣宽,韦昌富. 干密度和初始含水率对非饱和重塑粉土土水特征曲线的影响[J]. 水文地质工程地质,2012,39(1):42-45.

[59] 唐东旗,彭建兵,孙伟青. 非饱和黄土基质吸力的滤纸法测试[J]. 煤田地质与勘探, 2012,40(5):37-41.

[60] 赵天宇,王锦芳. 考虑密度与干湿循环影响的黄土土水特征曲线[J]. 中南大学学报(自然科学版), 2012,43(6):2445-2453.

[61] 刘奉银,张昭,周冬,等. 密度和干湿循环对黄土土-水特征曲线的影响[J]. 岩土力学,2011,32(S2):132-136.

[62] 李旭,张利民,敖国栋. 失水过程孔隙结构、孔隙比、含水率变化规律[J]. 岩土力学, 2011, 32(S1):100-105.

[63] Ye W M, Wan M, Chen B, et al. Effect of temperature on soil-water characteristics and hysteresis of compacted Gaomiaozi bentonite[J]. Journal Centre South University Technology, 2009, (16): 821-826.

[64] 卢应发,陈高峰,罗先启,等. 土-水特征曲线及其相关性研究[J]. 岩土力学, 2008,29(9):2481-2486.

[65] 文宝萍,胡艳青. 颗粒级配对非饱和黏性土基质吸力的影响规律[J]. 水文地质工程地质,2008,35(6): 50-55.

[66] 卢靖,程彬. 非饱和黄土土水特征曲线的研究[J]. 岩土工程学报, 2007,29(10):1591-1592.

[67] 龚壁卫,周小文,周武华. 干-湿循环过程中吸力与强度关系研究[J]. 岩土工程学报, 2006, 28(2):207-209.

[68] 熊承仁,刘宝琛,张家生. 重塑黏性土的基质吸力与土水分及密度状态的关系[J]. 岩石力学与工程学报, 2005,24(2):321-327.

[69] 叶为民,白云,金麒,等. 上海软土土水特征的室内试验研究[J]. 岩土工程学报, 2006,28(2):260-263.

[70] Vanapalli S K, Fredlund D G, Pufahl D E. The relationship between the soil-water characteristic curve and the unsaturated shear strength of a compacted glacial till[J]. Geotechnical Testing Journal. 1996, 19(3):259-268.

[71] 许淑珍,白晓红,马富丽. 利用 MATLAB 拟合压实黄土土水特征曲线的研究[J]. 太原理工大学学报,2015, 46(1): 81-84.

[72] 党进谦,李靖. 非饱和黄土含水量与基质吸力的关系[J]. 水土保持通报,1995,15(4): 39-42.

[73] 陈东霞,龚晓南. 非饱和残积土的土-水特征曲线试验及模拟[J]. 岩土力学,2014, 35(7): 1885-1891.

[74] 张俊然,许强,孙德安. 多次干湿循环后土-水特征曲线的模拟[J]. 岩土力学,2014, 35(3): 689-695.

[75] 陶高梁,孔令伟,肖衡林,等. 土-水特征曲线的分形特性及其分析拟合[J]. 岩土力学, 2014,35(9): 2443-2447.

[76] 张雪东,赵成刚,刘艳,等. 土水特征曲线(SWCC)的滞回特性模拟研究[J]. 工程地质学报, 2010,18(6): 920-925.

[77] 周葆春,孔令伟,陈伟,等. 荆门膨胀土土-水特征曲线特征参数分析与非饱和抗剪强度预测[J]. 岩石力学与工程学报, 2010,29(5): 1052-1059.

[78] 赵丽晓. 土水特征曲线的预测模型研究[D]. 南京：河海大学, 2007.

[79] 李志清,胡瑞林,王立朝,等. 非饱和膨胀土 SWCC 研究[J]. 岩土力学,2006,27(5): 730-734.

[80] 胡波,肖元清,王钊. 土-水特征曲线方程参数和拟合效果研究[J].三峡大学学报(自然科学版),2005,27(1):31-33.

[81] 戚国庆,黄润秋. 土水特征曲线的通用数学模型研究[J]. 工程地质学报,2004, 12(2):182-186.

[82] 刘艳华,龚壁卫,苏鸿. 非饱和土的土水特征曲线研究[J].工程勘察,2002,30(3):8-11.

[83] Zhuang J, Jin Y, Miyazaki T. Estimating water retention characteristic from soil particle-size distribution using a non-similar media concept [J]. Soil Science, 2001, 166(5): 308-321.

[84] Claudia E Z. Uncertainty in soil-water-characteristic curve and impacts on unsaturated shear strength predictions[D].Arizona：Arizona State University,1999,11:38-42.

[85] Fredlund D G, Xing A, Huang S. Predicting the permeability function for unsaturated soils using the soil-water characteristic curve[J]. Canadian Geotechnical Journal. 1994,31(4):533-546.

[86] 薛彦瑾,王起才,张戎令,等. 荷载条件下原状膨胀土浸水膨胀变形试验研究[J]. 铁道建筑, 2017,(2):79-82.

[87] 魏伟. 酸性环境下重塑膨胀土的胀缩性和抗剪强度研究[D]. 桂林：桂林理工大学, 2016.

[88] 孙德安,黄丁俊. 干湿循环下南阳膨胀土的土水和变形特性[J]. 岩土力学, 2015, 36(S1):115-119.

[89] 杨俊,童磊,张国栋,等. 干湿循环机制下风化砂改良膨胀土的收缩特性[J]. 河海大学学报(自然科学版), 2015, 43(2):150-155.

[90] 李志清,余文龙,付乐,等. 膨胀土胀缩变形规律与灾害机制研究[J]. 岩土力学, 2014,31(2): 270-275.

[91] Nowamooz H, Jahangir E, Masrouri F. Volume behavior of a swelling soil compacted at different initial states[J]. Engineering Geology,2013,153: 25-34.

[92] 吴珺华,袁俊平,杨松,等. 干湿循环下膨胀土胀缩性能试验[J]. 水利水电科技进展, 2013,33(1): 62-65,73.

[93] 唐朝生,施斌.干湿循环过程中膨胀土的胀缩变形特征[J].岩土工程学报,2011,33(9): 1376-1384.

[94] 周葆春,孔令伟,郭爱国,等. 荆门弱膨胀土的胀缩与渗透特性试验研究[J]. 岩土力学, 2011, 32(2):424-436.

[95] 饶锡保,黄斌,吴云刚,等. 膨胀土击实样膨胀特性试验研究[J]. 武汉大学学报(工学版), 2011,44(2):211-215.

[96] 赵艳林,曾召田,吕海波. 干湿循环对膨胀土变形指标的影响[J]. 桂林工学院学报, 2009, 29(4):470-473.

[97] 黄传琴,邵明安. 干湿交替过程中土壤胀缩特征的实验研究[J]. 土壤通报, 2008, 39(6):1243-1247.

[98] 秦冰,陈正汉,刘月妙,等. 高庙子膨润土的胀缩变形特性及其影响因素研究[J]. 岩土工程学报,2008,30(7):1005-1010.

[99] 杨和平,张锐,郑健龙. 有荷条件下膨胀土的干湿循环胀缩变形及强度变化规律[J]. 岩土工程学报, 2006, 28(11):1936-1941.

[100] 李振,邢义川,李鹏. 压力对膨胀土遇水膨胀的抑制作用[J]. 水利发电学报,2006, 25(2): 21-26.

[101] 李振,邢义川,张爱军. 膨胀土的浸水变形特性[J]. 水利学报, 2005,36(11): 1385-1391.

[102] 韩华强,陈生水. 膨胀土的强度和变形特性研究[J]. 岩土工程学报,2004,26(3): 422-424.

[103] Saiyouri N, Tessier D, Hicher P Y. Experimental study of swelling in unsaturated compacted clays[J]. Clay Minerals, 2004, 39(4):469-479.

[104] 缪林昌,刘松玉. 南阳膨胀土的水分特征与膨胀特性研究[J]. 水利学报,2002, 33(7):87-92.

[105] 刘松玉,季鹏,方磊. 击实膨胀土的循环膨胀特性研究[J]. 岩土工程学报, 1999, 21(1): 9-13.

[106] Basma A A, AI-Homoud A S, Husein Malkawi A I, et al. Swelling-shrinkage behavior of natural expansive clays[J]. Applied Clay Science. 1996, (11):211-227.

[107] AI-Homoud A S, Basma A A, Husein Malkawi A I, et al. Cyclic swelling behavior of clays[J]. Journal of Geotechnical Engineering. 1995, 121(7):562-565.

[108] 魏星,王刚. 干湿循环作用下击实膨胀土胀缩变形模型[J]. 岩土工程学报, 2014, 36(8):1423-1431.

[109] 黄斌,何晓民,谭凡. K_0应力状态膨胀土膨胀模型试验研究[J]. 岩土工程学报, 2011, 33(S1): 449-454.

[110] 李振,邢义川. 侧限条件下膨胀土增湿变形计算模式研究[J]. 西北农林科技大学学报(自然科学版),2011,39(5):215-222.

[111] 贾景超. 膨胀土膨胀机理及细观膨胀模型研究[D]. 大连：大连理工大学,2010.

[112] 郑澄锋,陈生水,王国利. 干湿循环下膨胀土边坡变形发展过程的数值模拟[J]. 水利学报,2008,39(12):1360-1364.

[113] 谭罗荣,孔令伟. 蒙脱石晶体胀缩规律及其与基质吸力关系研究[J]. 中国科学(D 辑),2001,31(2): 119-126.

[114] 杨庆,廖国华,吴顺川. 膨胀岩三维膨胀本构关系的研究[J]. 岩石力学与工程学报,1995,14(1):33-38.

[115] 李文杰,张展羽,王策,等. 干湿循环过程中壤质黏土干缩裂缝的开闭规律[J]. 农业工程学报, 2015, 31(8):126-132.

[116] 唐朝生,崔玉军,Anh-minh Tang. 膨胀土收缩开裂过程及其温度效应[J]. 岩土工程学报, 2012,34(12): 2181-2187.

[117] 何俊,王娟,王宇. 压实黏土干燥裂隙及渗透性能研究[J]. 工程地质学报, 2012,20(3): 397-402.

[118] 杨和平,刘艳强,李晗峰. 干湿循环条件下碾压膨胀土的裂隙发展规律[J].交通科学与工程,2012,28(1): 1-5.

[119] Li J H, Zhang L M. Study of desiccation crack initiation and development at ground surface [J]. Engineering Geology, 2011, 123: 347-358.

[120] 张家俊,龚壁卫,胡波,等. 干湿循环作用下膨胀土裂隙演化规律试验研究[J]. 岩土力学, 2011, 32(9): 2729-2734.

[121] 刘华强,殷宗泽. 裂缝对膨胀土抗剪强度指标影响的试验研究[J]. 岩土力学, 2010, 31(3): 727-731.

[122] 施斌,唐朝生,王宝军,等. 黏性土在不同温度下龟裂的发展及其机理讨论[J]. 高校地质学报,2009,156(2): 192-198.

[123] 唐朝生,施斌,刘春,等. 影响黏性土表面干缩裂缝结构形态的因素及定量分析[J]. 水利学报,2007,38(10): 1186-1193.

[124] 牛运光. 土石坝裂缝原因分析与防治处理措施综述[J]. 大坝与安全,2006,(5): 61-66.

[125] Rayhani M H T, Yanful E K, Fakher A. Desiccation-induced cracking and its effect on the hydraulic conductivity of clayey soils from Iran[J]. Canadian Geotechnical Journal, 2007, 44(3): 276-283.

[126] 卢再华,陈正汉,蒲毅彬. 膨胀土干湿循环胀缩裂隙演化的 CT 试验研究[J]. 岩土力学, 2002,23(4): 417-422.

[127] Omidi G H, Thomas J C, Brown K W. Effect of desiccation cracking on the hydraulic conductivity of a compacted clay liner[J]. Water, air, and soil pollution, 1996,89(1-2): 91-103.

[128] 唐朝生,王德银,施斌,等. 土体干缩裂隙网络定量分析[J]. 岩土工程学报,2013, 35(12): 2298-2305.

[129] 刘春,王宝军,施斌,等. 基于数字图像识别的岩土体裂隙形态参数分析方法[J]. 岩土工程学报,2008,30(9): 1383-1388.

[130] Rayhani M H T, Yanful E K, Fakher A. Physical modeling of desiccation cracking in plastic soils [J]. Engineering Geology, 2008, 97: 25-31.

[131] Vogel H J, Hoffmann H, Roth K. Studies of crack dynamics in clay soil I. Experimental methods, results, and morphological quantification[J]. Geoderma, 2005, 125(3-4):203-211.

[132] 沈珠江,邓刚. 黏土干湿循环中裂缝演变过程的数值模拟[J]. 岩土力学, 2004,25(S2):1-6.

[133] 符必昌,黄英. 试论碳酸盐岩上覆红土的形成模式及演化趋势[J]. 地质科学, 2003, 38(1): 128-136.

[134] 黄英,符必昌. 红土化作用及红土的工程地质分类[J]. 岩土工程学报, 1998, 20(3): 40-44.

[135] 朱建群,冯浩,龚琰,等. 基于干湿循环作用的红黏土强度特征分析[J]. 常州工学院学报, 2017,(3): 1-5.

[136] 李子农. 不同温度下干湿循环对红黏土力学性质影响[D]. 桂林：桂林理工大学,2017.

[137] 易亮,朱建群,龚琰. 干湿循环作用下红黏土湿化特性试验研究[J]. 湖南工程学院学报,2015,25(3): 87-90.

[138] 曹豪荣,李新明,樊友杰,等. 考虑干湿循环路径的石灰改性红黏土路用性能试验研究[J]. 岩土力学, 2012, 33(9): 2619-2624.

[139] 赵颖文,孔令伟,郭爱国,等. 广西红土击实样强度特性与胀缩性能[J]. 岩土力学, 2004, 25(3): 269-373.

[140] 刘之葵,李永豪. 不同 pH 值条件下干湿循环作用对桂林红黏土力学性质的影响[J].自然灾害学报,2014,23(5): 107-112.

[141] 王亮. 干湿循环作用下红黏土强度衰减特性及裂缝扩展规律研究[D]. 贵阳：贵州大学, 2015.

[142] 刘小文,常立君,耿小枚,等. 含水率、干密度对红土强度影响规律的试验研究[J]. 公路,2008,(12): 154-156.

[143] 周志伟. 干湿循环下红土模型坝坡劣化特性研究[D]. 昆明：昆明理工大学, 2017.

[144] 周志伟,黄英,程富阳,等. 干湿循环下云南红土型坝坡模型试验研究[J]. 勘察科学技术,2017,212(5): 1-7.

[145] 程富阳. 干湿循环下红土的剪切特性及土-水特性研究[D]. 昆明：昆明理工大学, 2017.

[146] 程富阳,黄英,周志伟,等. 干湿循环下饱和红土不排水三轴试验研究[J]. 工程地质学报, 2017, 25(4): 1017-1026.

[147] 张泼枫,黄英,金克盛,等. 酸雨浸泡作用下云南红土的剪切特性研究[J]. 环境化学, 2017, 36(6): 1353-1361.

[148] 张泼枫. 酸雨蚀变下云南红土的宏微观特性及机理研究[D]. 昆明：昆明理工大学, 2017.

[149] 梁谏杰, 张祖莲, 邱观贵, 等. 干湿循环下云南加砂红土物理力学特性研究[J]. 水文地质工程地质, 2017, 44(5): 100-106.

[150] 何金龙. 库水作用下云南库岸红土干湿循环特性研究[D]. 昆明：昆明理工大学,2015.

[151] 何金龙,黄英. 库水作用下库岸边坡红土的侵蚀模型试验研究[J].工程勘察, 2015,43(9): 1-7.

[152] 邓欣,黄英,刘鹏. 云南红土浸泡条件下抗剪强度的损伤特性[J]. 岩土工程技术, 2013,27(4): 196-200.

[153] 邓欣. 干湿循环条件下云南红土的强度变形特性研究[D]. 昆明：昆明理工大学,2013.

[154] 曾健,费良军,裴青宝. 土壤容重对红壤水分垂直入渗特性的影响[J]. 排灌机械工程学报,2017,35(12): 1081-1087.

[155] 吴胜军,刘龙武,王桂尧. 红黏土路基裂缝开展规律室内试验研究[J]. 中外公路, 2011, 31(1): 22-25.

[156] 吴胜军. 红黏土路基水分运移规律试验研究[D]. 长沙：长沙理工大学, 2010.

[157] 张丁. 云南红土的入渗特性及土-水特性研究[D]. 昆明：昆明理工大学, 2016.

[158] 张丁,黄英,何金龙. 湿润区含水率随土壤深度变化的 Green-Ampt 模型研究[J]. 灌溉排水学报, 2016, 35(12): 60-66.

[159] 赵贵刚. 干湿循环下云南红土的裂缝发展研究[D]. 昆明：昆明理工大学, 2017.

[160] 石振明,刘巍然,彭铭,等. 网纹红土土水特征曲线试验研究及其在边坡稳定性评价中的应用[J]. 工程地质学报, 2018,26(1): 164-171.

[161] 徐润泽. 全吸力范围内桂林红黏土的土-水特征曲线及微观结构演化规律研究[D]. 北京：北京交通大学, 2017.

[162] 常红帅,刘丽,季春生,等. 桂林、柳州两种红黏土的土-水特征曲线[J]. 桂林理工大学学报,2015,35(4): 855-859.

[163] 易亮. 红黏土土水特征及湿化特性试验研究[D]. 湘潭：湖南科技大学,2015.

[164] 叶云雪. 江西非饱和红土土-水特征曲线研究[D]. 南昌：南昌大学, 2014.

[165] 陈伟,李文平,刘强强,等. 陕北非饱和红土土-水特征曲线试验研究[J]. 工程地质学报,2014,22(2): 341-347.

[166] 孙德安,刘文捷,吕海波. 桂林红黏土的土-水特征曲线[J]. 岩土力学,2014,35(12): 3345-3351.

[167] 郝康宁. 非饱和网纹红土土-水特征曲线的研究[D]. 长沙：中南大学, 2014.

[168] 傅鑫晖,韦昌富,颜荣涛,等. 桂林雁山红黏土的土-水特征试验[J]. 桂林理工大学学报,2013,33(3): 488-492.

[169] 刘小文,叶云雪. 不同影响因素下非饱和红土土-水特征曲线的试验研究[J]. 水文地质工程地质, 2015,42(2): 97-104.

[170] 刘小文,常立君,胡小荣. 非饱和红土基质吸力与含水率及密度关系试验研究[J]. 岩土力学, 2009,30(11): 3302-3306.

[171] 刘艳敏. 巴东组软岩残坡积非饱和红黏土土水特征研究[D]. 武汉：中国地质大学, 2011.

[172] 唐军,余沛,颜荣涛,等. 毕威高速公路玄武岩红土土水特征曲线测定与模型应用研究[J]. 路基工程,2011,(5): 66-68,72.

[173] 孙书君. 干湿循环红土土-水特征及裂缝发展研究[D]. 昆明：昆明理工大学, 2018.

[174] 黄英,程富阳,金克盛. 干湿循环下云南非饱和红土土-水特性研究[J]. 水土保持学报, 2018,32(6): 97-106.

[175] 赵雄飞,陈开圣. 干湿循环路经对红黏土胀缩特性影响[J]. 贵州大学学报(自然科学版),2017,34(5): 115-119.

[176] 赵雄飞,陈开圣. 干湿循环条件下红黏土的胀缩变形特性研究[J]. 贵州大学学报(自然科学版),2016,33(1): 132-135.

[177] 刘之葵,王剑,邱晓娟,等. 不同 pH 值对桂林改良红黏土塑性和胀缩性的影响[J].公路工程,2017,42(3): 82-94.

[178] 朱建群,龚琰,胡大伟,等. 干湿循环作用下红黏土收缩特征研究[J]. 冰川冻土,2016, 38(4): 1028-1035.

[179] 朱建群,易亮,龚琰,等. 贵州红黏土的胀缩性与水敏性研究[J]. 湖南科技大学学报(自然科学版),2016,31(4): 35-39.

[180] 谈云志,喻波,刘晓玲,等. 压实红黏土失水收缩过程的孔隙演化规律[J]. 岩土力学, 2015,36(2):369-375.

[181] 黄丁俊,张添锋,孙德安,等. 干湿循环下压实红黏土胀缩特性试验研究[J]. 水文地质工程地质,2015,42(1):79-86.

[182] 陈开圣. 压实红黏土收缩变形特性[J].公路,2015,(2):25-28.

[183] 褚卫军. 干湿循环作用下红黏土胀缩变形特性及裂缝扩展规律研究[D]. 贵阳：贵州大学,2015.

[184] 王泽丽,苏怀,董铭,等. 滇东喀斯特高原红土干湿胀缩特性[J]. 贵州农业科学，2015,43(7):190-192.

[185] 方薇,杨果林,余敦猛. 武广客运专线红黏土变形特性的研究[J]. 铁道工程学报，2008,25(9): 13-20.

[186] 范本贤. 干湿循环下云南红土的胀缩特性研究[D]. 昆明：昆明理工大学, 2018.

[187] 范本贤,黄英,孙书君,等. 云南红土的循环胀缩特性研究[J]. 水土保持学报, 2018, 32(2):120-127.

[188] 赵贵刚,黄英,张浚枫,等. 干湿循环作用下云南红土裂缝发展研究[J]. 水土保持学报, 2017,31(2):157-165.

[189] Green W H, Ampt G A. Studies on soil physics. I. Flow of air and water through soils [J]. Journal of Agricultural Science, 1911,4(1): 1-24.

[190] Mein RG, Larson C L Modeling infiltration during a steady rain [J].Water Resources Research, 1973, 9(2): 384-394.

[191] 王文焰,汪志荣,王九全,等. 黄土中 Green-Ampt 入渗模型的改进与验证[J].水利学报,2003,34(5):30-34.

[192] 刘继龙,马孝义,张振华,等. 不同条件下 Green-Ampt 模型累积入渗量显函数的适用性[J]. 应用基础与工程科学学报,2010,18(1):11-19.

[193] 胡和平,杨志勇,田富强. 空间均化分层土壤入渗模型[J].中国科学(E辑:技术科学),2009,39(2):324-332.

[194] 马英,冯绍元,刘晓东,等. 考虑禁锢空气影响的层状土壤 Green-Ampt 入渗模型及试验验证[J].水利学报,2011,42(9):1034-1043.

[195] 彭振阳,黄介生,伍靖伟,等. 基于分层假设的 Green-Ampt 模型改进[J]. 水科学进展,2012,23(1):59-66.

[196] 张杰,韩同春,豆红强,等. 探讨考虑气阻作用下分层假定的雨水入渗计算分析模型[J]. 岩土工程学报,2013,35(12):2219-2225.

[197] 张杰,韩同春,豆红强,等. 基于分层假定入渗模型的边坡安全性分析[J]. 中南大学学报(自然科学版),2014,45(9):3211-3218.

[198] 甘永德,贾仰文,王康,等. 考虑空气阻力作用的分层土壤降雨入渗模型[J]. 水利学报,2015,46(2):164-17.

[199] 白福青,刘斯宏,袁娇. 滤纸总吸力吸湿曲线的率定试验[J]. 岩土力学,2011,32(8):2336-2340.

[200] 唐栋,李典庆,金浩飞,等. 国产“双圈”牌滤纸吸力率定曲线研究[J]. 武汉大学学报(工学版),2016,49(1):1-8.

[201] 况娟娟.非饱和土滤纸法吸力量测及影响规律的研究[D]. 武汉:武汉水利电力大学,1998.

[202] 孟长江. 非饱和土土水特征曲线与强度的试验研究及其应用[D]. 大连:大连理工大学,2006.

[203] 吴珺华,杨松.干湿循环下膨胀土裂隙发育与导电特性[J]. 水利水运工程学报,2016,(1):58-62.

[204] 李瑛,龚晓南,郭彪,等. 电渗软黏土电导率特性及其导电机制研究[J]. 岩石力学与工程学报,2010,29(S2):4027-4032.